CAR検

自動車文化検定

公式テキスト

初級編

ようこそ、自動車趣味の世界へ 1

いかにして私は「クルマ好き」になったか

ポール・フレール

1922年、私は5歳でパリに住んでいた。両親がクルマの購入を考えていて、シトロエンのタイプB2にするか、フィアットのモデル501にするか話し合っていたことを覚えている。どちらのクルマも1・4ℓ4気筒サイドバルブエンジンを搭載していた。シトロエンのほうが若干安かったが、父は4段ギア（シトロエンは3段）付きで前後とも半楕円のバネを持つフィアットを選んだ。

自動車の知識を持たない父は、その少し前から『La Vie Automobile』という自動車誌を定期購読し始めていて、クルマの善し悪しを理解できていたようだった。私自身も『La Vie Automobile』を読み始めていた。今でも私の書架には、1922年から1940年までの『La Vie Automobile』が揃っている。

叔父が大の自動車好きで、運転もうまかった。私を初めて本物の自動車レースに連れていってくれたのもこのボブ叔父だった。それは1926年、私は9歳で、アンドレ・ボワロとルイ・リガールが3・8ℓ4気筒3バルブのプジョーで優勝したスパ・フランコルシャン24時間レースだった。

その後我が家はベルリンへ、そしてウィーンへと移った。その数年間、私は毎年英国に短期留学した。そこで巡り会ったのは、大陸とはまったく違う自動車の世界と、『Autocar』『Motor』『Motor Sport』という偉大な自動車誌だった。戻ってからも私は3誌を愛し購読を続けた。それによって私の英語はＶ８エンジン並みの馬力を得て上達し、自動車の技術やレースの知識もぐんぐん増した。

　１９３６年からブリュッセル大学に進み、そこで３人の親友と運命的な出会いをする。彼らは私に負けず劣らずのクルマ好きで、来る日も来る日もクルマの話に熱中し、自動車技術論を熱く交した。彼らが所有していたクルマは、ＭＧミジェットＰタイプ、タルボ・ラーゴ〝ベイビー〟３ℓのコンバーティブル、10台も作られたかどうかという希少なフランス車ボートテールのデルフォスという2シータースポーツカーといった楽しいクルマたちで、彼らから時々借りてドライビングを楽しんだものだった。私は自分では所有していなかったが、祖父のビュイック40を何かと理由をつけては借り出していた。このクルマはひどいオーバーステアで、クルマのコントロールを習得するためには最適の1台だった。

　この楽しい日々の明け暮れに、私は生涯にわたってクルマにかかわる分野で生きていこうと決心する。戦時下のベルギーで、私は時間を見つけては図書館にこもって、自動車の書籍を読みあさった。戦争が終わると、当時ベルギーで最も高く評価されていた自動車誌に寄稿し始めた。その甲斐あって、いくつかの自動車ディーラーに職を得たが、結局はモータージャーナリストとレーシングドライバーになる夢が捨てられず、１９５２年、フリーランス・ジャーナリストの道を選択する。この立場が、今日まで私を多くの興味深くエキサイティングなクルマ、そしてそれらにかかわる素晴らしい人々へと導いてくれたのだ。

ようこそ、自動車趣味の世界へ 2

クルマには「知る愉しみ」がある

小林彰太郎

独断と偏見によれば、クルマの愉しみ方には大きく分けて三つあります。(1)走る、(2)見る、そして(3)知る、の三つです。少々説明しましょう。

(1)は運転自体の愉しみです。これにはかなり幅があって、ただ漫然と走って満足するタイプから、公道をサーキットに見立て、コーナーのひとつひとつをアウト・イン・アウトで（むろんセンターラインを超えない範囲で）抜ける、レーシング・ドライバー派にまで及びます。

乗るクルマはスポーツカーや高性能車でなければ楽しくないというのは、ウソです。ワインディングロードにかかると、まるで別物のように変身するのは、かえって廉いファミリー・セダンが多いものです。限られた性能をうまく引き出し、ベストなコーナリングラインをとるために、ポール・フレールの名著『新ハイスピード・ドライビング』などを懸命に学習した成果なのでしょうね、きっと。

彼らのことを、英国では一種の愛情と憐憫を込めて、impecunious enthusiasts（ポケットの軽い愛好家）と呼びます。僕自身の場合は、学生時代の１９５３年に、アルバイトを重ねて5万円でやっと手に入れた真四角な１９３２年オースティン・

セブンがすべての始まりでした。ピョコンと急激につながるクラッチ、テールパイプから吐き出される青い排気が、今も懐かしく思い出されます。

ご存知のように、ポール・フレール、略してPF先生は、1917年にフランスに生まれた自動車ジャーナリストです。純粋のアマチュア・ドライバーですが、ルマン24時間レースに勝つことが生涯の夢でした。1953年にポルシェで15位になったのを手始めに、1957年にはジャガーDタイプで4位、1959年にアストン・マーティンDBR1による2位を経て、翌1969年にはオリヴィエ・ジャンドヴィアンと組み、ついに念願のルマン優勝を果たすのです。

(2)の美しいクルマを鑑賞する愉しみは、特に説明の要もないでしょう。(3)はクルマを知る愉しみです。それは、クルマについて読む愉しみと言い換えてもいいでしょう。私は現物に触れるのと同じくらい、それについて読むことが昔から好きでした。1950/1960年代の英国には、Batsford Bookという優れた出版社があって、僕のいちばん好きなvintage car一般やワンメイクの歴史書などを続々出していました。それで、なけなしの財布をはたいては、同車のシリーズを買い込んだものです。おかげでわが家の書庫はまさに汗牛充棟の状況を呈しています。なかでも、Cecil Clutton/John Stanford共著によるThe Vintage Motor Carは、いったい何度読み返したことでしょう。

今日顧みるなら、1950/60年代の英国出版界は、まさにVintege Yearだったと思うのです。

CAR検
自動車文化検定
公式テキスト
Illustration＝綿谷 寛

初級編

Contents
目次

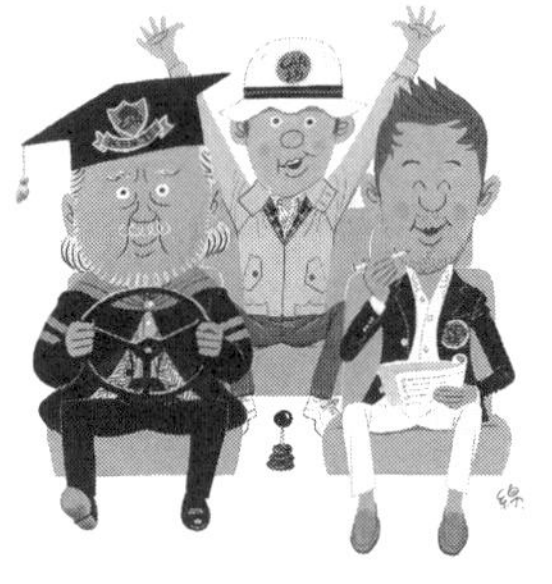

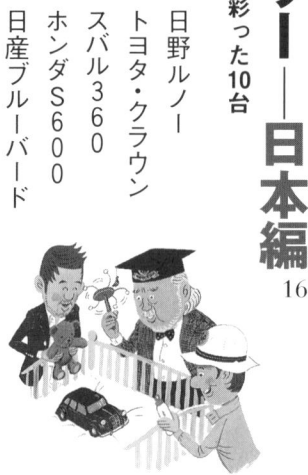

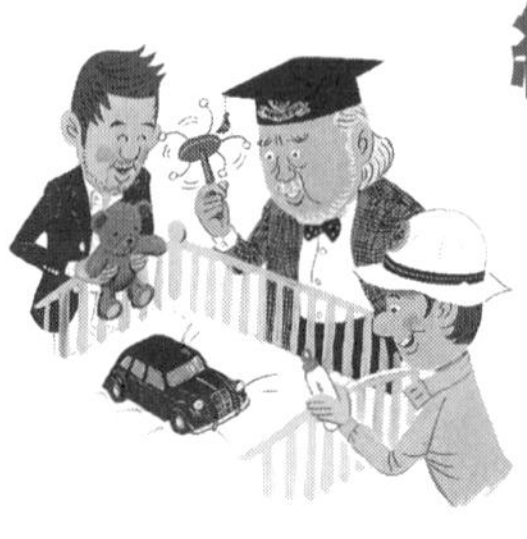

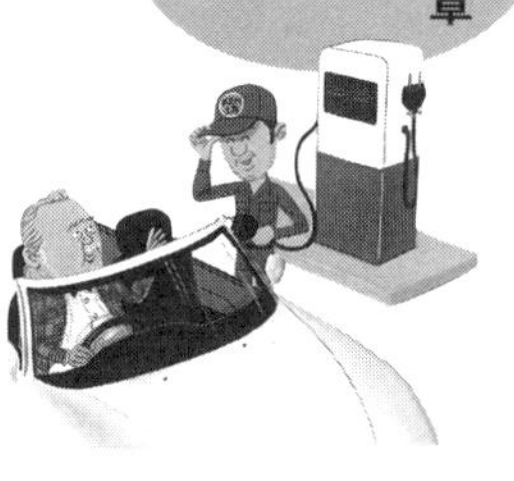

第6章 モータースポーツ編

モータースポーツ史に残る自動車激闘十番勝負

第7章 ヒストリー——世界編

世界の自動車史を作った15人

監修者紹介

ポール・フレール
Paul Frère

１９１７年、フランス・ルアーブル生まれ。自動車ジャーナリスト。１９５０年代にはＦ１のドライバーとして活躍し、１９６０にはルマン24時間レースで優勝した。著書に『はしるまがるとまる』『新ハイスピード・ドライビング』（二玄社）など。

小林彰太郎《こばやし・しょうたろう》

１９２９年、東京都生まれ。自動車ジャーナリスト。『ＣＡＲグラフィック』初代編集長。著書に『小林彰太郎の世界』『ホンダスポーツ』（二玄社）など。

徳大寺有恒《とくだいじ・ありつね》

１９３９年、茨城県生まれ。自動車評論家。１９６０年代にトヨタ自動車のワークスチームでレーシングドライバーを務める。１９７６年に『間違いだらけのクルマ選び』（草思社）で自動車評論を始める。その他の著書に『ぼくの日本自動車史』（草思社）『ぶ男に生まれて』（集英社）など。

熊野 学《くまの・まなぶ》

１９４８年、京都府生まれ。自動車技術解説者。ＦＬ５００やＦＪ１３００などの小型フォーミュラカーの開発に従事し、レーシングマシンの開発を手がける。現在は開発とともに、技術解説の執筆活動を行う。著書に『パワーユニットの現在・未来』『クルマのキーテクノロジー』（いずれもグランプリ出版）など。

大川 悠《おおかわ・ゆう》

１９４４年、茨城県生まれ。ライター／エディター。『カーグラフィック』副編集長を務めた後、１９８４年に『ＮＡＶＩ』を創刊。現在はフリーとして自動車のみならず建築・デザインなどの分野で執筆を行う。著書に『Best of NAVI TALK』（共著・二玄社）など。

清水和夫《しみず・かずお》

１９５４年、東京都生まれ。モータージャーナリスト、レーシングドライバー。豊富なレース経験を生かした評論活動を行い、安全エバンジェリストとしても知られる。著書に『クルマ安全学のすすめ』（ＮＨＫ出版）『ポルシェとＢＭＷの世界』（グランプリ出版）など。

舘内 端《たてうち・ただし》

１９４７年、群馬県生まれ。自動車評論家、日本ＥＶクラブ代表。レースのエンジニアとしてのキャリアの後に自動車評論家として活動。１９９４年に日本ＥＶクラブを設立し、電気自動車の普及に努める。著書に『クルマ運転秘術』（勁草書房）『胸を張ってクルマに乗れますか？』（二玄社）など。

高島鎮雄《たかしま・しずお》

１９３８年、群馬県生まれ。自動車評論家。自動車専門誌での執筆活動の後、『ＣＡＲグラフィック』の創刊に参画する。クラシックカメラの愛好家・コレクターとしても知られる。著書に『カタログで見る日本車なつかし物語』（三樹書房）『クラシックカメラへの誘い』（朝日ソノラマ）など。

第1章
ヒストリー 日本編

監修＝徳大寺有恒

日本の自動車史を彩った10台

戦後の復興期に、日本の自動車産業は覚束ない足どりで一歩を踏み出しました。世界に存在感を示すようになるまでには、苦難の道のりがあったのです。激動の半世紀を、10台の日本車の成り立ちを探りながらたどっていきます。

特別エッセイ

クラウンと日本車、そして日本人

クラウンは、日本車の歴史の中で大きな意味を持つクルマである。１９５５年に発売された、純国産の高級車なのである。

とはいっても、クラウンを作るにあたっては、トヨタはフォードのクルマ作りを大いに参考にしている。

対する日産は、むしろヨーロッパに向いていた。その理由の一つとして、当時日産はオースチンとの関係が深かったことがある。日産はオースチンA40サマセットと次のA50ケンブリッジをノックダウン生産していたのである。

トヨペット・クラウンが発表された時、マスターも一緒に発売されている。トヨタの意向は、クラウンは自家用向け、マスターはタクシー向けというものだった。しかし、トヨタの意図に反して、タクシーマーケットもクラウンを選んだ。フォードから学んだオーソドックスな設計は、日本のタクシー使用にも耐えたのである。

トヨタは、この年の末に「クラウン・デラックス」を登場させる。このクルマは日本の自家用車の代表となった。１・９リッターのエンジンを得、トランスミッションもオーバードライブが採用され、やがてトヨグライドなるオートマティック・トランスミッションが与えられる。

クラウンは、発売以来60年の長きにわたり、トヨタの看板車種となる。そしてクラウンには、トヨタの最も進歩的モデルとして最新の技術が与えられてきた。

クラウンはトヨタを代表するクルマである。センチュリーやセルシオという、より高級なクルマがトヨタにあっても、クラウンの地位は変わらなかった。クラウンはトヨタのクルマ作りのバックボーンなのである。

トヨタはクラウンでいろいろな技術を育ててきたが、トヨタの最も重要な技術は静粛性である。この静粛性はクラウンによって磨かれたと言っていい。少なくとも、０－１００km／hにおいては、クラウンは本当に静かである。

クラウンはその名の通り、トヨタのクラウンである。レクサスは、トヨタ社のブランドであるから、当然トヨタとの関係は深い。しかし、私はトヨタ社の高級車はクラウンだと思っている。

そして、ここが大切なところだが、クラウンは基本的には輸出したことがないのである。中国で現地生産されることになったのは、このクルマにとっては大きな事件なのである。

クラウンはまぎれもなく日本の高級車である。ではレクサスは？

世界で通用する高級車である。日本の風土、伝統、歴史を背負って走るのはクラウン以外にないといえる。日本という国はアジアの一部であるけれど、アジアと違った特質を多く持っている。

天皇をシンボルにいただき、第2次大戦以降は民主主義を貫いている。国民の多くはこの政治体制に異存はないように見える。

同時にこの国はそこそこの工業化が行われ、それは世界のトップを行くものではないが、これまたそこそこに追いついていける。国民所得もまあまあである。

その中にあって、クラウンというクルマはほどほどのところにいる。この国にはロールス・ロイスやマイバッハはいらぬ。クラウンで十分だ。

だいいち、この国の人々は運転が好きじゃない。運転は労働であると考える人が多いのだ。かくしてクラウンがいいところにいるのだ。そして、このクラウンももはや誕生以来60年を超えた。十分ではないか。

ところでクラウンというクルマは私の自動車歴とも通じている。私が始めて運転免許を取ったのは、１９５５年である。クラウンの登場と同じなのである。

だからというわけではないが、最後に乗るクルマはクラウンと決めている。几帳面ではあるが、ルーズなところもある。

クラウンはそういうクルマだ。つまり、日本人そのものなのである。

History / Japan

01

1950年代 日野ルノー

ノックダウンで欧州を学ぶ

日本が第二次世界大戦前から自動車を作っていたことはご存じだと思います。しかし本テキストは初級編ということなので、ここではより身近な戦後の自動車の歴史を振り返りましょう。

戦後の自動車を俯瞰するにあたって、私はエポックメイキングな10台を選びました。まず最初にご紹介するのは、日野ルノーです。

戦後間もない頃、日本の自動車技術は世界的な水準から大きく後れをとっていました。戦中、戦後にかけての混乱で自動車の技術開発がまったくストップしてしまったためです。日産自動車などはかなり高いレベルの技術を持っていましたが、それでも10年以上のブランクは埋めがたく、到底、自社でまともな乗用車を開発できるレベルには達していませんでした。ここでの「まとも」とは、世界の自動車産業と肩を並べる、という程度の意味です。そこで日本の自動車工業を発展させたいと願う政府が音頭をとって欧州メーカーと日本メーカーを仲介し、ノックダウン生産が始まったのです。

日野がルノー公団、日産がオースチン、いすゞが英国ルーツ・グループ（ヒルマン）とそれぞれ提携し、ノックダウン生産を行いました。面白いのは、当時有力だった他の3メーカーがノックダウン生産を始めたのに対し、トヨタが欧州メーカーと提携せずに独自で米国の自動車を研究したことですが、これは後の章でふれましょう。

ノックダウン生産の中でも、ルノー4CVを日野が組み立てた日野ルノーが最も先進的

戦前の自動車産業

戦前の日本自動車産業を簡単に振り返ると、まず1931年にダット自動車製造が生産車第1号を完成させている。当時の事業家、鮎川義介が同社を買収、34年に日産自動車が誕生した。豊田自動織機製作所の自動車部門は36年、豊田佐吉の長男である喜一郎を中心にAA型乗用車を製作した。ほかにもいすゞは16年に自動車の研究に着手し、21年はウーズレーと提携して乗用車の組み立てを開始しているし、三菱も三菱A型と名付けた乗用車を17年に発表している。ただし、こうした自動車産業発展の芽は第二次世界大戦で摘み取られ、世界の潮流から取り残されることになる。

だったと思います。まずは日野自動車について説明しておきましょう。

　日野自動車は、１９４２年にヂーゼル自動車工業（現在のいすゞ）から独立しました。トラックメーカーとしての地位を確立しつつあった50年代、日野は乗用車の開発に乗り出します。ただしノウハウはありませんから、技術提携先を探していました。そこで手を挙げたのがルノー公団でした。

　53年４月から生産が始まった日野ルノーは、全輪独立懸架のサスペンションやモノコックボディ、それにラック&ピニオンのステアリングといった当時の先端技術を採用しており、リアに積まれた４気筒ＯＨＶエンジンの動力性能とあわせて、同時期の国産車とは比べものにならない性能を発揮しました。提携開始直後は完全なノックダウン生産だったものの、次第に部品の国産化率は上昇し、57年９月にはほぼ１００％が国産化されています。

日野ルノー

日野ルノー
　仏ルノー公団のルノー４CVをノックダウン生産したのが日野ルノー。１９５３年４月に組み立てを開始した。ここでの経験が日野コンテッサ９００の開発／生産に役だった。

いすゞ・ヒルマン・ミンクス

日産オースチンA40

ダットサン110

日野とルノー公団の契約は当初7年間の予定でしたが、2年間延長されることになります。63年まで生産された日野ルノーの価格は、60年当時で62万５０００円。マイカーがまだ一般的な時代ではなかったので、タクシーとして使われるケースがほとんどでした。

ノックダウン生産を行う間、日野は急速に自動車生産技術を習得します。そして61年４月には、独自設計のコンテッサ９００を発表しています。コンテッサは４ＣＶと同じく直列４気筒ＯＨＶをリアに搭載するスタイルで、日野がルノーから大きな影響を受けたことがうかがえます。

これは日野だけに限らず、ノックダウン生産を行った他のメーカーにも言えることです。オースチンと提携し、Ａ40やＡ50をノックダウン生産した日産は小型車作りの経験をダットサン１１０の開発に活かしています。またいすゞは63年、ノックダウン生産していたヒルマン・ミンクスの後継となるベレット

日産オースチン

日産自動車は52年に英オースチンと技術提携を結び、Ａ40やＡ50をノックダウン生産する。その後、50年代末の初代ブルーバードなどにオースチンからの影響を見てとれる。

いすゞ・ヒルマン

トラックメーカーだったいすゞは53年よりルーツと提携、ヒルマン・ミンクスのノックダウン生産を開始。当時のエンジンはサイドバルブの１２６５cc、37・５HPだった。

を市場に投入しました。

面白いのは、この時期に欧州メーカーとライセンス契約した国産メーカーが、その後何十年もヨーロッパのテイストを保ったことですね。「刷り込み」といってもいいかもしれません。日野といすゞはその後、トラックメーカーになってしまいましたが……。

いすゞといえば、そもそもがトラックメーカーとしての道を歩んでいたために、当時、乗用車の経験はほとんどなかったはずです。そこでルーツと提携し、1953年2月にヒルマン・ミンクスのノックダウン組み立てをスタートする契約を調印します。53年10月にいすゞ自動車大森工場でラインオフした完成車第1号は、タイヤとバッテリー以外はすべてルーツから送られた部品を使用していたそうです。

その後は順次国産部品に切り替えていく契約内容となっており、まずガラスや内装材といった、故障のないパーツが国産化されます。やがてメーター類や電装品などが国産になり、56年にはエンジンまで国産となります。そして57年にはボルト1本にいたるまで、完全に国産化されたのです。

調印から完全国産化までたったの4年ですから、いすゞの学習能力は大したものです。とにかく、この期間に日本の自動車メーカーは欧州メーカーから多くを吸収しました。世界をリードするに至った現在の日本の自動車工業の萌芽を、ここに見ることができます。

いすゞ・ベレット

日野コンテッサ

60年当時の62万5000円

1960年当時、大卒初任給の平均は1万5700円だった。したがって、62万5000円という価格は初任給の398カ月分となり、庶民の手が届く価格ではなかった。ただし60年秋、岸信介内閣を引き継いだ池田勇人内閣は「所得倍増計画」を打ち出し、10年後に国民の所得を倍にするとぶち上げた。この後、日本は高度成長時代へと突入し、一般家庭の収入も急上昇することとなる。

History / Japan

02

1950年代 トヨペット・クラウン

世界一への第一歩

英仏自動車メーカーのノックダウン生産を行うことで欧州自動車産業の薫陶を受けた日野や日産と対照的だったのがトヨタとプリンスです。この2社は、自力、独学にこだわったのです。トヨタは40年代後半からフォードを研究し、乗用車の自社開発を進めていたようです。

ご存じのようにトヨタの母体は発明王、豊田佐吉を祖とする豊田自動織機製作所。１９３７年には自動車部門が独立し、ＡＡ型という乗用車を世間に送り出しています。このあたりのストーリーも非常に興味深いのですが、今回は55年に登場したトヨペット・クラウンを取り上げます。なんとなれば、このクルマは後にトヨタが世界一の自動車会社になるスタート地点であるように思えてならないからです。アメリカ西海岸を颯爽と走るレクサスの先祖は、この初代クラウンではないでしょうか。

60年に登場する日産セドリックに先駆けてデビューしたクラウンですが、残念ながら技術的にはそれほど進歩的とはいえません。セドリックがすでに軽量化が図れるモノコックボディを採用していたのに対し、クラウンはフレームを用いていたからです。クラウンは、この後もかなりの長期にわたってビルトイン・フレームにこだわっていました。

しかし当時のモータリゼーションを鑑みれば、これもやむを得なかったかもしれません。というのも、酷道と書いて国道と読む、と言われたくらい、道路事情が悪かったのです。舗装してある道なんて、本当に数えるほどで

ＡＡ型

自動織機を発明したことで名高い豊田佐吉は、豊田自動織機製作所を立ち上げる。これからは自動車の時代が到来すると考えた佐吉は、長男である喜一郎に自動車製造の研究を命じた。喜一郎は30年代前半から欧米の自動車会社を視察するなど精力的に開発を進め、やがて試作車の製作までこぎつける。そうこうして36年から生産が開始された中型乗用車がＡＡ型と呼ばれるモデルで、翌37年にはトヨタ自動車工業が設立された。

した。また、当時の乗用車の用途の多くがタクシーと営業車。だから求められるのは何をおいても頑丈さだったのです。

　クラウンは当然ながらオーソドックスな後輪駆動、3段ＭＴと組み合わされる排気量１５００ccの水冷直列4気筒ＯＨＶは最高出力48psを発生しました。

　トヨタは50年代に数多くのマイナーチェンジを行い、品質の安定に努めたようです。デビューから5年後の60年に大がかりなマイナーチェンジを受け、エンジン排気量は１９００ccまでアップし、それに伴い最高出力も90psとなっています。興味深いのは、「トヨグライド」と呼ばれた自動変速機が追加されていることです。

　ライバルだった日産セドリックについてもふれておきましょう。

　60年3月にデビューしたセドリックは、日本初のモノコックボディをまとって颯爽と現れました。エンジンは排気量１４８０ccの水

トヨペット　クラウン１９００デラックス

トヨペット　クラウン
1900デラックス
　初代クラウンは１９５５年に登場。40年代後半のフォードのデザインから影響を受けていることがうかがえる。１８９７ccの直列4気筒ＯＨＶエンジンの最高出力は、90ps。

冷直列4気筒OHV。初期クラウンが排気量1500ccで48psでしたが、セドリックは71psを発生していました。また、3段MTのクラウンに対してセドリックは4段MTのギアボックスを搭載するなど、さまざまな面で進歩的でした。

モノコックボディ、ギアボックスなど、なぜセドリックのほうがクラウンより進んでいたのか。第1章で説明したノックダウン生産が関係しています。オースチンと提携した日産は、当時の英国自動車産業から多くを吸収していたのです。そして進んだ技術を自社製品に投入します。セドリックという車名も、フランシス・ホジソン・バーネットの小説『小公子』の主人公、セドリック・エルロ少年をイメージしたものだといいます。

日本の自動車メーカーにクルマを教えてくれた英国自動車産業が、後に衰退してしまうというのも皮肉な話です。あの頃の英国車は、それは進歩的な存在でしたから。

日産セドリック・デラックス

日産
セドリック・デラックス

初代クラウンから遅れること5年、60年に登場した初代セドリック。スタイリングはクラウンと同様、アメリカ車の影響が強い。メカニズム的にはクラウンより進んでいた。

面白いエピソードを披露しましょう。

当時のクラウンの価格は、グレードにもよりますがおおむね１００万円。この値段だと、買えるのは旧財閥系大企業の高給取りに限られます。そこで、クラウンはタクシーから増えたんですね。

だからあの頃、クルマを買おうと思った人はまず例外なくタクシーの乗務員に尋ねたんです。「あのクルマ、買おうと思うんだけどどうだろうか？」という具合です。

クラウンは純国産ということで、最初は評価が低かったんです。やはり当時は、アメリカ車やヨーロッパ車が崇められていましたから。ところが、タクシー乗務員の方々が「いや、壊れないし、なかなかいいよ」と言うようなムードになったんですね。そこからクラウンの売り上げがぐんぐん伸びたといいます。この話は、当時トヨタの販社で役員をなさっていた方から直接伺った話なので、かなり信憑性は高いと思います。

実際、性能的にはそれほど見るべきところはありませんでしたが、壊れなかったのは確かだったようです。「カイゼン、カイゼン」で、細かい不具合をひとつひとつ潰していったようです。このあたりの姿勢は、現在のトヨタに繋がりますね。

クラウンがセドリックに比べて技術的に遅れていたのは間違いありません。ただし、誰もモノコックボディだから軽い、なんて難しいことは言いません。重くても頑丈で壊れない、そういうクルマが求められていた時代でした。

トヨグライド

60年に行われたクラウンのマイナーチェンジで、国産車初のオートマティックトランスミッションであるトヨグライドを搭載するモデルが追加された。トルクコンバーターと遊星歯車を利用したもので、機構としては現在のものと変わらない。ただ、通常は2速ギアで走行し、駆動力の必要な時に手動で1速に落とすという使い方で、「半自動変速機」と呼ばれる。トヨタはその後もAT化を推し進め、パブリカやコロナにもトヨグライドを搭載していった。

History / Japan

03

1950年代 スバル360

空を飛ばないてんとう虫

もう少し１９５０年代の話を続けましょう。とにかく国産の黎明期、いろんなクルマがあり、いろんなトピックがあるのです。

日本のモータリゼーションを語る上で外せないのは、55年4月に通産省（当時）が打ち出した「国民車構想」でしょう。読んで字のごとく、乗用車を国民に広める政策で、今考えればその考えは当然のことに思えます。けれども、当時、この政策と正反対の意見を述べていた人もいるんです。それは日銀の一万田総裁で、「日本に自動車産業はいらない。国際分業の時代なのだから、安くていい自動車を作るアメリカに任せればいい」とおっしゃったそうです。ま、その意見に従わなかったから現在の日本自動車産業の隆盛があるわけですね。

その国民車構想ですが、具体的にはこんなクルマを考えていたようです。

エンジン排気量は３５０～５００cc、４人乗り、最高速度１００km／h、自重４００kg以下、価格25万円以下。

スペックをご覧になればおわかりかと思いますが、これはまさに軽自動車なんですね。この構想を受けて、スズキ・スズライト（55年）、スバル３６０（58年）、三菱５００（60年）、マツダR３６０（60年）などが登場しました。後に、ダイハツやホンダも参入してきます。

さて、ここで登場した軽自動車の中でも、私が取り上げたいのはスバル３６０です。なんともエポックメイキングなクルマで、当時のクルマ好きの実感としては革新的な国産車

一式戦闘機「隼」

中島飛行機が陸軍からの指名で開発にあたった戦闘機。陸軍からの要求水準は非常に高く、開発陣は何度も設計を変更するなど、難産の末に制式採用されたという。原動機は970馬力を発生する「栄」、最大速度は495km／hを誇った。最終的には計5171機が生産され、三菱の「零戦」に次ぐ量産戦闘機となった。

空冷2ストローク

1954年に改正された道路交通取締法で定められた軽自動車の規定では、エンジンは4ストロークが360cc以下、2ストロークが240cc以下となっていた。しかし、翌55年の国民車構想発表にあたって、構造が簡潔で比較的

でした。

　スバル、つまり富士重工業の前身は、中島飛行機でした。一式戦闘機「隼」、四式戦闘機「疾風」、海軍夜間戦闘機「月光」などなど、第二次世界大戦中の名機を送り出す優秀なメーカーだったのです。

スバル360

　ところが、戦後、飛行機作りができなくなります。製造はもちろん、研究さえも占領軍から禁止されます。そこで中島飛行機は社名を改め、蓄積していた航空技術をスクーターや自動車に投入したのです。

　まず、46年にはラビットS-1というスクーターが完成します。これは米国落下傘部隊が使っていたパウエルというスクーターからヒントを得たもので、47年に販売開始となるやブームを巻き起こし、累計生産台数は50万台にも達しました。

　50年代に入ると、自動車産業に参入するための研究が始まりました。これは「P-1計画」と呼ばれ、スバル１５００という試作車も完成します。スバル１５００はモノコックボディ、前後独立サスペンションなど、進歩的なメカニズムを備えていました。もしスバ

容易に高出力を発生する2ストロークエンジンを普及させるべく、排気量の制限が３６０cc以下とされた。この排気量規定の拡大により、2ストロークエンジンが自動車メーカー各社に採用され、特に軽自動車においては主流の原動機となった。

スバル３６０
54年に改正された道交法が定めた軽自動車の規格は全長×全幅×全高＝３・０×１・３×２・０m以下、排気量３６０cc以下。スバル３６０はこの規格に沿って開発された。

スズキ・スズライト

三菱500

マツダR360

ル１５００が市販されていれば、日産セドリックにさきがけてモノコックボディを採用していたことになります。けれども、残念ながらスバル１５００は20台の試作モデルが作られただけで、市販化は見送られました。

その理由については諸説ありますが、トヨタと日産に小型車で対抗するのは得策ではない、という経営判断だったと聞きます。

スバル内部では、「P-1計画」のしばらく後、「K-1」計画が始動します。小型車で先発メーカーと競争になることを避け、競合の少ない軽自動車で勝負しよう、という発想です。そこで作られたのがスバル３６０です。57年2月に第一号試作車が完成し、翌58年5月には発売されています。

スバル３６０にもいたるところに合理的な

三菱５００

国民車構想に応える形で三菱が開発したのが三菱５００。インテリアやアクセサリーは簡素だったが、フロントサスペンションなどメカニズムには凝ったクルマ。

マツダR３６０

戦前からオート三輪で知られた東洋工業が初めてマツダの名を冠したのがR３６０。小型２＋２というユニークな発想の軽自動車で、そのスタイリングも独特だった。

航空技術が用いられていました。たとえば飛行機の胴体を設計する手法を用い、モノコック構造が採用されました。結果、車重は３８５kgと非常に軽くなっています。

また、空冷2ストロークの2気筒エンジンも当時の基準としては高出力で、小さいのに広くて４人が座れる、乗り心地がいい、そしてたったの３５６ccのエンジンなのによく走る、などなど、だれもが驚くような性能を有していました。

余談ですが、当時のお金持ちの家は、クルマは買うんだけど免許を持っていないというケースがよくありました。どうするかというと、免許を持っている若者をアルバイトに雇って外出するんですね。僕もそのアルバイトをよくやりましたが、ある日、スバル３６０をお持ちの家から電話がありました。走らせたら、４人乗って本当に80km／hで走る。心の底から感心しましたね。

あの頃、軽自動車はそれぞれのメーカーの特徴が色濃く出ていました。スズキのスズライトは当時としては進歩的なＦＷＤでした。何しろ国産量販車としては初のＦＷＤですからね。フロンテの場合はファミリーカーというよりは、商用バンとして使われるケースが多かったようですが。

ラビット

やや後れて67年に登場したホンダのＮ３６０はミニクーパーを思わせるデザインで、とにかくスポーティ。そしてこのクルマが、スバル３６０を軽自動車の販売台数1位の座から引きずり下ろしたのです。本田宗一郎さんの若者狙いの戦略が見事に当たったわけです。これを受けて、翌68年にスバルはスバル３６０ヤングＳＳという高出力のスポーティ仕様を発表。軽自動車は、パワー競争の時代に突入します。

ラビットS-1

最初木型のラビットS-1は、１３５ccの２psエンジンを搭載し、最高速度60km／hをうたった。ちなみに、車輪に用いられているのは艦上攻撃機「銀河」の後輪である。

ホンダ・Ｎ360

History / Japan

04

1960年代 ホンダS600

自動車の青春時代

軽自動車の項で1960年代後半にパワー競争が勃発した、と記しました。これが意味することを考えると、自動車のステージがひとつ上がったという結論に達します。つまり、丈夫で壊れない自動車から、運転して楽しむクルマへの変化です。

このような動きの陰には、63年に鈴鹿サーキットで行われた第1回日本グランプリの影響があると考えられます。つまり、速いことこそが正義であり、憧れの対象となったわけです。

そんな流れを受けて、60年代半ばから後半にかけて、国産各社はたくさんのスポーツカーを市場に投入します。当時の思い出とともに、列挙してみます。

まずトヨタは、65年にトヨタ・スポーツ800を出しました。これは画期的なクルマでしたね。空冷水平対向2気筒エンジンの最高出力はたったの45psとライバルに劣るものの、軽量で空気抵抗に優れるボディを利してサーキットでも強さを発揮したのです。燃費もよかったと記憶しています。

それからトヨタは自社のイメージリーダー

トヨタ・スポーツ800

トヨタ2000GT

トヨタ・スポーツ800

パブリカのコンポーネンツを巧みに利用して作った小型スポーツカー。水平対向2気筒OHVユニットは非力だったが、軽量で空気抵抗に優れるボディでライバルと互した。

トヨタ2000GT

流麗なボディはトヨタ関連の関東自動車工業がほぼ手作りで組み立てた。ヤマハ開発の2ℓ直6DOHCユニットの最高出力は150ps、最高速度220km/hをうたった。

ホンダS600

的存在として、67年にトヨタ２０００ＧＴをデビューさせました。２０００ＧＴの直列６気筒ＤＯＨＣユニットをヤマハが開発したのはあまりに有名です。そうそう、映画『００７は二度死ぬ』にも採用されました。

日産はスポーツカー王国ですね。59年に早くもダットサン・フェアレディ１２００を出していますし、フェアレディはその後、１５００、１６００、２０００と続き、69年にはいよいよフェアレディＺがデビューします。対米輸出用の２４０Ｚはアメリカで爆発的な人気を博し、ＭＧなど欧州製小型スポーツカーの息の根を止めてしまったほどです。

ほかにもロータリーを積んだマツダのコスモ・スポーツ、若者から熱狂的に支持されたいすゞのベレットなどなど、スポーティなクルマが続々登場しました。なかでも私が気に入ったのは、ホンダのＳ６００です。正確には63年に排気量５３１㏄のＳ５００が登場し、翌64年に排気量を６０６㏄に拡大したＳ

ホンダS500
世界レベルにあったモーターサイクルの技術とイメージを最大限に生かして四輪へ参入すべく、ホンダが選んだのは2座オープンの軽スポーツカー。62年に発表、翌年に発売。

600に移行しています。

48年に創立したホンダは、まず二輪で世界に撃って出ます。ただバイクを売って金を稼ぐだけではないところがホンダのホンダたる所以で、彼らは二輪のワールド・チャンピオンシップが懸かったレースに出場し、そして本当に勝ってしまうのです。もちろん技術が優れていたと思いますが、僕が感じたのは彼らの情熱ですね。

ホンダの技術と情熱は、四輪の開発に向かいます。62年秋の東京モーターショーでオープン2シーターのスポーツカーを公開したのです。搭載されるエンジンは、見るからに精緻なメカニズムを備えたDOHC4気筒ユニット。4輪独立のサスペンションを備えていました。

63年にホンダS500が市販されます。価格はたったの45万9000円で、これは当時の貨幣価値からいっても大変に安かったと記憶しています。この値付けにも、ホンダの創設者だった本田宗一郎さんの心意気が現れていると思いますね。財布の軽い若者を楽しませてやれ、という。

S500は販売開始から数か月でひとまわり大きなエンジンを積むS600に移行しま

ダットサン・フェアレディ（レース仕様）

日産フェアレディ240Z（ラリー仕様）

マツダ・コスモ・スポーツ

フェアレディ240Z

ロングノーズ、ショートデッキ、ファストバックと、その後のフェアレディZのひな形を作ったのが69年登場のS30型。輸出モデルだった240Zも71年に国内でも販売されるようになった。

マツダ・コスモ・スポーツ

67年、ロータリー・エンジン搭載車としてはNSUスパイダーについで世界で2番目というコスモ・スポーツがデビュー。2ローター・ユニットとしては世界初という快挙だった。

いすゞベレット1600GT

64年に登場したベレットは、モノコックボディの4ドアセダンだった。発表と同時に「1600GT」というスポーツ仕様が設定され、日本におけるGTの草分けとなった。

す。そして65年には、クーペ版たるS600クーペがラインナップに加わりました。

これは本当に面白いクルマで、僕はS600クーペを購入したくらいです。正直に言えば、本当はオープンが好みだったのですが、あまり人気のなかったクーペは少し値引きが期待できたんです。

水冷直列4気筒DOHCエンジンは高回転までスムーズに回って、8000rpmくらいまで気持ちよく吹け上がりました。低回転域のトルクが薄かったという難点の裏返しでもありますが、このエンジンにはヨーロッパの連中も驚いたようです。たとえば、クルマ好きで知られていたモナコ公国のグレース王妃がS800を愛車にしていた、なんていう逸話も残っています。「エス」の記録を見ると、S500の生産台数は1363台、S600が1万3084台、S800が1万1406台で、計2万5853台とありますから、現存する個体は非常に貴重でしょう。

ホンダというメーカーが他の自動車会社と違うのは、やはりS500というスポーツカーが実質的に初の四輪車だったことですね（正確にいうと、T360という軽トラックのほうが早く発売されたのですが）。二輪で世界一になったホンダが四輪に進出するのは公然の秘密だったわけですけれど、セダンではなくオープン2シーターの開発を優先したというのが、若くて野心的でスポーツ好きだという、このメーカーの体質を表しています。

60年代、いよいよ日本自動車産業は、スポーツカーを作ることができるほどに成長しました。中には「?」というクルマもありますけれど、トヨタのヨタハチやホンダのエス、マツダのコスモ・スポーツのように世界的に見ても評価できるモデルもある。よちよち歩きだったニッポンが、ようやく中学生くらいになったということでしょうか。そういえば、スポーツカーというのは青春時代を想起させますね。

ホンダT360
排気量354ccの水冷直列4気筒DOHCをフロア下にミドシップした軽トラック。最高出力は30ps／8500rpm。当時の価格は34万9000円だった。

History / Japan

05

1960年代 ダットサン・ブルーバード

熾烈を極めたBC戦争

１９６０年代、国産スポーツカーが最初の黄金時代を迎えていた頃、実用ファミリーカーが熾烈な争いを繰り広げていました。ダットサンブルーバードとトヨペット・コロナの、いわゆる「ＢＣ戦争」です。

ＢＣ戦争が最も激しかったのは、ブルーバードが63年にデビューした2代目、コロナが64年にデビューした3代目の時でしょう。両社の販売競争は誠に熾烈で、マスコミが「戦争」という表現を用いたのもあながち大げさではありません。

ここで、当時の日産がおかれていた状況についてふれないわけにはいきません。64年から65年にかけて、日本自動車産業は大揺れに揺れていました。戦後の日本自動車産業は政府の保護のもとに成長を続けていましたが、いよいよアメリカより門戸開放が強く求められたのです。

第二次大戦後、自動車の製造は細々と再開されました。47年当時、占領軍総司令部に許可された小型乗用車の生産はたったの３００台です。それがわずか13年後の60年には48万２０００台と、飛躍的な伸びを見せています。63年には１２８万４０００台、66年には２２８万６０００台、67年には３１４万６０００台と、ついに西ドイツ（当時）を抜いて、アメリカに次ぐ世界第2位の自動車生産国となるのです。

けれども、このような驚異的な成長を裏で支えていたのは輸入制限をはじめとする政府の保護でした。世界第2位の自動車生産国が保護されていることに対して、世界中から風

完成乗用車輸入自由化

１９６５年に実施された完成乗用車の輸入自由化の背景には、高度成長を続ける日本が先進国と対等に扱われるようになったという事実がある。第二次世界大戦後、アメリカの意向もあり保護を受けつつ商取引を行っていた日本であるが、欧米から市場開放を求める声が日ごとに大きくなった。そこで63年にＧＡＴＴ（関税および貿易に関する一般協定）11か国に移行し、これに伴い国際収支の悪化を理由に輸入制限することはできなくなった。自動車産業もこうした自由化の波を受け、業界再編成へと動いたのである。

ダットサン・ブルーバード

当たりが強まったのは言うまでもありません。そこでいよいよ、日本の自動車産業／市場も、オープンになります。

はたして65年10月には、完成乗用車輸入自由化が実施されました。続いて71年4月には自動車産業の資本自由化も実現の運びとなっています。

日本国内では、列強との国際競争力を高めるべく業界再編成を求める声が日増しに強くなります。そこで通産省（当時）は、シェア2位の日産自動車とシェア4位のプリンス自動車の合併を画策したのです。66年8月には日産とプリンスが合併します。

いまの若い方は「プリンス」といってもなんのことかおわかりにならないか

プリンス・スカイライン・スポーツ

ダットサン・ブルバード

63年、2代目ブルーバードはピニン・ファリーナの手になる端正なスタイリングで登場。しかし、テールが下がって見える市場での評価は芳しくなく、コロナに後れをとる。

もしれません。プリンスの前身は、第二次大戦中に輸送機や練習機を生産していた立川飛行機です。中島飛行機がスバルになったのと同じように、立川飛行機がプリンスになったのです。プリンスは、スカイラインやグロリアなど、その進んだ技術を市販車に投入し、世のクルマ好きたちをうならせました。そういった背景を持つメーカーが、日産と合併したのです。こういった日産の歴史的背景は、クルマ好きとしては知っておきたいですね。

　さてさて、そんな60年代半ば、ブルーバードは、今でいうアッパーミドル層の憧れのクルマになっていました。販売実績も上々、まさにドル箱です。そこでトヨタはブルーバードの対抗馬としてコロナをぶつけてきたのです。なんとかしてあのマーケットを奪いたい、ということです。

　自動車風俗的な考察を加えると、「トヨタ党vs日産党」という図式も、あの頃に生まれたものだと思います。個人的には、古くから

トヨペット・コロナ

トヨペット・コロナ

64年デビューの3代目コロナは、〝アローライン〟と呼ばれた直線基調のスタイリングが特徴的だった。4ドアのほかに、5ドアセダン、2ドアハードトップまで、ラインナップされていた。

のクルマ好きがプリンスの流れを汲む日産党だったように記憶しています。また、ブルーバードが63年、コロナが64年ということに着目してください。そう、あの頃のクルマ好き、特に日産党は、「あと出しのトヨタがマネをした！」と憤ったものです。

それはさておき、この2台の基本的な構成は似通っています。水冷直列4気筒OHVエンジンをフロントに縦置きし、後輪を駆動。トランスミッションはともに3段のマニュアル、ちなみに2台ともコラムシフトを採用しています。

では何が違ったか。それはエンジンの排気量なんです。ブルーバードは先代の1ℓ、1・2ℓエンジンを踏襲しましたが、コロナは1・5ℓエンジンを積んできたんですね。資料をあたってみると、前者の最高出力が55ps、後者が70psと、看過できない差があります。また、インテリアに関しても一般的にはブルーバードよりコロナのほうが豪華に見えたはずです。

僕としては、全体にバランスがよく、小気味よく走るブルーバードのほうが好みでした。実際、「ファンシーデラックス」という女性仕様を購入したこともあります。内装がパステルカラーで明るく、いま思い出しても洒落たクルマでした。

ところがマーケットはいつものように、僕とは正反対の反応を見せます。つまり、豪華で広くてエンジン排気量が大きいコロナを支持するんですね。結果的に、この3代目コロナは販売台数でブルーバードを追い抜くことになります。「技術の日産、販売のトヨタ」を地でいくような結果でした。それにしてもこのフレーズは誰が考えたのか、言い得て妙だといまでも感心します。

History / Japan

06

1970年代 トヨタ・カローラ

ファミリーカー日本一決定戦

１９６０年代後半の「ＢＣ戦争」の次に盛り上がったのが70年代の「小型車戦争」です。今度はトヨタ・カローラと日産サニーです。

カローラが「プラス１００ccの余裕」という宣伝を打つのに対し、サニーは「隣の車が小さく見えます」というＣＭを流していました。これまた「戦争」という表現が大げさではない販売競争が繰り広げられました。

70年代のモータリゼーションを考えるにあたって避けては通れないのが石油ショックです。日本の自動車の歴史を考えるにあたって、石油ショックの概略は理解しておきたいですね。また、小型車戦争の背景としても石油問題は重要です。

発端は、イスラエル建国をめぐるパレスチナ問題です。第２次世界大戦後、パレスチナ問題はさまざまないざこざを招きましたが、73年10月に、第４次中東戦争が勃発します。そこでアラブ諸国のＯＡＰＥＣ（アラブ石油輸出国機構）は、イスラエル寄りの態度を見せる欧米、ひいては日本に対して石油輸出制限を行います。最終的にはＯＰＥＣ（石油輸出国機構）が原油価格の引き上げに応じたというわけです。

引き上げといっても、数パーセントなんていう生やさしいものではありません。73年のＯＰＥＣの決定は、翌年から原油価格を２倍に引き上げるというんですからたまったものじゃありません。「狂乱物価」といわれるほどに激しいインフレが日本を襲い、74年には経済成長率が戦後初めてマイナスになっています。

OPEC

OPECとは、「Organization of the Petroleum Exporting Countries」の略。１９５９年から60年にかけて、国際石油資本（いわゆるメジャーズ）が一方的に中東原油価格を引き下げたことがきっかけで、産油国の発言権を高める目的で設立された。参加したのは、イラン、イラク、クウェート、サウジアラビア、ベネズエラの5か国。原油価格改定にあたっては産油国の事前協議を求める決議を採択するなど、協同してメジャーズに対抗した。

トヨタ・カローラ

クルマ好きにとっては受難の時代でした。なにしろ、日曜日にはガソリンスタンドが閉まってしまうのです。ドライブの計画も慎重に立てないと、途中で立ち往生してしまいます。

当時、僕は自動車専門誌の仕事をやっていましたけれど、これも大変でした。たとえば4、5台を連ねて比較テストに行くことがあります。途中で給油に寄るわけですが、全部をまとめて満タンにはしてくれないんです。「2台だけなら満タンにしますよ」なんて言われましたね。

そんな時代ですから、みんな燃費がいいクルマを選ぼうと思ったんです。それはエコとか環境じゃなくて、あくまで自分の財布の問題としてですが。それまでの日本では、クルマ選びにおいて燃費はあまり重要事項ではなかったんですね。ところがオイルショックを機に、「キミのクルマ、燃費はどれくらい?」なんて聞くようになったんです。

トヨタ・カローラ

74年に登場した3代目カローラ。豊富なボディバリエーションと豪華な内装で、販売ではサニーを圧倒。1400ccで80万円前後の価格だった。

73年に3代目サニー、74年に3代目カローラがデビューしました。「BC戦争」と同じで、この2台のスペックも近いものでした。水冷直列4気筒OHVエンジンをフロントに縦置きし、4段のマニュアルトランスミッションを介して後輪を駆動します。4MTはフロアシフトになっていましたね。エンジン排気量は、1・2ℓと1・4ℓが主力です。

じゃあこの2台、何が違うんでしょう。自分の記憶が正しいかと気になって当時の資料をあたってみたのですが、やはりカローラのほうが100kg近く重いんですね。日産のほうが悪くいえばペラペラ、よくいえば合理的な設計なんです。オイルショックもあり、本来であれば軽いサニーが評価されるはずなのですが、そうはならないところがクルマの面白さなのかもしれません。販売ではカローラの圧勝だったんです。

日産は悔しかったと思いますね。というのも、当時、「小型車は日産」というイメージが定着していたからです。

52年にイギリスのオースチンと提携し、A40およびA50をライセンス生産した日産は、その経験をダットサン110（55年）、ブルーバード（59年）に活かします。ブルーバードは、初の乗用車専用設計だったと記憶していますが、とにかく販売開始と同時に大ヒット、小型車に強いという事実を強くアピールしたのです。

日産は70年に自社初となる前輪駆動（FWD）車、チェリーを発表しますが、サニーはまだ後輪駆動（RWD）を採っていました。当然、ライバルたるカローラも後輪駆動です。サニーは2／4ドアセダン、2ドアクーペの3つのボディを持っていました。一方カロー

日産チェリー

狂乱物価

1970年代前半から半ばにかけてのインフレの原因のひとつは、原油価格が一気に4倍になった石油ショックである。そしてもうひとつ、田中角栄首相が発表した「列島改造論」も要因となった。農村部に大工場を誘致し、そこに都市を作るプランに敏感に反応した企業は、土地の買い占めに走った。はたしていくつもの地域で、71年からの1年間で地価が30％以上も高騰した。「狂乱物価」と呼ばれる異常事態を鎮めるために政府は金融の引き締めを行うが効果を発揮することはなく、74年、日本経済は戦後はじめてのマイナス成長となった。

ラは2／4ドアセダンと2ドアハードトップでスタートした後、マイナーチェンジでクーペとリフトバックが加わり、最終的には計5種類のボディバリエーションを誇ることになります。カローラにはほかにレビンというスポーツ仕様が存在し、走り屋からは好まれていました。

シンプルなサニーより、豪華でバリエーションを豊富に投入したカローラが販売で勝ったというのは、クルマ好きとしては素直に納得できません。とはいえ、この2台の競争が日本の自動車の性能向上に一役買ったことは疑う余地がありません。本当に名勝負でしたから。

そして石油ショックに続いて、排ガス規制にもこの2台は直面しています。この問題については、次の項目に記したいと思います。

ダットサン・サニー

ダットサン・サニー

73年にフルモデルチェンジを受けた3代目サニー。当時の厳しい排ガス規制をクリアすべく、日産はNAPSシステムを開発した。当時の価格は1400ccセダンで70万円前後。

History / Japan

07

1970年代 ホンダ・シビック

ステイタスからライフスタイルへ

石油ショックの話で、「エコロジーではなく財布の問題」と述べましたが、１９７０年代は環境問題にも直面した時代でした。自動車の排ガスによる大気汚染が社会問題となり、アメリカでは排ガスを規制するマスキー法が成立しました。ここ数年、地球温暖化や大気汚染訴訟などが話題になっていますけれど、自動車のエネルギー環境問題の端緒は、70年代にあったのです。

そして、このマスキー法を世界で最初にクリアしたのがホンダ・シビックに搭載されたＣＶＣＣエンジンでした。

シビックの前に、ホンダは60年代末にホンダ１３００という高性能なクルマを出しています。独自の空冷１・３ℓを搭載したこのクルマは本当に面白いクルマでした。何しろ、２ℓエンジン搭載車と同等の動力性能でしたから。けれども、乗り心地など自動車としてのトータルバランスが欠けていたので、販売は伸び悩んでいました。そこでホンダは、もう少し一般受けするような小型車の開発に迫られました。その結果、登場したのが72年に登場したシビックだったのです。

シビックは、エンジンを横置きにした基本レイアウト以外は、ホンダ１３００から何も受け継ぎませんでした。ホンダとしてはまったく別のクルマに育てたかったのでしょう。１２００㏄のシビックにはカタログに大書できるような超高性能もなければ、人を振り返らせるような派手なルックスもありません。ただシンプルで合理的な設計がなされたクルマでした。そのあたりが、知的なイメージの

マスキー法

１９７０年、米国民主党のＥ・Ｓ・マスキー上院議員が「１９７０年大気清浄法改正案」を提案した。これは自動車が排出するＣＯ（一酸化炭素）、ＨＣ（炭化水素）、ＮＯｘ（窒素酸化物）を10分の１以下にするという厳しいもので、当時「世界一厳しい排ガス規制」と呼ばれた。しかし、自動車メーカーの反発も大きく、実施期限は大幅に延期された。

ホンダ・シビックCVCC

形成に役立ったのでしょう。

シンプルながらも若々しいイメージのシビックは、デビュー以来、マーケットに好意的に迎えられました。そして翌73年、CVCCエンジン搭載モデルが追加されたのです。今でもはっきりと覚えていますが、「低公害車」と呼ばれていましたね。

CVCCエンジンですが、副燃焼室を備えた3バルブヘッドが独創的でした。圧縮比が7・7と自然吸気エンジンとしては異例に低い値で、フラットなトルク特性を持ったエンジンです。排ガスをクリーンにするという取り組みにおいて、ホンダはトヨタ、日産の両巨頭を凌駕したこ

CVCCエンジン

ホンダ・シビック

ホンダがF1に参戦したのは64年で、68年シーズンに一旦F1活動を打ち切る。レース活動で得た技術と経験、会社の勢いが、シビックの斬新なCVCCエンジンなどに反映された。

とになります。

排ガスの清浄化に成功しつつも、ＣＶＣＣエンジンのパフォーマンスがそれほど低下しなかったことも記憶しておくべきでしょう。4段マニュアル、またホンダ独自の2段オートマティックどちらのトランスミッションでも、最高速度は１４０～１５０km／hを誇りました。これは、ノーマルの１５００ccエンジンと同等の値です。

また、好ましいハンドリングを持つシビックに対して、より高性能なエンジンの搭載を望む声も日ごとに大きくなります。そこで74年には１１６９ccエンジンにツインキャブ、さらに5段マニュアルトランスミッションを組み合わせたＲＳというモデルを追加します。

ただし、このＲＳは短命でした。厳しくなる排ガス規制を見込み、ホンダは75年にシビック全車にＣＶＣＣエンジンを搭載することを決めたのです。その結果、ＲＳはカタログから消滅することになります。

大きく売り上げを伸ばしたことで70年代半ばのホンダはシビックの増産体制を敷くわけですが、私としては低公害エンジンが販売を牽引したとは思いません。もちろん、清廉で若々しいというホンダのイメージを向上させる効果はあったと思います。けれども、シビックが販売を伸ばした大きな要因は、ライフスタイルの変化ではないでしょうか。

同時期のカローラやサニーは、ＦＲの駆動方式を採った3ボックスセダンでした。ところがシビックは、合理的なＦＦを採用したハッチバックスタイルです。フォルクスワーゲンの初代ゴルフが登場したのが74年ですから、世界の自動車史にあてはめてみても、「ＦＦハッチの時代が到来」したのです。

また、１９４０年代後半に生まれた団塊の世代がクルマを買うようになった時期と重なる、という考え方もできます。従来の権威を否定した彼らが、自分たちのクルマを求めた

ホンダ独自のオートマティック
ホンダ独自のオートマティックトランスミッション、ホンダマチックの誕生は１９６８年のＮ３６０ＡＴにまで遡る。遊星ギアを用いないシンプルなメカニズムは独創的で、日本はおろかヨーロッパでもいくつもの特許を取得した。その後、初代シビックに搭載された2段オートマティックはＬレンジとスターレンジを手動操作するもの。一般的な走行ではスターレンジを用い、急勾配での発進などではＬレンジを用いた。

マツダ・ファミリア

フォルクスワーゲン・ゴルフ

結果、ＦＦハッチに飛びついた、ということです。

80年になると、5代目となるマツダ・ファミリアが登場します。このクルマもＦＦの2ボックスですが、同年のカー・オブ・ザ・イヤーを受賞したほか、販売でも大健闘します。1か月だけですが、トヨタ・カローラを抜いたのです。

たとえば、ファミリアはそれほどの高性能車ではありませんでした。どちらかといえば、クルマそのものの楽しさよりも、クルマを使った遊びが楽しい、という方向をアピールするクルマではなかったでしょうか。それは、ステイタスシンボルとしての自動車から、ライフスタイルを表現するクルマへの変化だったと思います。やはりクルマは、社会を映す鏡なんですね。

マツダ・ファミリア

80年にフルモデルチェンジを受けた5代目ファミリアは社会現象ともいえる大ヒット作となった。後に3ボックスのセダンも追加されたが、当初は3ドアと5ドアハッチバックのみの設定。

History / Japan

08

1980年代 日産スカイラインGT-R

国産車の最高到達点

１９８０年代は、マツダ・ファミリアの大ブレイクで幕を開けました。あの頃ファミリアについて考えたのは、「若者が市場になった」ということです。サーフボードを積んで第三京浜を走る赤いファミリアを何台も見かけましたが、彼らをターゲットにした商品が相次いで生まれたことが80年代の特徴でしょう。

80年の初代日産レパード、81年デビューの初代トヨタ・ソアラ、82年に登場した2代目ホンダ・プレリュード、88年にフルモデルチェンジされた5代目日産シルビア……。デートカーと呼ぶこともありましたし、スペシャリティカーという呼び方もありましたね。そうそう、少しジャンルは違いますけれど、トヨタ・マークⅡ（84年）や日産シーマ（88年）などはハイソカーなんて呼ばれていましたっけ。とにかく、その手の「贅沢クルマ」がもてはやされた時代だったのです。

クルマを社会を映す鏡と考えれば、これらのクルマは日本の好景気を映していたと言えるでしょう。そこで、80年代のクルマを振り返りながら、当時の社会背景についても考察してみたいと思います。

貿易赤字が雪だるま式に増えていた80年代のアメリカでしたが、それにもかかわらずドルは他の通貨に対して上がり続けました。また、ドル高がさらに貿易赤字を膨らませる原因となりました。当時のレーガン大統領は、ドル安への方針転換を打ち出します。

各国が為替相場へ介入してドル高を抑制するための、いわゆる「プラザ合意」（85年）

ニュルブルクリンク

ドイツ北部にあるサーキットで、北コースと南コースがある。ここで語られているのは、全長約20㎞の北コース。ドイツメーカー各社がテストを行うことで有名な過酷なコースであり、約２００か所の難コーナーと２㎞におよぶ直線を備えた高性能スポーツカーの聖地とされる。スカイラインGT-R以降、国産メーカーもニュルブルクリンクでテストを行い、車両の熟成を図っている。

日産スカイラインGT-R

が大きな転換点でした。急激な円高が進行するのです。１ドル＝２２０〜２５０円あたりで推移していたものが85年末には２００円、95年には80円台になったわけですから、たった10年で円の価値が2倍以上になった計算です。この急激な円高は、輸出を生業とする日本のような国には不利で、円高不況が日本を襲います。そこで政府は公定歩合を引き下げ、87年には２・５％と戦後最低になります。結果として資金調達が容易になり、日本国内で「金余り現象」が見られるようになります。これが「バブル」ってやつです。89年には日経平均株価が3万８９００円を記録していますね。

そして「金余り現象」が89年に大きな成果を生み出します。日産スカイラインＧＴ-Ｒ、トヨタ・セルシオ、ユーノス・ロードスター。１台だけ90年生まれになってしまいますが、ホンダＮＳＸも忘れるわけにはいきません。

これらのクルマは、いま考えてもなかなか

日産スカイラインGT-R

89年、実に16年ぶりに〝GT-R〟の名称が復活した。爆発的な動力性能をもたらすツインターボ、電子制御された4WDシステムなどが実現した高性能は、当時絶賛された。

ユーノス・ロードスター

トヨタ・セルシオ

ホンダ・NSX

のものだったと思います。たとえばセルシオは静粛性や乗り心地を追求し、後の欧米のプレミアムカーに大きな影響を与えました。NSXの軽量アルミボディやVTECエンジンは環境と共生するスーパースポーツの概念をいち早く体現していましたし、フィアット・バルケッタやMG-F、BMW・Z3など世界中でユーノス・ロードスターのフォロワーが生まれたのは周知の事実です。

ここで1台だけ名前を挙げろと言われたならば、僕はスカイラインGT-Rを推したいですね。四輪駆動とターボエンジンの技術などなど、本気で「高速」に取り組んだ、日本で最初のクルマだと思うからです。しかもポ

ユーノス・ロードスター

マツダのスポーツカー好きが始めたプロジェクトが、やがて世界の自動車産業に大きな影響を与えることになる。手軽な価格のコンパクトなオープン2座の楽しさを提案した。

ホンダNSX

90年登場のホンダNSXは、当時「スーパースポーツとしては優等生すぎる」とも言われた。だが、軽量アルミボディや高効率VTECエンジンなどは時代を先取りしていた。

ルシェやＢＭＷの真似ではなく、独自の技術で勝負したのです。ドイツのニュルブルクリンク・サーキットに持ち込んで、真剣にテストしていましたね。

僕もＧＴ-Ｒを買いました。乗るたびにその動力性能やスタビリティ、ハンドリングに「すっげえなぁ」と感心したものですが、ひとつだけ難点がありました。とにかく燃費が悪いんです。ガソリンを食い放題でしたね。動力性能はともかくとして、まだエンジンの効率ということまでは考えが及んでいなかったわけです。

とはいえ、ここに名前を挙げたクルマはどれも世界に誇れる名車です。ホンダの「Ｓ」などごく一部の例外を除けば、いままでに日本のメーカーがこれほど世界の自動車産業に影響を与えたことはありません。

80年代末、日本の自動車産業がひとつのステージをクリアしたということは疑いようがありません。

そもそも、日本車が評価されたのは「安くて壊れないクルマ」という理由からでした。それが、「静かで快適な高級車＝セルシオ」「ミドシップのスーパースポーツ＝ＮＳＸ」「ターボパワーと四輪駆動システムで究極のファン・トゥ・ドライブを追求したクルマ＝ＧＴ-Ｒ」「誰もがオープンエアでのドライブを楽しめる小型スポーツカー＝ユーノス」といった具合に、新たな付加価値を見いだしたのです。

また、クルマというものは1年や2年では完成しません。80年代末に登場したクルマは80年代前半、遅くとも80年代半ばには開発が始まっていたはずです。

そう考えると、いまでは否定的に語られるバブル経済ですが、クルマ好き、自動車の歴史においては意味があったのかもしれません。新車開発に潤沢な資金を投入したわけですし、不景気の時には売れないような「贅沢クルマ」でも商売になったわけですから。

トヨタ・セルシオ

バブル経済華やかなりし89年9月1日、北米市場にてレクサスＬＳ400の販売が開始された。メルセデス・ベンツ、ＢＭＷの牙城を崩さんとトヨタが送り込んだ最高級乗用車である。

日本市場ではセルシオという名称で販売され、クラウンの上位車種とされた。その後、日本でもレクサスブランドが立ち上がったのはご存じの通り。

History / Japan

09

1990年代 ホンダ・オデッセイ

日本の風景を変えた1台

かつて、子どもたちにクルマの絵を描かせると１００人が１００人、３ボックスのセダンを描いた時代がありました。いまはどうでしょう。おそらく、大半がミニバンを描くのではないでしょうか。

　１９９４年に登場したホンダ・オデッセイ以降、日本の道路の景色が変わりました。そう、ミニバン全盛時代が訪れたのです。本当のことを言えば、82年に登場した日産プレーリーこそが日本におけるミニバンの草分けだったでしょう。けれども、プレーリーは生まれるのが少し早すぎたのかもしれません。自動車マーケットはまだミニバンを必要としていなかったのです。

　オデッセイが好意的に迎えられた理由として、従来のワンボックスとくらべて乗用車ライクだったことがあげられるでしょう。

　まず、床が低いので乗り降りがしやすかった。ワンボックスやトラックベースのＳＵＶだと、「よっこらしょ」とかけ声をかけてシートによじ登るようなモデルが多いのですが、オデッセイはそうではありません。普通にドアを開けて、普通にシートに腰掛けることができました。

　また、乗り心地、操縦性といったことも一般的なＦＦ乗用車のそれで、セダンから乗り換えても違和感がまったくありません。アコードをベースに作ったのでそれも当然という声があるかもしれません。けれども当時、オデッセイを追いかけて国産他社がＦＦ乗用車をベースに作ったミニバンにはあまり感心できませんでした。妙にフワフワした操縦性で

トヨタ・エスティマ

　オデッセイに先駆けること4年、一足はやく市場に投入されたミニバン。ただし日本国内での使用にあたってはサイズが大きすぎたことなどで、ヒットにはいたらなかった。

ホンダ・オデッセイ

不安だったり、トラックのようなガタガタの乗り心地で不快だったりで、やはりオデッセイの開発陣は大したものだったのでしょう。

オデッセイの開発には面白いエピソードがあります。トラックやSUVを持たないホンダは、工場の生産ラインの屋根が低かったというのです。したがって、ミニバンを設計するにあたっては背を低くせざるを得なかったそうです。全高が低いボディで居住空間を広くするには、床を低くするしかありません。それで「低床ミニバン」が誕生したというわけです。

乗用車ライクなミニバンの誕生秘話は、生産ラインの構造から決まったというのも面白い話です。そして、床を低くして、乗り味が乗用車的になったことで人気を博したわけですから、何が幸いするかわかりませんね。

ミニバンというのは、そもそも80年代初頭から半ばにかけて生まれた、米国クライスラーによる「発明」です。ダッジ・キャラバン

ホンダ・オデッセイ

94年に生まれたオデッセイは、日本の自動車地図を塗り替えた。オデッセイの登場以降、「ファミリーカー」といえばミニバンになり、セダンが衰退していく。

や、その後継たるクライスラー・ボイジャーがこの新しい車型の先達でした。

　ところが、ミニバンという名称は少なくとも日本では名ばかりで、ちっともミニじゃありません。80年代のクライスラーを見た自動車専門誌の編集者は、「これじゃビッグバンですね」と冗談を飛ばしたものです。

　あたり前ですが、アメリカンなサイズは日本では圧倒的に使い勝手が悪いので、日本独自のミニバン設計が待たれていました。正確には、誰かが待っていたわけではなく、潜在的な需要としてはあったということです。

　ところが、前述した日産プレーリーを唯一の例外として、トヨタも日産も、このジャンルの存在に気づきませんでした。生産設備の制約という幸運な偶然があったにしろ、そこに目をつけたホンダは大したメーカーだというべきでしょう。

　よくホンダを「彼らは狩猟民族だから」と表現する人がいます。確かにじっくり育てる「農耕民族」ではなく、獲物を探して動き回る狩猟民族の趣がある自動車メーカーだと思います。

　さて、以下は古いタイプのクルマ好きジジ

ダッジ・キャラバン

ダッジ・キャラバン
　諸説あるが、ミニバンのルーツは80年代半ばのクライスラー製モノボリュームであるという見方が多い。同社のダッジ・キャラバン、およびプリマス・ボイジャーが人気を博し、GMがシボレー・アストロで、フォードがエコノラインで後を追っている。

イのたわごとだと思って聞き流してください。

ミニバンに7人、8人乗って出掛けるというのは確かに合理的です。同じ条件でオープン2シーターしかなければ、4台連らねていく必要がありますから、環境、道路交通、経済性、いろんな側面から見てミニバンのほうが正しい。けれども、ミニバンでの移動に歓びを見いだすことはできるのでしょうか。ミニバンを眺めて、愛でることが可能でしょうか。

合理的に詰め込むだけ詰め込んでA地点からB地点へ移動する。それ一辺倒になってしまうのは、クルマ好きとして非常に寂しいものがあります。

ただし、クルマが社会を映す鏡の役割を果たしていると考えれば、世の中のライフスタイルがミニバン的なクルマにシフトしているのかもしれません。僕が考えているよりも、いまの若い世代のほうがファミリー指向だと理解することも可能です。日本では、「クルマ＝家」という側面もありますし、もしかするとこのジャンルは日本独自の発展を遂げるかもしれない、そんな予感もしています。

とにかく、このミニバンというクルマをどう捉えるか、いまのクルマ好きのポイントだと思います。

日産プレーリー

日産プレーリー

実はクライスラーより早かったのが、82年にデビューした日産プレーリーである。FF乗用車のプラットフォームを流用していることや、後席の左右ドアをスライド式にしていることなど、現在の国産ミニバンのさきがけだった。

History / Japan

10

2000年代 トヨタ・プリウス

これからがクルマの正念場

戦後の国産自動車の歴史を駆け足で振り返ってみましたが、実はこれからが自動車メーカーの正念場だと僕は考えています。そう、環境・エネルギー問題に全身全霊を傾けて取り組まなければならないのです。

地球温暖化を抑止するために、二酸化炭素の排出を削減しなければなりません。現在、各地で自動車メーカーや地方自治体を相手に大気汚染訴訟が起きていますが、排ガスによる健康被害についても待ったなしの状況です。このままだとクルマが悪者になってしまう可能性があります。これはなんとかしなければなりません。

１９９７年の12月、地球温暖化防止京都会議が行われました。そこで採択されたのが、いわゆる京都議定書です。日本は、２００８

トヨタ・プリウス（初代）

トヨタ・プリウス

97年、「21世紀に間に合いました」というキャッチフレーズで登場したハイブリッド車。細部まで進化した2代目も03年に登場しており、確実に数を増やしているのが立派。

ホンダ・インサイト

99年、プリウスに続いて登場したハイブリッド車。2座であることと、スポーティな外観がいかにもホンダの社風を表現している。06年、生産中止となることが発表された。

トヨタ・プリウス（2代目）

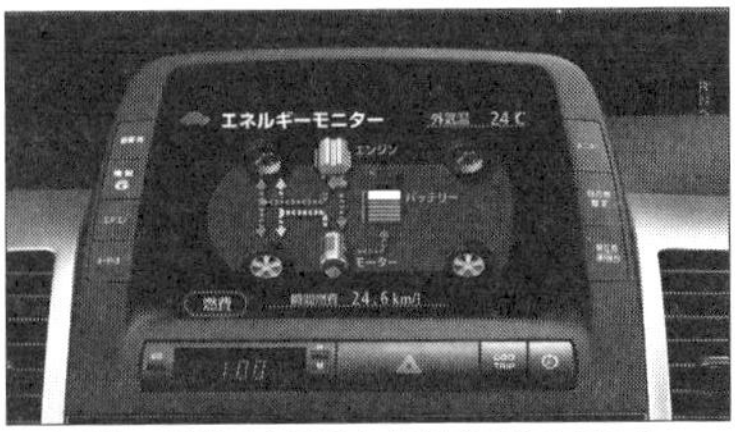

ハイブリッド車であることを実感できるモニター

年から12年にかけて、対90年比で二酸化炭素の排出を6％減らすことを約束しているのです。現在、排出されている二酸化炭素のうち、20～25％がクルマによるものだとされていますから、これはわれわれクルマ好きにとっても非常に身近な問題です。

そして、その97年にトヨタは初代プリウスを発表しました。僕も発売と同時に購入しましたが、モーターとエンジンの両方をコントロールする操縦感覚が新鮮でした。また、市街地の渋滞を走ったときの燃費にも驚きましたね。

ただし、高速道路を使って遠出をするような場面ではそれほど燃費が向上しなかったのも事実です。「なるほど、こりゃ高速燃費を重視する欧州勢は採用しないな」なんて思い

欧米のハイブリッド車

高速走行での燃費向上が見込めないとして、当初は欧米メーカーはハイブリッド車に否定的であった。ところが、ここへきて欧米メーカーもハイブリッドに対して積極的になっている。まずポルシェは、資本参加するフォルクスワーゲンと共同でハイブリッド車を開発し、2010年までには市場に投入したいとしている。また、BMWとGM、そしてダイムラーが共同でハイブリッド開発に乗り出すなど、これまでトヨタとホンダがリードしてきたこの分野に世界の自動車メーカーが参入するのは必至となっている。

ましたが、03年に登場した2代目プリウスでは高速燃費も伸びていましたから、トヨタというのは大した会社です。

そういえば先日、私と一緒に97年に初代プリウスを購入した編集者が遊びにきました。彼のプリウスはまだ健在で、10年と十数万kmを経てなお「しゃん」としています。初代プリウスには、ハイブリッド車の壮大なる実験という側面もあったかと思いますし、事実、彼のクルマも何度か電池を交換しているようです。しかしこの経験は、トヨタはもちろん大げさにいえば人類に役立つものだと私は確信します。

フォルクスワーゲンとポルシェが共同でハイブリッド車を開発するとアナウンスするなど、欧州メーカーもハイブリッドの利点を認めざるを得ないようです。とはいえ、すべての問題がハイブリッドで解決できるとは思えませんから、ディーゼル、バイオ燃料、燃料電池、ＥＶなどなど、さまざまな選択肢の中から条件にあったものを採用していくことになるのでしょう。たとえばシティコミューターだったらＥＶで十分だ、重くて大きいトラックを走らせるにはディーゼルのハイブリッドが有用である、という具合ですね。

ホンダ・インサイト

エネルギー環境問題のほかにも、クルマは安全という問題を抱えています。

事故が起きる前に未然に防ぐ予防安全、ぶつかってしまった際の被害を小さくする衝突安全、歩行者保護など問題はまだまだ山積しています。繰り返しになりますが、自動車産業はこれからが正念場なのです。

トヨタがＧＭを抜いて、生産台数世界一の自動車メーカーになりました。わずか50年前、中央銀行の総裁が「我が国に自動車産業は不

生産台数世界一

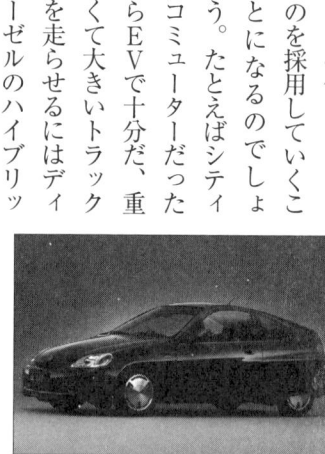

07年のトヨタの生産台数は942万台、GMは920万台前後となることから、トヨタが世界一になるとされている。ちなみに、自動車メーカーのトップ交代は、31年にGMがフォードを抜いて以来76年ぶりとなる。

要」と言ったのが嘘のようです。
本編をお読みいただき、さらっとですが日本自動車産業の歴史を振り返ったみなさんは、国産メーカーが欧米のメーカーからいろいろと教わったことをご理解いただけたと思います。そしてこれからは、日本の自動車産業が世界の自動車社会に貢献する番でしょう。私は「恩返し」という表現をあまり好みませんが、それでも何かしらのアクションを起こす必要があると感じています。ただたくさんのクルマを売って金を儲けるだけでは、あまりに寂しいと思いませんか。

トヨタ・エスティマ・ハイブリッド

中国、インド、ブラジル……、これから世界中でクルマが急増します。そこでわれわれは、これからモータリゼーションが発展する国のみなさんに対して、何かアドバイスができると思います。そしてそのアドバイスは、われわれが歩んできた自動車の歴史の中にあるはずです。

クルマは社会を映す鏡ですから、来るべき、美しくて安全で楽しい自動車社会を映す鏡であってほしいと考えます。トヨタのプリウスは、まだ完璧な存在ではありませんが、そういった意志を持っていることは間違いないでしょう。

BRICs
中国の新車販売台数は721万6000台と、約564万台の日本を抜いて世界第2位となっている。インドも前年比＋2割以上の約206万台を生産。ブラジル、ロシアも軒並み前年比＋10%以上となっていることから、世界の自動車需要は今後、さらに伸びると予測される。

第2章 メカニズム編

監修＝熊野 学

クルマを知るための「走る」「曲がる」「止まる」講座

エンジン、変速装置、サスペンション——クルマの構造は複雑でわかりにくい。
最新メカの固まりなのですから、そう感じるのも仕方ありません。
でも、クルマの機能は、要するに「走る」「曲がる」「止まる」。
この基本を知れば、クルマはもっと楽しくなります。

01 クルマの成り立ち

加速し、旋回し、止まる――
そのために考え抜かれたクルマの構造

02 ボディと駆動方式

ボディ形態と駆動方式で、
クルマの性格は決まる

03 エンジン

燃焼のプロセスが
強大なパワーを生み出す

04 動力伝達装置

確実に、そしてスムーズに
エンジンの力を伝える

05 サスペンションとタイヤ

乗員と車体を衝撃から守り、
姿勢変化をやわらげる機構

06 ステアリングとブレーキ

安心して走るために必要な
曲がる、止まるという機能

07 電子制御

エンジン、変速、ブレーキ――
見えないところで活躍する

特別エッセイ

自作の自動車模型を走らせるまでの6年間

熊野 学

自動車関係の仕事に関わるようになって37年になる。振り返ると、自動車に興味を持ったきっかけは、小学生の時に読んだ運転免許取得用の構造解説書であったと思う。小学生の私が運転免許を取れるはずはなく、父親が免許取得のために入手したものであった。私はこれを読み、自動車に興味を持った。その内容を詳しくは覚えていないが、それが自動車に関わるきっかけとなったことは間違いない。

中学生になると、自動車の模型を作りたくなった。キットの模型作りは以前からやっていたが、自分で図面を引いて模型を作るのは初めてであった。実家には大工道具が揃っていたので、木製のキャブオーバー型トラックを作った。トラックを選んだのは、実車の構造が外から見え、真似しやすかったからだ。当時はサスペンションに興味を持っていたので、半楕円のリーフスプリングを自作した。素材にはプラスティックの下敷きが最適だった。前輪用は枚数を少なくし、後輪用は枚数を増やし、補助バネも設けた。

後に、この木製トラックに鉄道模型用の交流モーターを搭載して自走できるようにしたが、電線を引き摺って走るので面白くない。そこで、エンジンの駆動のカートを試作した。木製のシャシーに模型エンジンを搭載して駆動系をテストしたが、強力なエンジン出力を確実に伝えるには、軸受や歯車の潤滑が重要であることを実感した。

エンジン駆動の模型には精密な金属製のシャシーが必要と判断し、その材料にはハンダ付けで組み立てられる真鍮を選んだ。真鍮パイプは模型店で入手できるので、とりあえずパイプフレームを製作した。もちろん、ハンダ付けは初体験であり、当初は試行錯誤であったが、近所のトタン屋で観察したり、失敗を繰り返すうちにそのコツを掴めた。

金属製のエンジン模型はフォーミュラスタイルであった。というのも、数年前のカーグラフィック誌にＦ１の透視図が掲載されていたからだ。模型作りは実物の縮小版を作ることであり、本物のＦ１の透視図はおおいに役立った。ただ、模型エンジンは単気筒であり、エンジンの始動を容易にするため、横置きの前倒しとした。ボディも真鍮板で成型した。葉巻型フォーミュラのボディ形状は単純であり、簡単な雄型を作って手叩きで成型した。

だが、走らせると問題山積であった。真鍮パイプをハンダ付けしたフレームは振動に弱く、エンジンの周辺部分で多数のクラックが発生した。また、前倒ししたシリンダーは当然ながら冷却が不十分であり、真鍮板をハンダ付けで組み立てた排気管は融けてしまった。

そこで、今度は真鍮板製のモノコックフレームに挑戦した。板と板のハンダ付けは線接合になり、振動に強いと思ったからだ。モノコックフレームにするとカウリングを一部省略できる利点もあった。カウリングの材質もエポキシ樹脂に変えた。木製の雄型に布を巻き、それに硬化剤を混ぜたエポキシ樹脂を塗りつけ、硬化後に仕上げたものだ。

エンジンの搭載方向は横置きのままであり、駆動はギアとベルトの混成であったが、ベルトがスリップして駆動力が伝わらない。さらに、外板の厚さ不足と形状不良のためにクラックが発生し、その空洞を利用した燃料タンクから燃料が漏れた。そこで、エンジンを縦置きに変更した改良型モノコックフレームを作った。エンジン始動がしやすいように前後逆の縦置きである。モノコック外板の板厚を増やして曲面とすることで耐振性を向上し、駆動力ショックを吸収できるベルト駆動に代えて、オールギア駆動に摩擦クラッチタイプのトルクリミッターを組み合わせた。

この3作目でエンジン模型は一応完成し、ラジコンを搭載した。その初期にはラジコンのトラブルでノーコンが頻発したが、アンテナの改良で解決できた。燃料満タンで15分間連続走行できた時、やっと終わったと思った。結局、エンジン駆動の模型がラジコンで満足に走るまで6年ほどかかった。振り返ると、それは大学卒業後にレーシングカーの設計・開発に従事する前の予行演習であった。この3作目は、その後グランドチャンピオンカースタイルに変身したが、今でも押入の中に健在である。

Mechanism

01

クルマの成り立ち

加速し、旋回し、止まる——そのために考え抜かれたクルマの構造

自動車の運転とは

自動車の基本性能は、「走る」「曲がる」「止まる」の三つだ。「走る」に関わるのがエンジンと動力伝達装置と車輪、「曲がる」に関わるのが操舵装置と車輪、「止まる」に関わるのが制動装置と車輪である。自動車の運転はこれらの性能を状況に合わせて操ることであり、「走る」はアクセルペダルを、「曲がる」はステアリングホイール（ハンドル）を、「止まる」はブレーキペダルを操作して、ドライバーはクルマを操る。

アクセルペダルは、エンジンのスロットルバルブに繋がっている。ドライバーがアクセルペダルを踏み込むとスロットルバルブが開き、エンジンに吸入される空気量が増える。これに伴って燃料の噴射量も増え、エンジン出力が向上する。エンジン出力が向上すると出力に余裕が生じ、余裕出力はエンジン出力と走行抵抗がバランスする速度までクルマを加速させる。これが、クルマの加速だ。

ステアリングホイールは、ステアリングシャフトとステアリングギアボックスを介して前輪に繋がっている。ドライバーがステアリングホイールを回すと、それはステアリングギアボックス内で直線運動に変換される。この直線運動はタイロッドを介して左右の前輪に伝えられ、前輪の向きが変わる。向きを変えたフロントタイヤと路面の間で横力を発生し、クルマの進行方向を変える。これが旋回の始まりだ。

ブレーキペダルは、油圧の通路を介して各

スロットルバルブ

ガソリンエンジンでは、スロットルバルブの開度によって吸入空気量を制御し、エンジン出力を調節する。予混合燃焼のガソリンエンジンでは、混合気を点火するために燃料と空気の比（空燃比）を一定にする必要があるからだ。

空燃比を一定に保つため、吸入空気量に合わせて燃料を供給する。燃料噴射では、各種のセンサーで吸入空気量を測定し、コントローラーが燃料の噴射量を計算し、インジェクターが燃料を噴射する。キャブレターでは、霧吹きの原理により吸入空気量に応じて自動的に燃料を混合する。

拡散燃焼のディーゼルエンジンでは、スロットルバルブは不要となる。ディーゼルエ

輪のブレーキキャリパーに繋がっている。ドライバーがブレーキペダルを踏むと、各輪のブレーキキャリパーに油圧が送られ、キャリパー内のピストンがブレーキパッドをブレーキローターに押し付ける。その結果、ブレーキパッドとブレーキローターの間に摩擦力が生じ、それがクルマを減速させる。摩擦力は熱に変わり、走行エネルギーは熱エネルギーに変換されて、大気中に放散される。文章にすると長いが、以上の制動は数秒で完了する。

Illustration＝芹澤 真

車体の姿勢変化のコントロール

以上の「加速」「旋回」「減速」には、車体の姿勢変化が伴う。それは、車体の重心が地面より高い位置にあるからだ。クルマを加速する駆動力、クルマを旋回させる横力、クルマを減速する制動力は、いずれもタイヤの接地面に作用し、一方で車体の重心は地面から離れた高い位置にある。これが車体の姿勢を変化させ、サスペンションがストローク（伸縮）する。

加速では車体の後部が沈み、旋回では車体が外側へロールし、減速では車体前部が沈む。このような車体の姿勢変化に伴って、前後あるいは左右に垂直荷重が移動する。この荷重移動

ンジンでは空気だけを圧縮し、高温になった空気中に燃料を噴射して着火させるので、吸入空気量を調節する必要はないからだ。高温の空気とそれに触れて蒸発した燃料が適度に混合すると、どこでも着火する。

ブレーキキャリパー

ブレーキキャリパーは、ブレーキパッドをブレーキローターに押し付けるアクチュエーターだ。ブレーキキャリパー内にはピストンがあり、マスターシリンダーから送られた油圧がピストンの背面に作用し、ピストンがブレーキパッドをブレーキローターに押し付ける。これにより、ブレーキパッドとブレーキローター間で摩擦力が発生し、それが制動力となる。

ブレーキキャリパーには、対向ピストン型とフローティング型がある。対向ピストン型ではブレーキディスクの両側にピストンがあり、両側からパッドをブレーキディスク

を最適にコントロールするのが、サスペンションである。このように、クルマの各コンポーネントはそれぞれ、クルマの基本性能に関わっている。

もちろん、これらのコンポーネントだけではクルマは動かない。これらのコンポーネントを取り付ける土台がないとバラバラになるし、乗員が座る座席や荷物のスペースも必要だ。そのためにあるのが車体だ。車体は全体として一定の剛性や強度が必要であるだけでなく、それぞれのコンポーネントが機能を果たすため、その取付部にも一定の強度と剛性が求められる。

エンジン搭載位置の理由

図はフォルクスワーゲン・ゴルフの透視図だ。ゴルフは現代の乗用車で最も一般的な前輪駆動車である。エンジンと駆動装置は一体化され、前輪の前方に横置きされる。これによって、前輪と後輪の間のスペースを座席や荷室に活用でき、コンパクトな車体の中に乗員と荷物のための大きな空間を確保できる。前輪駆動車は前輪より前の車体が後輪駆動車より長いのが特徴であり、車体を横から見れ

に押し付ける。フローティング型ではブレーキディスクの片側にピストンがあり、キャリパー本体がスライドすることで、反対側のパッドをブレーキローターに押し付ける。

加速・減速・旋回時の車体の姿勢変化

車体の姿勢変化には、ピッチングとロールがある。ピッチングとは前後方向の姿勢変化であり、ロールは横方向の姿勢変化だ。これらの姿勢変化は、加速、減速、旋回において発生する。加速時に車体の後部が沈んで前部が浮き上り、減速時に車体の前部が沈んで後部が浮き上がり、旋回時に車体が外側に傾く。

姿勢変化が発生するのは、クルマを加速、減速、旋回させる力がタイヤの接地面に作用するからだ。走行中クルマはその慣性によって直進しようとする。慣性力は車体の重心に作用し、車体の重心は地面から数十センチの位置にある。このため、慣性力とタイ

ば、乗らなくても前輪駆動とわかる。

　前輪駆動車に限らず、多くの自動車はエンジンを車体の前部に搭載している。それはエンジンを冷却しやすいからだ。エンジンは燃料を内部で燃やすため熱が発生するが、過熱すると正常に作動しなくなる。そこで、外気を導入して冷却する。水冷エンジンではいったん冷却水に熱を移し、それをラジエターから大気に放散する。空冷エンジンでは冷却フィンから直接大気に熱を放散する。車体前端のラジエターグリルは、外気導入口の見栄えを向上させるものだ。が今や、ブランドを象徴するデザインが取り入られている。たとえば、ゴルフでは「ＶＷ」マークがラジエターグリルの中央にある。

　前部に搭載したエンジンとバランスさせるため、燃料タンクは車体の後部にある。昔の乗用車では燃料タンクが後輪より後ろにあったが、被追突時に燃料が漏れて火災になりやすい。

　このため、現在の乗用車では燃料タンクは後席の下にある。最近の乗用車が昔の乗用車より全高が高いのは、燃料タンクが後席の床下に移ったからでもある。

ヤの接地面の作用力がモーメントとなる。このモーメントを受け止めるため、前後のサスペンションがストロークし、それが車体の姿勢変化となる。

水冷エンジンと空冷エンジンの違い

　水冷エンジンでは、エンジンの内部に冷却水の通路（ウォータージャケットという）がある。エンジンから熱を奪って温度が高くなった冷却水はウォーターポンプでラジエターに送られ、ラジエターは外気によって冷却水を冷やす。ラジエターには多数のフィンがあり、表面積を大きくして熱の放散性を高めている。

　空冷エンジンでは、エンジン内で発生した熱を直接外気に放散する。このため、エンジンの外周に多数の冷却フィンが設けられている。冷却フィンも表面積を大きくして熱の放散性を高めるためである。空冷式には、走行風で冷やす自然空冷とファンで風を送って冷却する強制空冷がある。

Mechanism
02

ボディと駆動方式

ボディ形態と駆動方式で、クルマの性格は決まる

多様化してきたボディ形態

乗用車には、その用途に応じたさまざまなボディ形態がある。従来はセダン、ハッチバック、クーペ、ステーションワゴン、ロードスターなど、ボディ形態は限定されていたが、今ではミニバンやＳＵＶなども加わり、さらに両者の中間といえるクロスオーバーＳＵＶも出現し、ボディ形態の分類が難しくなった。

ミニバンは、３列のシートを備えた乗用車であり、定員数は７名から８名と多い。乗員数に応じてシートを畳むことで、荷物スペースを拡大できるのが特徴だ。そのボディ形状は全高の高いワンボックスか１・５ボックスであり、同じ乗用車であるがスタイリングを優先するセダンと対極のボディ形態となる。

ＳＵＶは軍用のジープ型が原型であり、耐候性を向上させるためにクローズドボディとした四輪駆動車である。日本では森林や送電線の管理のために使われていたが、米国ではレジャー用途にも使われるようになり、ＳＵＶ（スポーツ・ユーティリティ・ビークル）という名前が付いた。オフロードも走行できるように地上高の高いのが特徴であり、ほとんどのＳＵＶは４ＷＤである。

ＳＵＶは通常、頑丈で無骨なスタイリングであるが、都市内での用途に似合うスタイリッシュな外観が求められるようになった。それに応えて開発されたのが、クロスオーバーＳＵＶだ。クロスオーバーとは、ＳＵＶの走破性と都市内での用途にふさわしいスタイリングを融合したことを意味する。ＳＵＶのユ

衝突安全性

自動車の衝突安全は、乗員の拘束装置と衝突を前提に設定されたボディからなる。乗員の拘束装置は、衝突時に乗員が車外に放り出されるのを防止するとともに、乗員の車内での移動を抑制することで負傷を防止する。一方、ボディはその前後が変形することで衝突の衝撃を吸収し、車室回りの変形を最小限にして乗員の生存空間を確保する。

自動車の衝突安全は以上のように、乗員の拘束装置と衝突安全性を考慮したボディを組み合わせているため、どちらが欠けても成り立たない。ボディの衝突安全性が優れていても、乗員拘束装置がなければ乗員は車室内の何かに衝突し、致命的な負傷を負うこ

ステーションワゴン（スバル・レガシィ）

ロードスター（マツダ・ロードスター）

クロスオーバーSUV（マツダCX-7）

クーペ（日産フェアレディZ）

ミニバン（ホンダ・ステップワゴン）

ハッチバック（スバル・インプレッサ）

SUV（三菱パジェロ）

セダン（トヨタ・プレミオ）

ともある。

乗員拘束装置で最も重要なのはシートベルトだ。何故なら、もう一つの乗員拘束装置であるエアバッグがシートベルトの使用を前提に設計されているからだ。エアバッグは時速２００㎞超の高速で展開し、展開が終わった直後に乗員の体を受け止める。このため、乗員の体が展開しつつあるエアバッグにぶつかるとエアバッグが凶器になる。

高張力鋼板と超高張力鋼板

高張力鋼板は引っ張り強さが３４０メガパスカル以上で９８０メガパスカル未満の鋼板をいい、超高張力鋼板は引っ張り強さが９８０メガパスカル以上の鋼板をいう。

引っ張り強さとは、材料が破断する時の応力だ。１メガパスカルは０・１０２㎏／平方ｍｍに相当し、９８０メガパスカルは約１００㎏／平方ｍｍに相当する。

高張力鋼板は主としてボディ骨格に用いられ、超高張力

ーザーが都会生活者にも広がったために企画されたボディ形態である。

軽量化のための技術

ボディ形態の多様化の一方で、衝突安全性も重視されるようになった。自動車事故死傷者の減少が社会的な課題になったからだ。また、燃費や排ガスなどの環境技術とともに、安全性の高さが商品としての競争力を高めるという面もあった。実際、欧州車の一部は、以前から衝突安全性を前面に押し出し、ブランドイメージを高めてきた。

衝突安全性の向上は、まずボディから始まった。衝突安全性を高めるには、単純にボディを強化するだけでは不十分であり、衝突時の衝撃吸収性と乗員の生存空間の確保の両方が必要になる。そこで、ボディの前後部分を変形しやすくして衝撃の吸収性を高め、ボディの中央部分を変形しにくくして乗員の生存空間を確保する手法が開発された。

衝突安全性を高めたボディは重量も増加し、それは燃費を増大させる。そこで、ボディの軽量化のために、強度の高い鋼板が使われるようになった。高張力鋼板や超高張力鋼板と呼ばれる強度の高い鋼板を導入することで、板厚を薄くすることができ、その分軽量化できるのだ。が、強度の高い鋼板は変形しにくく、プレス成型にも大きな力が必要となる。このため、一部のボディパネルには、加熱してプレス成型する熱間プレスも導入されている。熱間プレスでは成型と同時に焼き入れされ、鋼板の強度が向上する。

ボディを軽量化するもう一つの手法が、差厚鋼板である。これは1枚のボディパネルの中で、板厚に差を設けたものだ。あらかじめ板厚の異なる平らな鋼板を溶接で接合し、それをプレス成型する。衝突時に変形してはならない部分は板厚を厚くし、衝突の衝撃を吸収すべき部分は板厚を薄くする。これにより、ボディの軽量化と衝突安全性を両立できる。

鋼板は主としてバンパー背後のクロスメンバーに使われる。ボディの外板に用いないのは、プレス成形性が劣るからだ。外板はデザイン通りの形状に成型しなければならず、成形性の良い普通鋼板が使われる。

プレス成型の種類

クルマのボディは、プレス成型したパネルを組み立てたものであり、プレス成型はボディ作りにおいて重要な技術である。プレス成型にはプレス機とプレス型を用いる。プレス機にプレス型を取り付け、平らな鋼板を上下に分かれたプレス型の間にセットする。プレス機が上型を鋼板に押し付けると、鋼板はプレス型の形状の通りに塑性変形する。これがプレス成型である。

プレス機にはクランクプレスと油圧プレスがある。クランクプレスはレシプロエンジンを上下逆にした構造であり、成型速度が速い。一方、油圧プレスは油圧シリンダーで型を押し付けるので成型速度が

ボディパネル同士の接合強化も、衝突安全性を向上する。従来、ボディパネルの接合はスポット溶接が主流であったが、最近では一部にレーザー溶接も併用されている。スポット溶接はその名の通り点溶接であり、連続的な接合ではない。が、レーザー溶接はボディパネル間を連続的に接合するので、接合強度が高くなる。また、レーザー溶接ではスポット溶接のようなフランジは不要であり、その分軽量化できる。

現実的な駆動方式は7種類

ボディ形態とともに、駆動方式もクルマの性格を決める。駆動方式は、エンジンの搭載位置と駆動輪の位置でさまざまな種類がある。エンジンの搭載位置は車体前部、車体中央、車体後部の3種類であり、駆動輪の位置も前輪駆動、後輪駆動、四輪駆動の3種類となる。これらを組み合わせると9種類の駆動方式が考えられるが、現実的な組み合わせは、フロントエンジンの前輪駆動と後輪駆動と四輪駆動、ミドエンジンの後輪駆動と四輪駆動、リアエンジンの後輪駆動と四輪駆動の計7種類となる。

このうち、ミドエンジンはレースカーやスポーツカーにほぼ限られ、乗用車ではエンジ

FF（フロントエンジン前輪駆動）
FR（フロントエンジン後輪駆動）
ミドシップ（ミドエンジン後輪駆動）
RR（リアエンジン後輪駆動）

遅く、深絞りに適している。

溶接の種類

ボディパネルの接合には、スポット溶接やレーザー溶接が使われる。スポット溶接は電気抵抗熱を利用した溶接であり、電極で複数枚の鋼板を挟み付け、電極間に電流を流す。電極で挟み付けられた部分が抵抗熱で溶け合い、鋼板同士が接合する。

スポット溶接と同様に、電気抵抗熱を利用した溶接法にシーム溶接がある。シーム溶接は連続した抵抗溶接であり、燃料タンクの接合に使われる。溶接が連続しているから燃料が漏れる心配はない。シーム溶接では接合済みの部分にも電流が流れるので、消費電力が大きい。

電気抵抗の小さいアルミはスポット溶接には適さないが、NSXのアルミボディにはスポット溶接が使われた。電気抵抗が小さいアルミを抵抗熱で溶かすには大電流が必要になり、アルミ専用のスポット

ンを車体前部に搭載し、前輪又は後輪、あるいは前後四輪を駆動する方式が一般的である。これらの駆動方式はアルファベットで表現され、フロントエンジン前輪駆動は「ＦＦ」、フロントエンジン後輪駆動は「ＦＲ」、四輪駆動は「４ＷＤ」と呼ばれる。また、同じ四輪駆動でも、ＦＦに後輪の駆動装置を追加したものと、ＦＲに前輪の駆動装置を追加したものがあり、筆者はそれぞれＦＦベース４ＷＤ、ＦＲベース４ＷＤと名付けている。

　ＦＦは動力装置が車体の前端部分に集中するため、車室が広くなる。後輪の動力を伝えるプロペラシャフトがないのでフロアをフラットにできる。また、横置きエンジンのＦＦでは、変速機も前輪の前方に搭載されるので前席の足元が広くなり、エンジンも含めてすべての軸が平行になり、伝達効率が高いので燃費も良い。が、もちろん問題点もある。

　その一つは、前輪が駆動輪と操向輪を兼ねることだ。駆動はタイヤの前後方向の摩擦力を、操向はタイヤの横方向の摩擦力を利用しており、ＦＦの前輪には両者の合力が作用する。この合力はタイヤの摩擦力を超えられないから、駆動力が増すと横力が低下する。このため、コーナーリング時に急加速すると、走行ラインが外側に膨らむ。この現象をアンダーステアという。

オンデマンド４ＷＤの利点

　ＦＲはエンジンを車体前部に搭載し、プロペラシャフトで後輪に駆動力を伝えて走行する。ＦＦよりセンタートンネルが大きいのは、その内部に変速機とプロペラシャフトを収納しているからだ。このため、ＦＲの前席足元は狭く、後席中央はシートクッションが薄

溶接機が開発された。

アンダーステアの必要性

　旋回時、前後のタイヤは横滑りすることで横力を発生する。タイヤが路面に対して滑るのではなく、トレッドの接地部付近が上から見てS字型に変形するので滑っているように見える。この見かけの横滑り角を前後で比較して、操縦性を判定する。

　前輪の横滑り角が後輪の横滑り角より大きい場合をアンダーステア、逆をオーバーステアという。アンダーステアとはステアリングを切った割にはクルマが曲がらないという意味であり、オーバーステアはステアリングを切った以上に曲がるという意味だ。

　前輪の横滑り角はステアリングで直接調節できるが、後輪の横滑り角は間接的にしか調節できない。ステアリングを戻して旋回半径を大きくし、後輪の横力を小さくして横滑り角を小さくする。この操作は難しいので、弱アンダース

い。さらに、駆動輪の後輪に十分な荷重をかけるため、後輪の位置はＦＦより前よりにあり、車体の全長の割には室内長が短い。

ＦＲの利点は、操向輪と駆動輪が前後に分かれていることだ。ＦＲの前輪は操向だけを受け持ち、後輪は駆動力だけを受け持つ。このため、コーナーリング時に急加速するとＦＦとは逆の現象を発生する。ＦＲの後輪はコーナーリング時に、駆動力と遠心力に応じた横力を負担している。そこで、駆動力が増すと横力が低下し、後輪が外側に横滑りする。この現象をオーバーステアという。

４ＷＤは、センターデフの有無でも分類できる。センターデフ付きをフルタイム４ＷＤといい、センターデフなしをパートタイム４ＷＤという。フルタイム４ＷＤはその名の通り常時四輪駆動であり、パートタイム４ＷＤは必要に応じて手動で二輪駆動から四輪駆動に切り替える４ＷＤである。

手動による切り替えは面倒なので、それを自動化した４ＷＤが開発された。主駆動輪が空転するや否や４ＷＤに切り替わる、オンデマンド４ＷＤである。この種の４ＷＤはＦＦベースの４ＷＤに採用されており、プロペラシャフトの後端に設けられたカップリングによって後輪への駆動力をオンオフする。

オンデマンド４ＷＤの利点は、４ＷＤとしては軽量となることだ。フルタイム４ＷＤはベース車より１００kg以上重いが、オンデマンド４ＷＤの重量増は50kg程度となる。４ＷＤは重量と駆動系の摩擦が増えるので２ＷＤより燃費が悪化するが、オンデマンド４ＷＤはそれを低減させる。今では、多くのミニバンやクロスオーバーＳＵＶに、オンデマンド４ＷＤが採用されている。

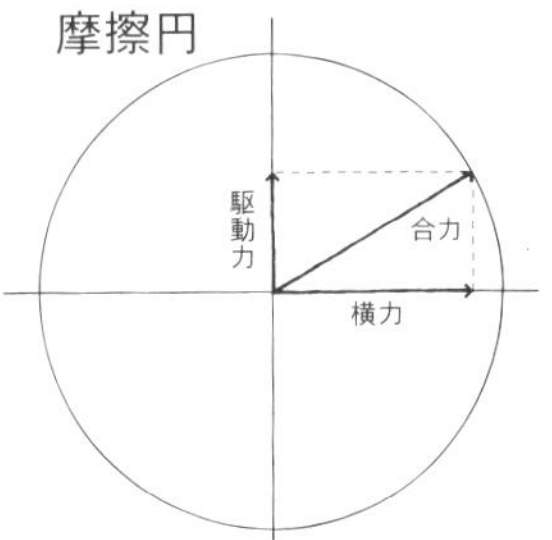

テアが理想の操縦性となる。

摩擦円

タイヤと路面間の摩擦力は、前後左右すべての方向で等しい。それを図で表すと円になり、これを摩擦円という。一方で、タイヤの摩擦力は前後方向と横方向の両方で使われる。前後方向に摩擦力を使うのが加速や減速であり、横方向に摩擦力を使うのが旋回だ。

旋回時に加速や減速を行うと、前後方向の摩擦力と横方向の摩擦力が合わさって斜め方向の合力となる。この場合にも、摩擦力の最大値は一定であるから、旋回時に加速や減速を行うと横方向に使える摩擦力が減少する。

加速では駆動方式によっても異なった挙動となる。前輪駆動車では前輪で使える横方向の摩擦力が減少するので、前輪が横滑りし、走行ラインが外側にずれる。後輪駆動車では後輪で使える横方向の摩擦力が減少し、後輪が横滑りして車両は内側に向く。

Mechanism

03

エンジン

燃焼のプロセスが強大なパワーを生み出す

レシプロエンジンの種類

クルマに用いられるエンジンは、容積型内燃機関である。燃料をシリンダー内で燃焼させ、燃焼ガスの圧力でピストンを押し下げ、それをコンロッドとクランクシャフトで回転力に変える。ピストンが往復運動するので、レシプロエンジンとも呼ばれる。

一方、ロータリーエンジンはおむすび型のローターを繭型のハウジング内で回転させ、ローターとハウジング間の容積変化を利用して燃焼ガスの圧力をローターの回転力に変え、それをエキセントリックシャフトで取り出す。従って、ロータリーエンジンも容積型内燃機関である。

レシプロエンジンには、ガソリンエンジン

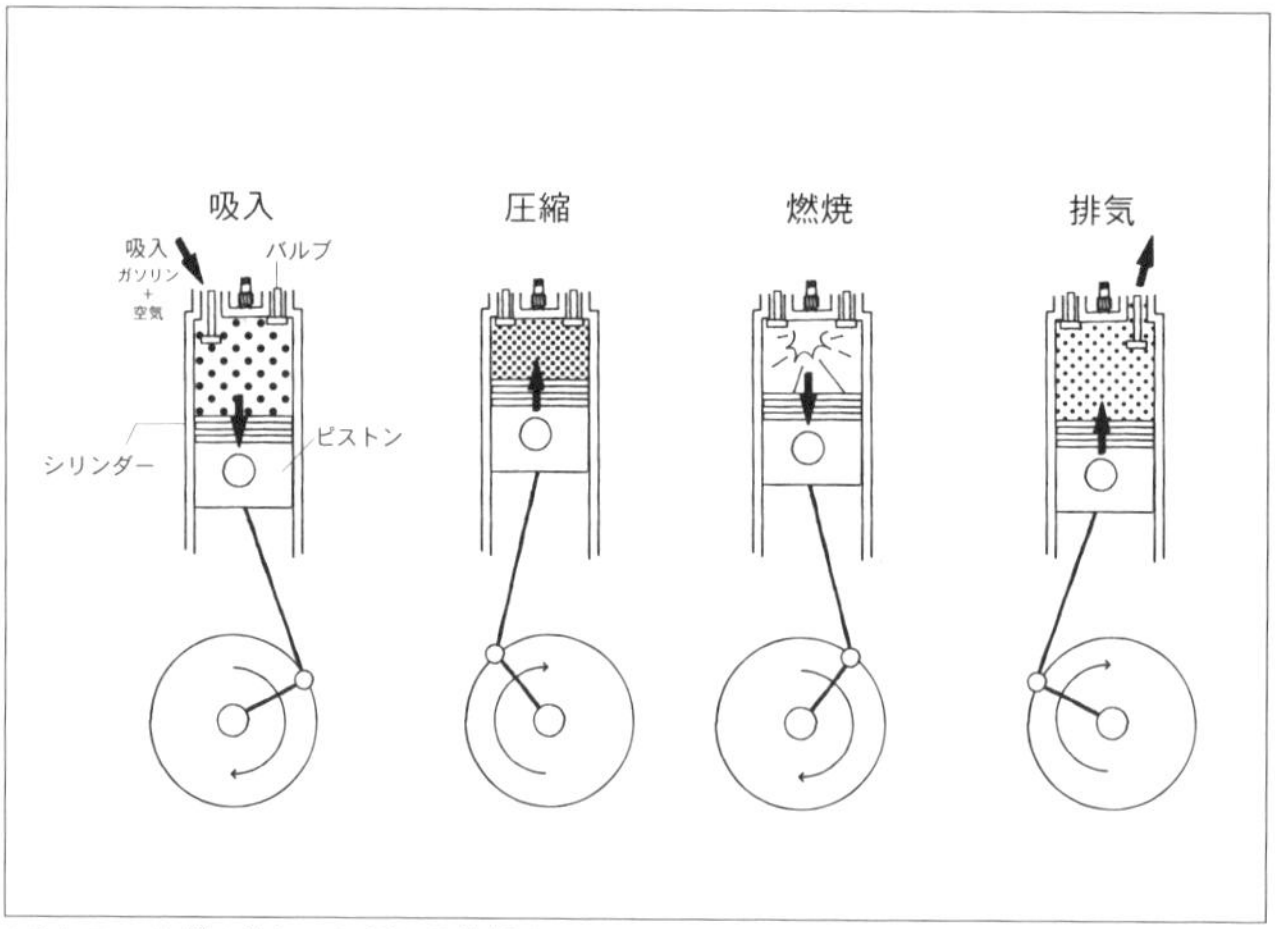

4ストロークガソリンエンジンの仕組み

ガソリンと軽油

ガソリンと軽油は、ともに原油を蒸留して得られる。蒸留とは、原油を加熱して気化させ、冷えて液化する時の温度差を利用して成分を分離する手法だ。30℃から１８０℃の範囲で液化するのがガソリン、２４０℃から３５０℃の間で液化するのが軽油だ。液化温度が低いということは気化しやすいということであり、液化温度が高いということは気化しにくいということになる。気化しやすいガソリンは、空気と混合しやすい。そこで、ガソリンエンジンではあらかじめ燃料と空気を混合し、それを圧縮して電気火花で点火する。これが火種となり、火炎伝播によって燃焼室全体に燃え広がる。

とディーゼルエンジンがある。両者の相違点は、燃料とその燃焼方式にある。ガソリンエンジンは空気と燃料の混合気を吸入して圧縮し、それを電気火花で点火して燃焼させる。これに対して、ディーゼルエンジンでは空気だけを吸入して圧縮し、高温・高圧の空気中に燃料を噴射して自己着火させる。

両者の燃焼方式が異なるのは、燃料の性質に合わせるためだ。気化しやすく自己着火しにくいガソリンはあらかじめ空気と混合して圧縮し、電気火花で点火する予混合燃焼が適している。一方、気化しにくく自己着火しや

3気筒（ダイハツ・ムーヴ）

8気筒（キャデラックＳＴＳ）

4気筒（日産ティーダ）

12気筒（BMW760Li）

6気筒（アルファ159）

ロータリー（マツダＲＸ-8）

一方、軽油は気化しにくい。そこで、ディーゼルエンジンでは、圧縮して高温になった空気中に軽油を噴射する。噴霧になった軽油は高温の空気に触れて蒸発し着火する。

W型エンジン

W型エンジンとは、3個の気筒列を一定の角度を設けて組み合わせた気筒配列だ。正確には「W」形ではないが、似ているのでW型という。

W型エンジンの例は、ブガッティ・ヴェイロンの排気量6・3ℓの18気筒エンジンだ。3基の直列6気筒を60度間隔でW型に配置した構造である。このタイプのW型エンジンの問題点は、中央の気筒列の排気系が外側の気筒列の吸気系

W8エンジン

すい軽油は高温の空気中に高圧で噴射し、自己着火させる拡散燃焼が適している。これらの燃焼方式の相違によって圧縮比も異なり、ガソリンエンジンは10対1程度であるが、ディーゼルエンジンは16対1以上と高い。

最高出力を高める2通りの方法

レシプロエンジンでは、排気量と最高回転数で最高出力が決まる。なぜなら、排気量と回転数の積で時間当たりの吸入空気量が決まり、燃料の消費量も決まるからだ。エンジンの熱効率に多少の差があっても、時間当たりにいかに多くの燃料を燃やせるかで、最高出力が決まるのだ。排気量は1回転あたりの燃料消費量を決め、回転数は時間あたりの燃料の燃焼回数を決める。

そこで、レシプロエンジンの最高出力を高める手段は、大排気量化と高回転化の2通りとなる。が、排気量を大きくするとエンジンが大きく重くなるので、乗用車のガソリンエンジンでは高回転化が主な出力の向上手段であった。ダイムラーが製作した世界初のガソリンエンジンの最高回転数は毎分１０００回転に満たなかったが、現在の乗用車用ガソリンエンジンは６０００回転程度であり、レース用エンジンでは2万回転近いものもある。

高回転化の手段は、多気筒化と吸排気抵抗

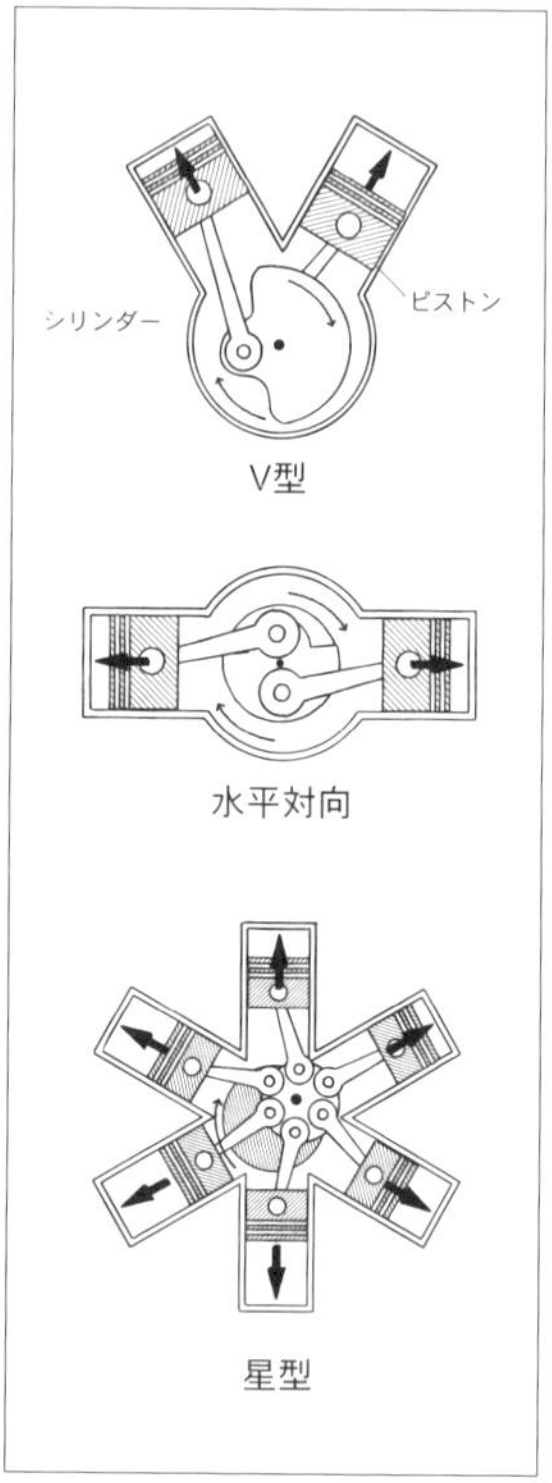

エンジン形式

に干渉しやすいことだ。

W型エンジンには、2個の狭角V型気筒列をV型に組み合わせたものもある。この場合、気筒列は4つになる。が、狭角V型はシリンダーブロックの幅が狭く、このタイプのW型はV型に見える。

狭角V型エンジンの吸排気系のレイアウトは直列エンジンと同じであり、それをV型に組み合わせたW型エンジンは、V型エンジンと同じ吸排気レイアウトとなる。

VWのTSIエンジン

フォルクスワーゲンのTSIエンジンは、スーパーチャージャーとターボチャージャーを組み合わせた過給エンジンである。スーパーチャージャーはクランクシャフトで駆動されるので、レスポンスに優れるが燃費はよくない。

一方、ターボチャージャーは排気で駆動するので、燃費はスーパーチャージャーよりいいがレスポンスで劣る。そこで、両者を組み合わせて互

の低減だ。ガソリンエンジンでは混合気に電気火花で点火するため、燃焼室全体に燃え広がるのに時間がかかる。そこで、多気筒にして1気筒当りの容積を小さくし、燃焼時間を短縮する。気筒あたりの点火プラグが1本の場合、シリンダーの内径は１００㎜が限界とされ、自動車用ガソリンエンジンでは１００㎜超の内径はほとんどない。そこで、大排気量エンジンでは多気筒化が必要になる。

多気筒エンジンのメリットとデメリット

気筒数は排気量に応じて選択される。５５０㏄の軽自動車エンジンでは3気筒、２・５ℓまでは4気筒、４ℓまでは6気筒、４ℓ以上は8気筒あるいは12気筒という具合だ。多気筒化によって、エンジンの回転が滑らかになるメリットもある。単気筒エンジンは振動が激しくトルク変動も大きいが、多気筒とすることで、振動とトルク変動を大幅に低減できる。今では、気筒数はエンジンの格を決める基準となっており、多気筒エンジンは高級車の象徴でもある。

多気筒化すると気筒配列が課題になる。４気筒までは直列でよいが、6気筒ではエンジンが長くなるのでV型が主流となり、8気筒や12気筒ではV型やW型が選択される。特殊な気筒配列に水平対向がある。向き合った気筒のピストンが互いに逆方向にストロークするのが特徴だ。V型と同様にエンジンを短くできるだけでなく、重心を低くできるのが利点だ。現在この気筒配列を採用しているのはポルシェと富士重工だけだ。このように、多気筒エンジンの気筒配列には多くの種類があるが、いずれもコンパクト化が目的だ。

吸排気抵抗は、バルブ面積を拡大することで低減できる。吸気バルブと排気バルブはそれぞれ吸気と排気の通路であり、その面積が大きいと短時間に多量の吸気と排気が出入りできるからだ。ところが、円形のシリンダーに円形の吸気バルブと排気バルブを並べると

TSIエンジン

いに欠点を補い合うのが、TSIエンジンである。

排気の流量が少ない低回転域ではスーパーチャージャーで過給し、排気の流量が増える高回転域ではターボチャージャーで過給する。スーパーチャージャーの駆動経路に設けられた電磁クラッチは、高回転域で切れ、スーパーチャージャーは停止する。

TSIエンジンでは、直接噴射も採用され、燃料の気化によって吸気を冷却し、過給エンジンにありがちなノッキ

隙間が生じる。この隙間はバルブ数を多くすると小さくなり、バルブ面積を大きくできる。そこで、1気筒当たりのバルブ数は2本、3本、4本、5本と次第に増加したが、現在は4バルブが主流である。というのは、点火プラグを燃焼室の中央に配置するには、4バルブで十分であるからだ。

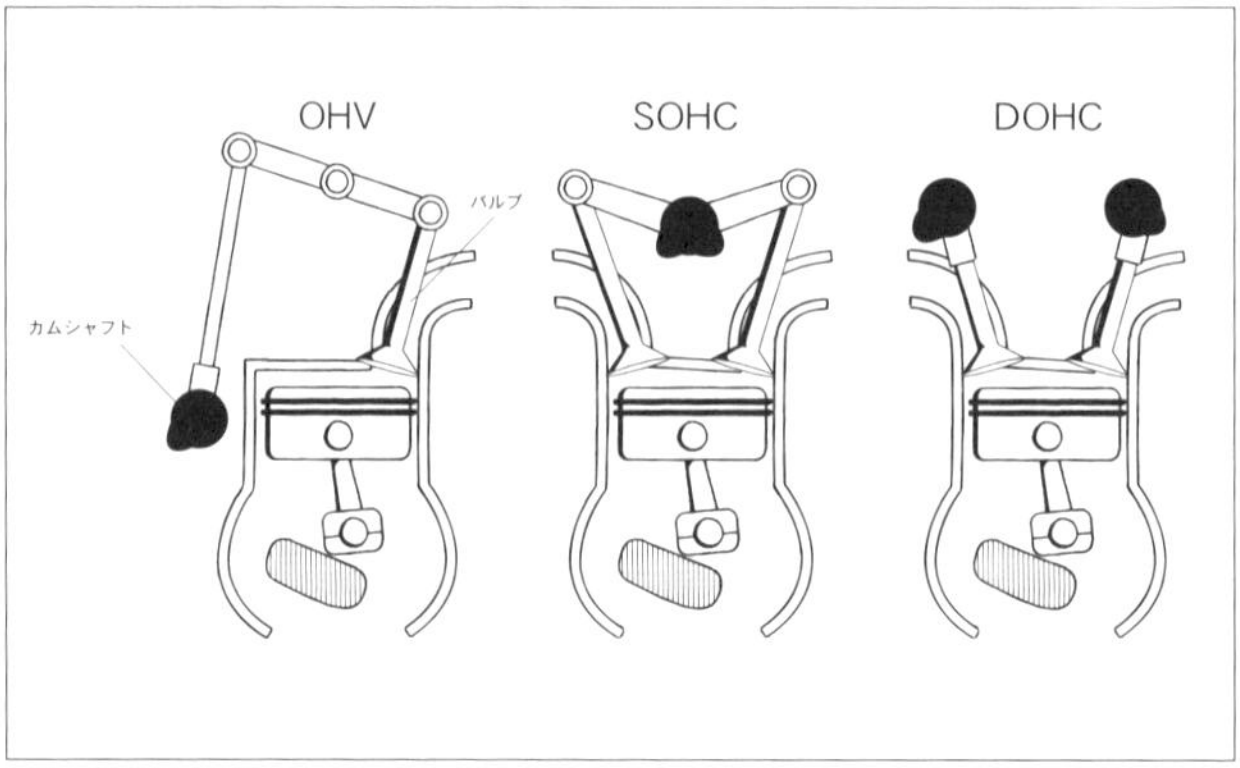

バルブ駆動の仕組み

　大きなバルブ面積を活用するには、正確なバルブの開閉も不可欠になる。バルブが期待通りに開閉しないと、吸入や排気に支障をきたすからだ。バルブの開閉機構は基本的に往復運動であるから、その往復運動部分を少なくすれば、高回転に対応できる。このため、カムシャフトは徐々にバルブに近い位置に移された。当初、カムシャフトはクランクシャフトの横に設置されたが、今ではシリンダーヘッドの上にあるのが普通だ。これをオーバーヘッドカム、略してOHCという。そして、吸排気バルブをそれぞれ専用のカムシャフトで開閉するのが、ダブルオーバーヘッドカム、略してDOHCである。

過給する理由

　排気量を大きくする代わりに、空気をあら

ングを抑制している。

可変バルブタイミング機構

　レシプロエンジンは、吸気バルブと排気バルブの開閉時期によって、トルクカーブが変化する。最大トルクを発生する回転数は、バルブタイミングが最適になる回転数である。逆にいえば、その前後の回転数ではバルブタイミングが合っていないことになる。

　そこで、開発されたのが可変バルブタイミング機構だ。回転数に応じてバルブの開閉時期やバルブリフトを変える。低回転ではバルブの開期間を短くしてバルブリフトを低くし、高回転ではバルブの開期間を長くしてバルブリフトを高くする。可変バルブタイミング機構には、カム選択型と位相可変型がある。カム選択型はバルブの開期間とバルブリフトの両方を段階的に変えられる。位相可変型はバルブ開期間やバルブリフトは変化しないが、開閉時期を連続的に変えられる。

かじめ圧縮してエンジンに送り込んでも出力を高められる。それが、過給エンジンである。過給には2通りの方法があり、クランクシャフトで空気圧縮機を駆動するのがスーパーチャージャー、排気の力で空気を圧縮するのがターボチャージャーである。両者はともに長所と短所があり、両者を組み合わせた過給エンジンも実用化されている。

どちらかというと、過給はガソリンエンジンよりディーゼルエンジンに適している。なぜなら、過給機付きガソリンエンジンでは自己着火防止のために圧縮比を下げなければならず、過給が効いていない状態では熱効率が低下するからだ。これに対して、ディーゼルエンジンでは自己着火を燃料の噴射方法で制御できる。また、冷間時のエンジン始動を可能にするために、圧縮比を下げられないという事情もある。

過給がディーゼルエンジンに適しているのは、排ガス浄化にも関係がある。前記のように、ディーゼルエンジンでは高温・高圧になった空気中に燃料を噴射して燃料を燃やすので、空気と燃料の混合が不十分であり、燃料の噴射量を増やすと煤の排出量が増える。つまり、吸入した空気のすべてを燃焼に使えない。このため、ディーゼルエンジンの出力とトルクは、同じ排気量のガソリンエンジンより低い。

だが、過給すると空気の吸入量が増えるので、煤の排出量を少なくでき、出力も向上する。高い圧縮比に耐えるように全体的に頑丈に作られているディーゼルエンジンは、ガソリンエンジンほど高回転にはできず、過給によってトルクを太くして出力を向上するのが適切である。

このため、今やほとんどのディーゼルエンジンはターボ過給である。そして、吸排気抵抗を低減するためと、燃料噴射弁を燃焼室の中央に設置するため、今では1気筒あたり4バルブが普通となった。

バルブトロニック

スロットルバルブの代わりに、吸気バルブで吸入空気量を調節する機構をノンスロットリングという。そのためには、吸気バルブのリフトを連続的に変える機構が必要になる。それを実現したのが、BMWが開発したバルブトロニックである。

ノンスロットリングの利点は、ポンピングロスが減少して燃費が向上することだ。吸気バルブで吸気量を調節すると気筒内だけが負圧になり、この負圧は次の圧縮を楽にする。これに対し、スロットルバルブで吸気量を調節すると、吸気マニフォールドやサージタンク内も負圧になり、負圧の全てを次の圧縮に生かせない。希薄燃焼エンジンは、低負荷でもスロットルバルブを大きめに開き、吸入抵抗を低減して燃費を向上するが、ノンスロットリングは圧縮行程の仕事量を減らし、低負荷での燃費を向上させる。

Mechanism

04

動力伝達装置

確実に、そしてスムーズに エンジンの力を伝える

エンジンと駆動輪をつなぐもの

エンジンと駆動輪の間には、動力を伝える機構がある。これが動力伝達装置だ。動力伝達装置にはクラッチ、トルクコンバーター、変速機、プロペラシャフト、終減速機（ファイナルドライブ）、ドライブシャフトなどがある。クラッチやトルクコンバーターは、発進時にエンジンと駆動輪の回転速度の差を吸収し、変速機は車速に応じて減速比を調節し、プロペラシャフトは変速機出力軸の回転を終減速機に伝え、終減速機はプロペラシャフトの回転を減速するとともに、その内部の差動装置を介して左右に駆動力を伝える。

動力伝達装置の中心は変速機であり、ＭＴ（手動変速機）、ＡＴ（トルクコンバーター式自動変速機）、ＣＶＴ（無段変速機）、自動ＭＴなど種類が多い。ＭＴでは、ドライバー自身がクラッチペダルと変速レバーを操作して発進し、変速する。登り坂での発進では、これにサイドブレーキの操作が加わる。さらにダウンシフトでは、エンジン回転数を合わせるためのアクセル操作も必要になる。これらの操作は初心者には難しく、渋滞の多い日本国内ではＭＴ車の比率は激減した。

クラッチ操作をなくしたＡＴ

ＡＴは、クラッチの代わりにトルクコンバーターを用いてクラッチ操作を不要にし、変速も自動化した変速機だ。トルクコンバーターは流体で動力を伝えるので、スリップしながら動力を伝えることができ、発進時にクラ

トロイダルCVT

ディスクとローラー間でトルクを伝える無段変速機をトロイダルCVTという。2枚のディスクに挟まれたローラーの向きを変えると、一方のディスクではローラーとの接触半径が長くなり、他方のディスクでは接触半径が短くなる。2枚のディスク間の変速比は接触半径の比であり、ローラーの向きを変えることで変速比は連続的に変化する。

ディスクとローラー間で力を伝えるのは油膜だ。トラクションオイルと呼ばれる特殊なオイルは、強い力で圧縮されると固体になる性質を持っている。ディスクとローラーの間に挟まれた時だけ固体になり、圧縮から解放されると液体に戻る。

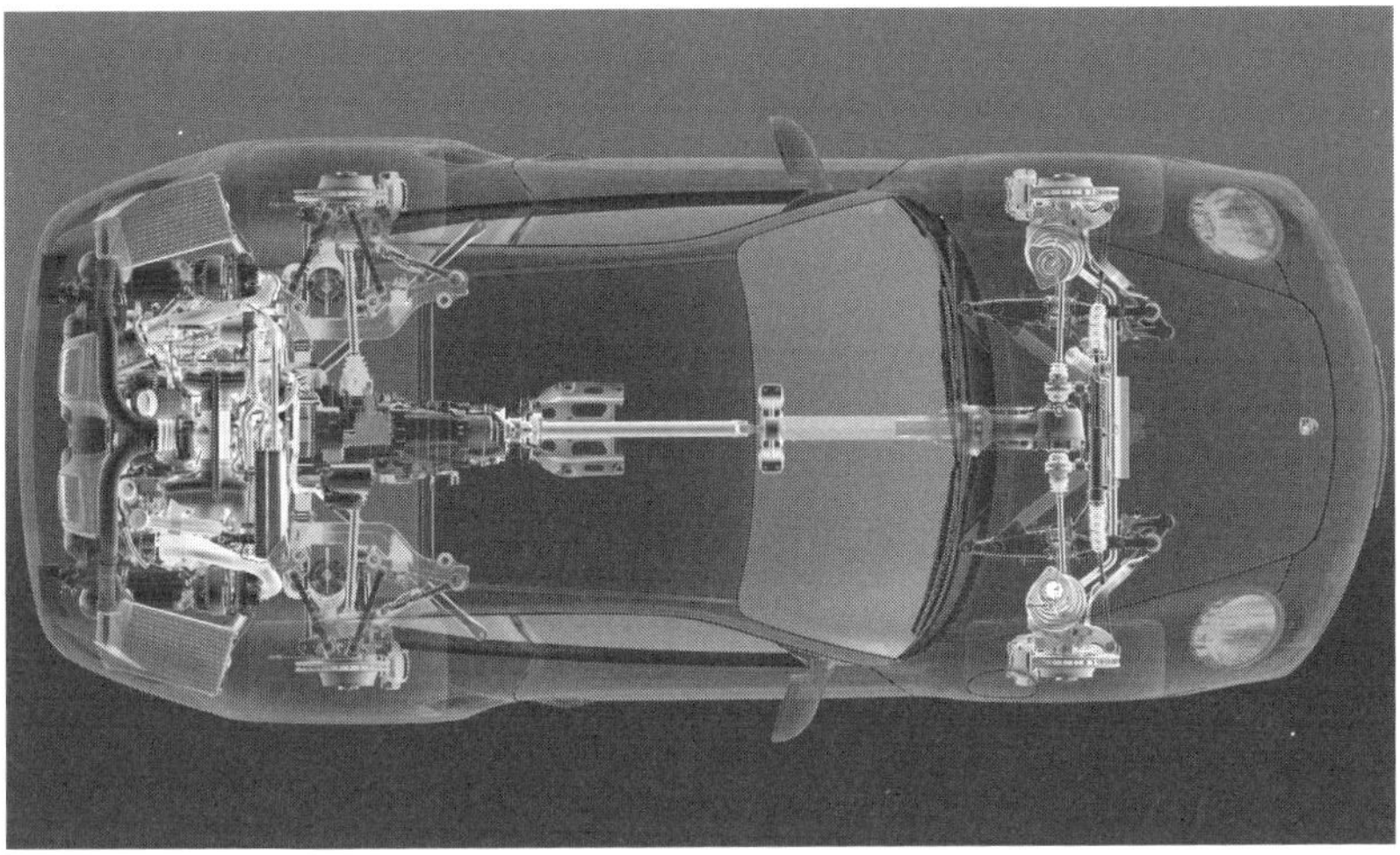

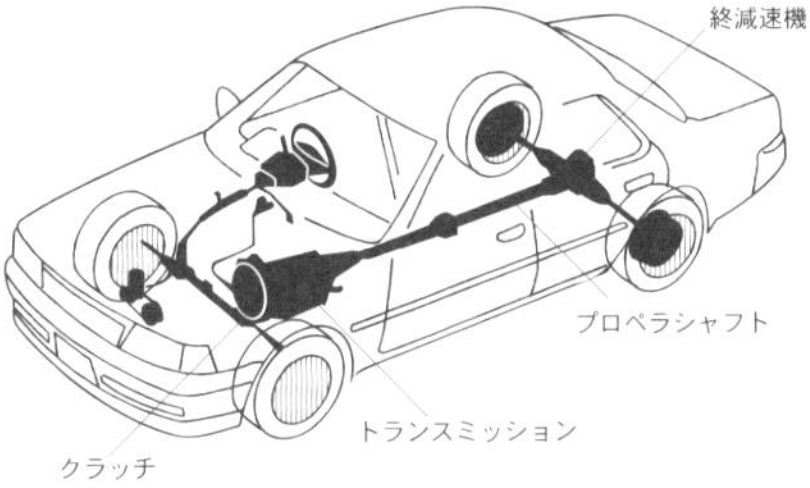

ッチの代わりになる。ただ、スリップしっぱなしでは燃費が悪化するので、発進時や変速時を除いてロックアップクラッチでそのスリップを止める。

ATの変速は、補助変速機内で走行状態に応じて自動的に行われる。補助変速機の構造はMTの平行軸型と異なり、同軸構造の遊星歯車機構が使われる。サンギアと遊星ギアキャリアとリングギアの3要素からなる遊星歯車機構はギアの噛み合いを変えずに、変速や逆転ができるのが特徴であり、これを数セット用いることで多段変速を実現している。

補助変速機の変速段数は、当初2段であったが徐々に増加し、現在では4段変

トロイダルCVTを開発したのは日本精工だ。同社はベアリングメーカーであり、その材料技術を生かして、トロイダルCVTを開発した。が、ディスクやローラーには不純物の極めて少ない材料が必須であった。

トルクコンバーター

トルクコンバーターは、流体を介してトルクを伝達したり、増幅したりする機構である。トルクコンバーターはドーナツ状の流体通路を持つ円盤状の容器であり、その内部にポンプとタービンとステーターなどの羽根車がある。

エンジンがポンプを駆動すると、遠心力によってドーナツ状の通路内に流体の流れが発生し、その流れがタービンを駆動する。固定されたステーターは、タービンを駆動して方向が変わった流れをポンプに入る前に整える。

エンジンがポンプを駆動するトルクとステーターが流体から受けるトルクの和が、流

速または5段変速が普通になった。中には、6段変速や7段変速や8段変速もある。変速段数を増やすのは、高速燃費と変速ショックの低減を両立させるためである。

　高速燃費を低減するには、トップギアの減速比を速くしてエンジンの回転数を低くするのが効果的だ。一方で、発進加速性を維持するためにローギアのギア比は変えられない。このため、少ない変速段では隣同士のギア比が離れて変速ショックが大きくなる。そこで、変速段を増やして隣同士のギア比を接近させる。離れたギア比をワイドレシオといい、接近したギア比をクロスレシオという。

CVTは変速段が無限大

　変速段を限りなく増やすと変速ショックを皆無にできる。それを実現したのが、CVTだ。市販車に使われているCVTはベルト式であり、2個のプーリー間に渡した金属ベルトが両者の間で動力を伝達し、2個のプーリ

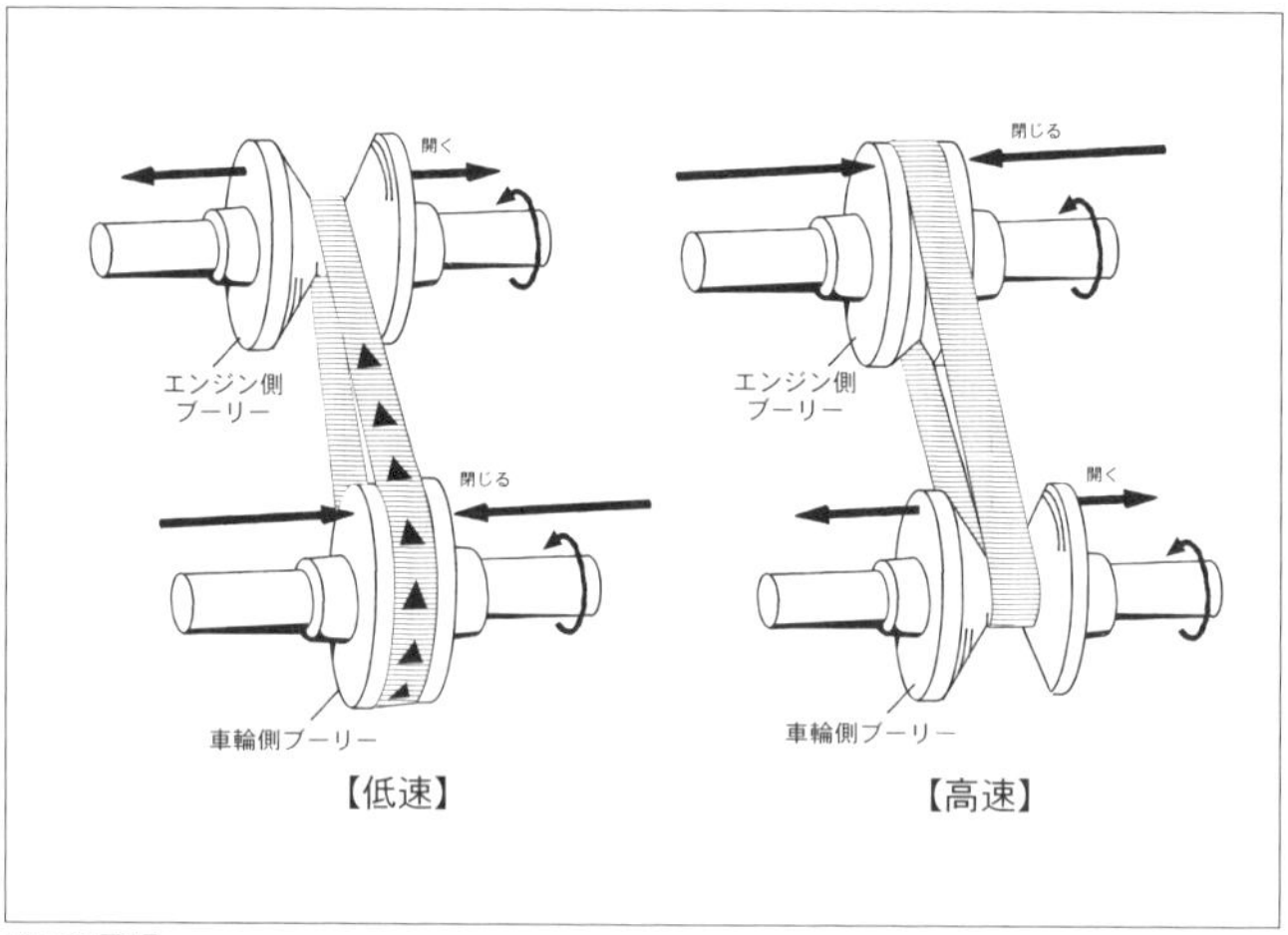

CVTの原理

体がタービンを駆動するトルクとなる。このため、タービンを駆動するトルクは、エンジンがポンプを駆動するトルクより大きくなり、トルクコンバーターはトルクを増幅することになる。

　ステーターのない場合には、トルクの増幅作用はなく、流体継手と呼ばれる。

遊星歯車機構

　遊星歯車機構は、遊星ギアを保持する遊星キャリアとサ

ーの幅を変えることで変速する。
プーリーの幅が広がるとプーリーとベルトの接触半径が小さくなり、逆にプーリーの幅が狭くなるとプーリーとベルトの接触半径が大きくなる。駆動側プーリーの接触半径が大きく、被駆動型プーリーの接触半径が小さい場合は増速となり、その逆の場合には減速となる。このようにベルト式ＣＶＴは、プーリーと金属ベルト間の摩擦力によって動力を伝える。スクーターに使われているゴムベルトのＣＶＴと原理は同じだが、金属ベルトを使っているのが異なる。ゴムベルトでは動力の伝達容量が限られるのだ。

ＣＶＴは変速できるが、発進クラッチの機能は持っていない。そこで、発進クラッチとしてトルクコンバーターを組み合わせる。この場合、トルクコンバーターが滑るのは発進時だけであり、それ以外はトルクコンバーターはロックアップされる。また、ＣＶＴは逆転機能を持っていない。このため、リバース用の逆転ギアを組み合わせている。

特殊な例だが、遊星歯車機構を用いたＣＶＴもある。プリウスのハイブリッドシステムがそれだ。このＣＶＴは、エンジンとモーターと発電機をそれぞれ遊星歯車の3要素に接続した構造である。エンジンは遊星キャリアに、モーターはリングギアに、発電機はサンギアにそれぞれ接続されている。

この機構では、モーターと発電機の回転数はエンジン回転数を支点としてシーソーのように変化する。エンジン回転数が一定であっても、発電機の回転数が高くなるとモーターの回転数が低下し、逆に発電機の回転数が低くなると、モーターの回転数が高くなる。モーターは駆動輪に直接繋がっているから、発電機の回転数を変えることで、車速は連続的に変化し、無段変速となる。

もちろん、エンジン回転数を変えることもできる。発電機の回転数を一定にすれば、エンジン回転数とモーター（駆動輪）の回転数

ンギアとリングギアで構成される。遊星歯車機構には変速機能があり、ATの補助変速機として用いられる。遊星歯車機構は、MTの平行軸変速機と異なり、ギアを入れ替えないで変速できる。

遊星歯車機構には減速と増速と逆転と一体回転の4つの変速機能があり、1セットの遊星歯車機構で前進2段、後退1段の変速段が得られる。

サンギアからトルクを伝える場合、リングギアを固定すると遊星キャリアには減速された回転が伝わり、遊星キャリアを固定すると、リングギアには逆転された回転が伝わる。そして、遊星キャリアとリングギアの相対回転を止めると、遊星歯車は一体となって回転し変速比は1となる。

以上の変速には、多板クラッチや多板ブレーキが使われる。リングギアや遊星キャリアの固定には多板ブレーキが使われ、遊星キャリアとリングギアの相対回転の停止には多板クラッチが使われる。

は比例し、変速比は一定となる。

MTを自動化する方法

自動MTは、MTのクラッチ操作と変速操作を自動化した変速機であり、AMTとも呼ばれる。自動MT車ではドライバーによるクラッチ操作が不要になるので、ATやCVTと同様にクラッチペダルはないが、シフトレバーは残されている。

多くの自動MTは、シティモードとマニュアルモードを選択でき、シティモードではATと同様に変速操作は不要になる。マニュアルモードではクラッチ操作のない変速を楽しめる。自動MTが欧州車に多いのは、ATが高価なためだ。安価なMTをベースに作られた自動MTは、ATより安価になるのだ。

自動MTには、シングルクラッチ式とツインクラッチ式がある。シングルクラッチ式は上記のように安価であるが、変速時に駆動力の伝達が切れるので、特にシフトアップ時に違和感がある。シフトダウン時の違和感が少ないのは、その時エンジンが駆動力を発生していないからだ。

一方、ツインクラッチ式はクラッチの繋ぎ替えで変速するので駆動力の伝達が切れず、加速も途切れない。が、クラッチの繋ぎ替えで変速するには、変速機を奇数段と偶数段に分かれた構造とする必要があり、シングルクラッチ式より高価になる。ただ、自動MT化を前提にベースとなるMTを設計すれば、自動MT化のコストアップを抑制できる。実際、

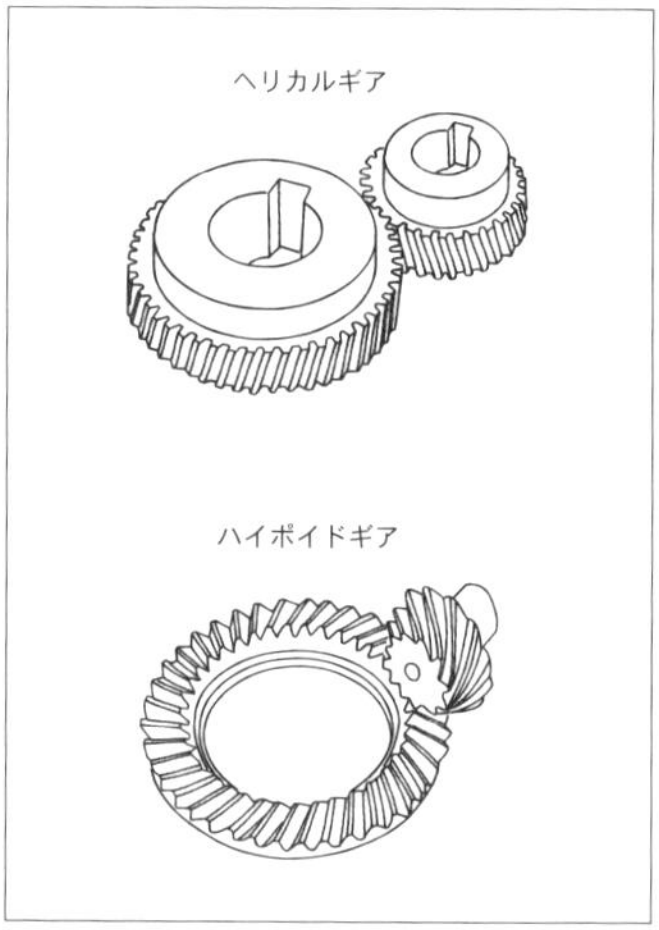

減速ギアの種類

ヘリカルギアとハイポイドギア

歯車には、平行軸間で回転を伝える歯車と、互いに直交する軸間で回転を伝える歯車がある。平行軸間で使われる歯車の代表は平歯車だ。平歯車は歯が軸と平行であり、騒音が出やすい。そこで、歯を軸に対して斜めにしたのが、ヘリカルギアだ。ヘリカルギアは歯の噛み合い状態が歯幅方向に連続的に変化するので、騒音が小さくなる。このため、MTの各段ギアに使われる。ただ、歯が斜めなので、軸方向の推力が発生する。

直交する軸間に使われる歯車の代表は、傘歯車だ。傘歯車も平歯車と同様に騒音を発生しやすいので、ヘリカルギアと同様に歯を斜めにしたのが、曲がり傘歯車だ。曲がり傘歯車は騒音が小さいが、トルク容量が小さい。そこで、直交する軸を上下にずらしたハイポイドギアが開発された。このギアは歯の幅が広いので

ゴルフのツインクラッチ式自動ＭＴは、ＭＴと構造が共通である。

減速、差動を司る装置

変速機の次に重要な動力伝達装置は、終減速機だ。終減速機はデフと呼ばれることもあるが、正しくは終減速機である。なぜなら、デフはディファレンシャルの略であり、それは終減速機内部の差動装置を指すからだ。このように、減速ギアと差動装置を一体化したものが、終減速機である。

終減速機の減速ギアには2種類ある。横置きエンジンのＦＦやＭＲではヘリカルギアが使われ、ＦＲや４ＷＤではハイポイドギアが使われる。ヘリカルギアは平歯車の歯を斜めにした歯車であり、その伝達効率は高い。一方、ハイポイドギアは互いの直交する軸間で動力を伝達する傘歯車の一種であり、軸が上下にずれているのが特徴だ。このために、歯幅が広く動力の伝達容量が大きい。が、互いに噛み合う歯間の滑りが多く、摩擦損失が大きい。このため、ＦＲや４ＷＤはＦＦより動力伝達効率が低く、燃費もＦＦより劣る。

差動装置は、２ＷＤでは左右輪の回転差を、４ＷＤでは前後輪の回転差を吸収する。すべての駆動方式に必須の装置であるが、左右または前後の路面摩擦係数が大きく異なる場合には、一方で駆動輪が空転すると、反対側で駆動力が伝わらない現象が発生する。これは、差動装置が左右または前後輪の回転差を制限しないからだ。

これを解決する差動装置がＬＳＤ（リミテッド・スリップ・デフ）である。ＬＳＤには大別して2種類あり、左右輪あるいは前後輪の回転差に応じて差動を制限する「速度感応型」と、駆動力に比例して差動を制限する「トルク比例型」がある。オンデマンド４ＷＤにも使われるビスカスカップリングは速度感応型であり、多板クラッチ式ＬＳＤやトルセンＬＳＤはトルク比例型である。

トルク容量が大きいが、歯間の滑りが多いので粘度の高いオイルが必須となる。

Mechanism

05

サスペンションとタイヤ

乗員と車体を衝撃から守り、姿勢変化をやわらげる機構

タイヤだけでは吸収しきれない

　サスペンションとタイヤは、変形することによって路面の凸凹を吸収して車体に伝わる衝撃を緩和し、乗り心地を向上させる。内部に空気を充填したタイヤは変形しやすく、サスペンションは車輪を上下にストロークさせることで、車輪の姿勢変化を制御しつつ、路面からの衝撃を吸収する。

　サスペンションがなければ、路面の凸凹をタイヤの変形だけでは吸収しきれず、乗員が激しく揺さぶられるだけでなく、車体も早期に損傷するはずだ。それは、サスペンションのないカートに乗れば経験できる。極端な例では、フレームが折れたり、ドライバーの肋骨が折れたりすることもあったと聞く。

　というわけで、サスペンションはクルマに必須の機構である。サスペンションは、車輪のガイド機構、バネ、ダンパー、ブッシュ、スタビライザーなどから成る。車輪のガイド機構は、車輪の上下ストロークを許しながらその姿勢を保ち、バネは路面からの衝撃を吸収する。ダンパーはバネの伸び縮みにブレーキをかけ、ブッシュはガイド機構を経由して伝わる振動を吸収する。そして、スタビライザーはバネだけでは抑えきれない旋回時のロールを抑制する。

ほとんどの乗用車は独立懸架

　車輪を上下方向にガイドする機構のバリエーションをサスペンション形式といい、多くの種類がある。大別すると独立懸架と非独立

非独立懸架

　リジッドアクスルやトーションビーム式などのサスペンションは、片方の車輪がストロークすると、他方の車輪の姿勢が変化する。左右の車輪がそれぞれ独立してストロークできないので、非独立懸架という。

　トーションビーム式を除いて、現在の乗用車には非独立懸架は使われなくなったが、70年代まで多くのFRのリアサスペンションにリジッドアクスルが使われていた。FRのリアサスペンションには駆動装置が設けられ、終減速機と車軸を一体化したリジッドアクスルを板バネで吊った構造が単純で信頼性が高かったからだ。

　だが、終減速機がバネ下側

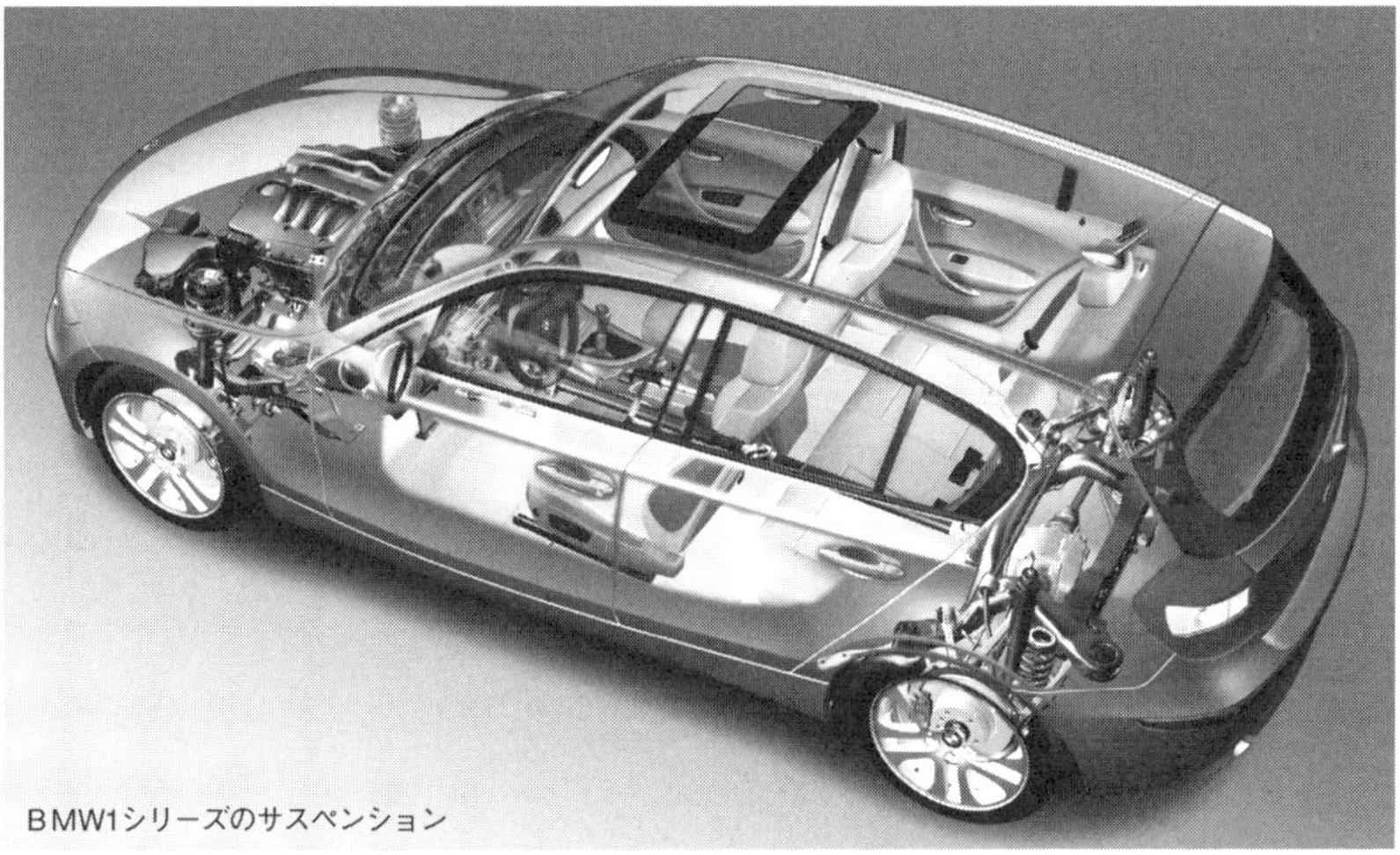

BMW1シリーズのサスペンション

懸架があり、現在はほとんどの乗用車には独立懸架が使われている。独立懸架には、ストラット式、ダブルウィッシュボーン式、マルチリンク式などがある。

　ストラット式は、直線ガイドのストラットと横アームを組み合わせたサスペンションであり、主としてフロントサスペンションに使われる。左右前輪の間にはエンジンが搭載されるので、フロントサスペンションは横方向にコンパクトな形式が適しているからだ。特に、横置きエンジンのＦＦではエンジンルームの幅が広くなり、サスペンションに割くスペースが限られ、ストラット式が最適となる。

　ストラット式のもう一つの利点は、その取り付け点が上下に遠く離れていることだ。プレス成型したパネルを組み立てたボディの精度はそれほど高くなく、サスペンション取り付け点が近いダブルウィッシュボーン式では、組み立て後にアライメント調節が必要となるがストラット式ではそれが不要になる。

にあるため乗り心地が悪く、プロペラシャフトも上下に動くので、フロアトンネルが高くなる。そこで、終減速機をバネ上側に移したドディオンアクスルが採用された。これも非独立懸架だ。

アライメント

　アライメントとは、車輪の姿勢を言い、車輪の上下動に伴うその姿勢変化をアライメント変化という。アライメントにはキャンバーとトーがあり、車輪の左右方向の傾きをキャンバー、左右の車輪の平行度をトーという。

　車輪が車体外側に傾いている状態をポジティブキャンバー、車体内側に傾いている状態をネガティブキャンバーと言い、左右の車輪が前方で内向きの状態をトーイン、前方で外向きの状態をトーアウトという。

　これらのアライメントは、直進性や旋回性に影響するので工場出荷時に調整される。前輪ではほぼゼロキャンバー

ＦＲ車に多いＷウィッシュボーン

ダブルウィッシュボーン式は２本の横アームを上下に配置したサスペンションである。上下の横アームの長さや角度をさまざまに選択でき、ストラット式に比べるとアライメント変化の設定自由度が高い。このため、走行性能を重視するスポーツカーやＦＲセダンに用いられる。横置きエンジンのＦＦのフロントに使われないのは、サスペンションとエンジンが干渉しやすいからだ。

ＦＲ車でも、幅の広いＶ型エンジンでは同様な問題があり、アッパーアームを高い位置に移した、ハイマウントアッパーアーム型が使われる。この場合、アッパーアームを短くできるので、サスペンションとエンジンの干渉を避けられる。ただ、スポーツカーにはハイマウントアッパーアーム型は適さず、上下アームがホイール内に納まるインホイール型が使われる。

マルチリンク式は、基本的にはダブルウィッシュボーン式と同じだ。上下のアームをそれぞれリンクに分割したのが、マルチリンク式である。したがって、マルチリンク式はダブルウィッシュボーン式を発展させたサスペンション形式といえる。

マルチリンク式の最初の例は、ベンツ１９０のリアサスペンションであった。その目的は、乗り心地と操縦安定性の両立にあった。乗り心地を向上するには、いわゆる前後方向のコンプライアンスが必要となる。コンプライアンスとは、路面の凸部に乗り上げる時に車輪が後退する性質であり、これによって路面からの突き上げを緩和する。

コンプライアンスを導入して課題になるのは、車輪を後退させるとその向きが変化しやすいことだ。車輪の向きが変化すると、クルマはドライバーの意図通りに走らず、ふらつく。これを防止するには、車輪を平行移動させなければならない。コンプライアンスは、

と若干のトーイン、後輪では若干のネガティブキャンバーと前輪より多めのトーインに調整される。

前後輪のトーインは、直進性に影響し、前後輪のキャンバーは旋回時の安定性に影響する。

トレーリングアームとトレーリングリンク

トレーリングアームやトレーリングロッドは、車輪の前後方向を位置決めする、アームあるいはロッドである。筆者は、曲げ荷重が作用する場合に「アーム」といい、曲げ荷重が作用しない場合に「ロッド」ということにしている。

トレーリングアームやトレーリングロッドは、バネ上側取り付け点が前方に、バネ下側取り付け点が後方にあるアームやロッドである。

トーションビーム式で前後方向を位置決めするアームは、前方のバネ上側から後方のバネ下に伸びており、ブレーキトルクも受けるので、トレー

前後方向あるいは斜めに配置されたリンクのブッシュのたわみによって得られる。が、他のリンクのブッシュもたわむ。そこで、各リンクを最適に配置し、ブッシュの変形をバランスさせて車輪の向きの変化を抑える。

中間的性質のトーションビーム

FFのリアサスペンションに用いられるトーションビーム式は、独立懸架と非独立懸架の中間の性質を持つサスペンション形式である。トーションビーム式は、ねじれやすいが曲がりにくいビームで左右の車輪を繋ぎ、その両端に取り付けたトレーリングアームで前後力と制動トルクを受け止める。

ビームの前後位置によってアライメントの変化特性が変わる。トレーリングアームの前端にビームを配置するとフルトレーリングアーム式と同じになり、トレーリングアームの後端にビームを配置すると車軸式と同じになる。両者の中間の位置にビームを配置するとセミトレーリングアーム式と車軸式の特性を併せ持つアライメント変化となる。ロール時にはセミトレーリングアームと同じになり、ピッチング時には車軸式と同じになる。

乗用車のサスペンション形式は以上の4種

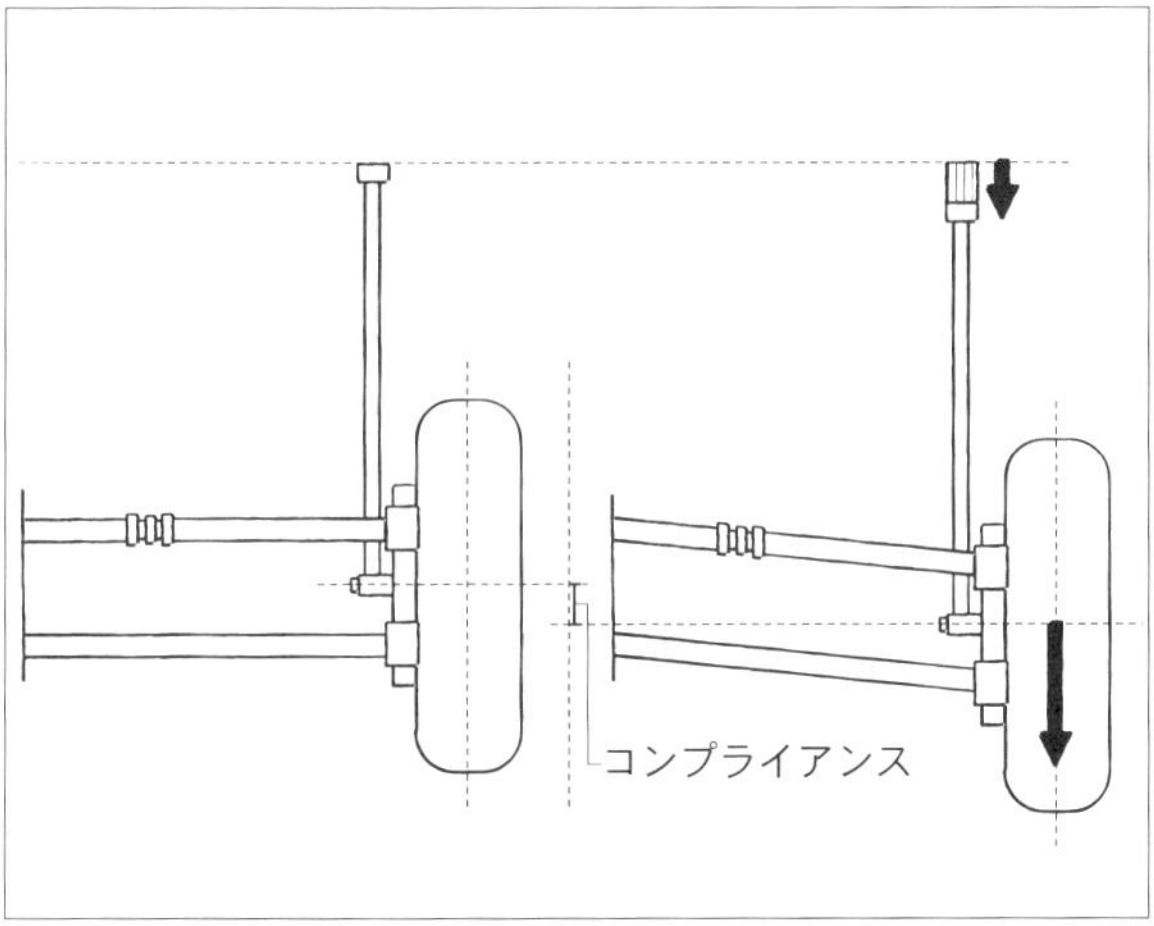

コンプライアンスの仕組み

リングアームである。

ストラット式のフロントサスペンションのロアアームで、横リンクと組み合わせた前方からバネ下に伸びたロッドは、曲げ荷重が作用しないトレーリングロッドである。

アクティブサスペンション

通常のサスペンションは、車輪と車体の間にバネが設けられ、それが路面から力を受けて撓み、サスペンションがストロークする。これに対し、アクティブサスペンションは路面の凸凹をセンサーで検出し、動力を使って積極的に車輪をストロークさせる。

動力を使うアクティブサスペンションは加速、減速、旋回に伴う、車体の姿勢変化を抑制することもできる。車体の姿勢変化を抑制できれば、タイヤを常に路面に垂直に保つことができ、タイヤの性能をフルに発揮させられる。

従来のバネを使ったサスペンションでは、姿勢変化を小さくするにはバネを硬くする

類であり、クルマの性格や駆動方式に応じて使い分けられる。サスペンションの理想は、路面の凸凹を吸収しつつ、車輪を路面に対して常に垂直に保つことである。それはアクティブサスペンションでしか実現できないが、それに近い機能を持つアクティブスタビライザーが一部の高級車に採用されている。

ダブルウィッシュボーンがマルチリンクに発展したのは、ラジアルタイヤが普及したからだ。ラジアルタイヤは駆動力や制動力に優れるが、乗り心地が硬い。そこで、サスペンションにコンプライアンスを設け、サスペンション側で乗り心地を補ったのだ。

タイヤの高性能化がもたらすもの

近年、高性能ラジアルタイヤではロープロファイル化が進み、乗り心地はますます硬くなる傾向にある。ロープロファイル化はタイヤの横剛性を高めて操舵に対するレスポンスを向上させるのが主目的であるが、デザイン

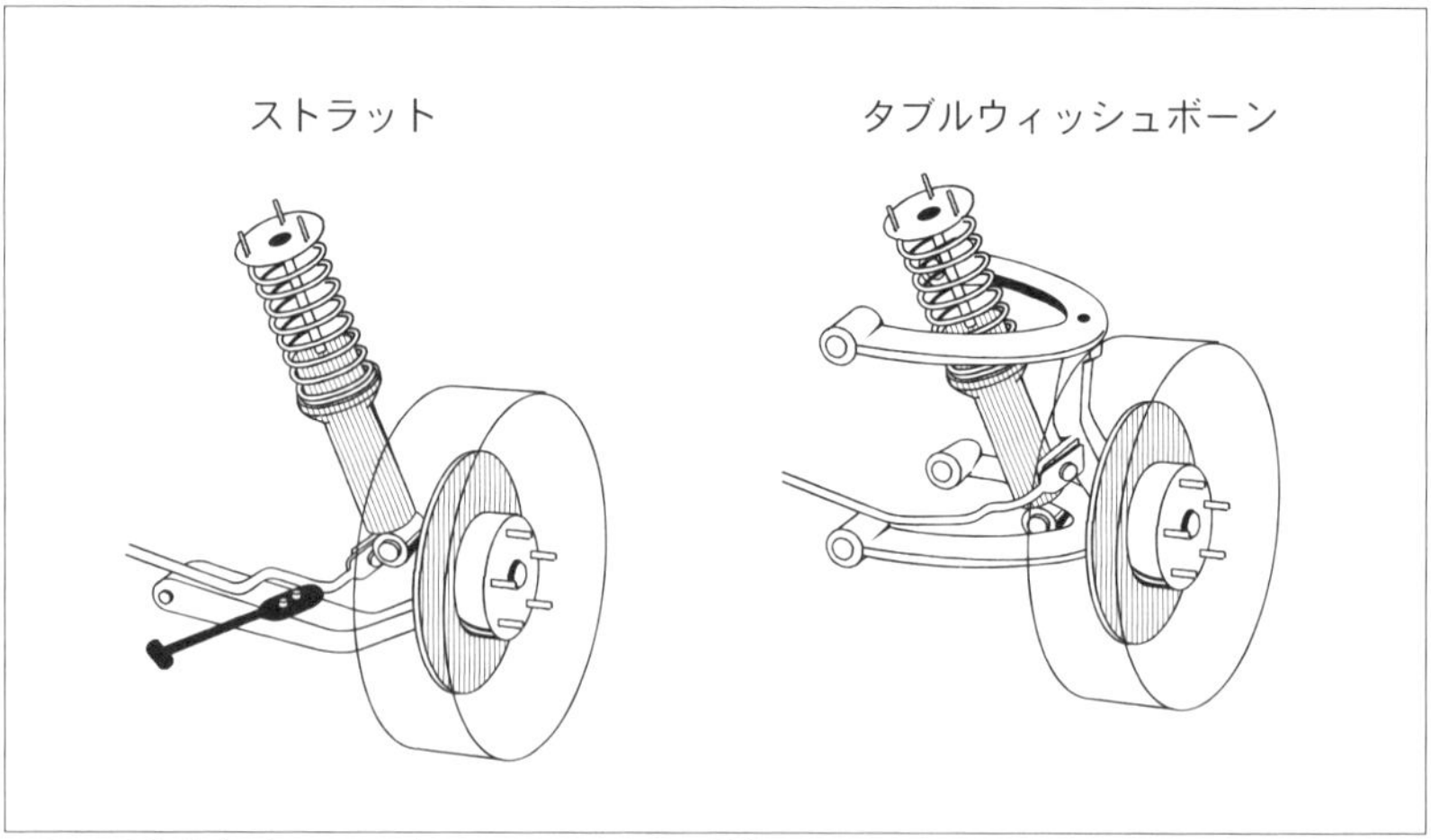

ストラットとダブルウィッシュボーンのサスペンション形式

しかなく、それは乗り心地を悪化させるだけでなく、タイヤの接地性が低下する。が、アクティブサスペンションは、姿勢変化の抑制とタイヤの接地性を両立できる。が、動力で車体重量を支えるので、燃費は少なからず悪化する。

バイアスタイヤとラジアルタイヤ

バイアスタイヤとラジアルタイヤの違いは、タイヤ内部の構造にある。タイヤはゴムだけで作られているのではなく、内部に空気圧を保持する強度部材がある。この強度部材は、化学繊維製の糸を簾織りしてゴムで被覆したプライを数枚張り合わせたもので、カーカスと呼ばれる。

バイアスタイヤでは、カーカスは糸を斜め方向に配置し互いに交差するように交互に張り合わせてある。タイヤが撓む時には糸の交差角が変化するので、乗り心地が良いが、変形に伴ってトレッドゴムの各部分が動くので耐摩耗性が

重視の傾向も否定できない。ロープロファイル化に伴うホイール径のアップは、ホイールが重くなるので、燃費の面でも不利となる。

　ロープロファイル化に伴って出現したのが、ランフラットタイヤだ。このタイヤはパンクしたままでも一定の距離を走行できるタイヤだ。サイドウォールを強化し、空気圧がゼロになっても荷重を支えることができ、スペアタイヤを省略できる。スペアタイヤはスペースをとり重量も重いので、その省略はパッケージングと軽量化の両方で利点がある。ただ、タイヤの空気圧低下がわかりにくいので、空気圧センサーの装備が必須となる。

　一方で、低燃費タイヤも開発されている。それは転がり抵抗を低減したタイヤである。これはタイヤに用いるゴムの性質を燃費を優先する方向に変えたものだ。このゴムの性質は飛びの良いゴルフボールと共通するという。ゴムが変形して元の形に戻る時に発熱しない性質は、クルマの燃費の低減とゴルフボールの飛距離アップの両方に役立つのだ。

　それ以前に、燃費を気にするなら、空気圧を頻繁にチェックすべきである。理想は、乗員数や積荷の量に合わせて、空気圧を変えることだ。ドイツ車では、空気圧の推奨値を乗員数と積荷量によって細かく設定している。

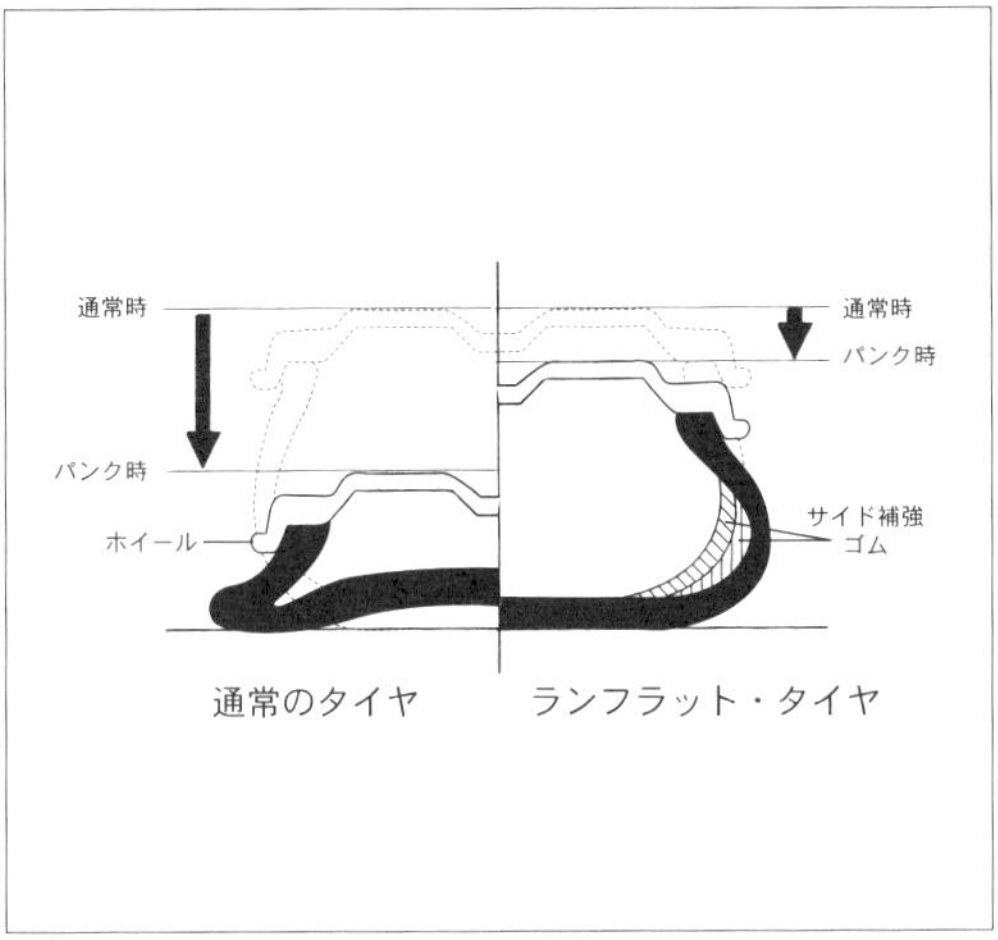

通常タイヤとランフラット・タイヤの構造

低く、直進性も劣る。

　一方、ラジアルタイヤの強度部材は、糸が半径方向になるようにカーカスを配置し、その上に周方向に数層のベルトを巻いた構造だ。ベルト層の剛性が高いので転がり抵抗は低く、耐摩耗性も高い。が、剛性の高いベルト層は乗り心地を悪化させる。

Mechanism 06 ステアリングとブレーキ

安心して走るために必要な曲がる、止まるという機能

操作力拡大のためのさまざまな工夫

ステアリング装置は、ステアリングホイールと前輪の間をつなぐ操舵装置であり、ステアリングホイールの回転を伝えるステアリングシャフト、その回転を左右方向に変えるステアリングギアボックス、左右方向の動きを前輪に伝えるタイロッドなどから成る。

自転車の操舵装置に比べて複雑になるのは、前輪の荷重が自転車より大幅に大きいからだ。たとえば、車両重量が比較的軽い軽自動車でも、前輪の荷重は左右合計500kg以上にもなる。これだけの荷重が作用する前輪を切るには、ステアリングホイールの操作力を拡大する機構が必要となり、ステアリングギアボックスは減速装置となっている。乗用車で一般的に使われるラック＆ピニオン式では、ステアリングホイールの操作力を直径の小さいピニオンに伝えて操作力を拡大する。その拡大比は、両者の直径の比となる。

実は、このような機械的な操作力の拡大だけでは不十分であり、軽自動車でもパワーステアリングの装備が普通になった。その背景には女性ドライバーの増加もあるが、車体サイズの拡大と衝突安全性の向上のため、軽自動車の車両重量が増加したこともある。

パワーステアリングには、油圧式と電動式と電動油圧式がある。油圧式はエンジンで油圧ポンプを駆動し、その油圧をステアリングギアボックス内部の油圧シリンダーに送って操舵力をアシストする。エンジンは、アシストが不要な直進走行中にも油圧ポンプを駆動し

4輪操舵

2輪操舵では、ステアリングホイールを操作することで前輪の向きを変え、進行方向

ポルシェ911のセラミック・コンポジット・ブレーキ

ており、燃費を悪化させる傾向がある。ただ、油圧の力は強力であり、大きなアシスト力が必要になる重量車に適している。

燃費にも有利な電動式パワステ

上記の油圧式の問題点を解決するために開発されたのが、電動式だ。電動式ではモーターが操舵をアシストする。モーターには操舵時にのみ電力が供給されるため、エネルギ効率が高く、油圧式に比べて燃費が2パーセント程度向上する。電動式には、モーターの位置によって3つの種類がある。ステアリングシャフトをモーターで駆動するのがコラム式、ピニオンをモーターで駆動するのがピニオン式、ラックをモーターとボールスクリューで駆動するのがダイレクト式である。

3種類の電動式は車両重量に応じて使い分けられる。軽量車ではコラム式が、重量車ではダイレクト式が使われ、ピニオン式は両方に使われる。重量車にコラム式が適さないの

を制御する。が、ステアリングホイールの操作を後輪にも伝え、後輪の向きも変えるのが4輪操舵である。

4輪操舵には、同位相操舵と逆位相操舵がある。同位相操舵では後輪を前輪と同じ方向に切り、逆位相操舵では後輪を前輪と逆方向に切る。

4輪操舵は可変ホイールベース機構といえる。同位相操舵はホイールベースを延長し、逆位相操舵はホイールベースを短縮する。ホイールベースが長くなると走行の安定性が向上し、逆に短くなると小回り性が向上する。そこで、ホイールベースを車速に応じて変えれば、高速域での安定性と低速域での小回り性を両立できる。

この考え方をステアリング機構に応用したのが、可変ギア比ステアリングだ。ステアリングギア比を車速に応じて変え、高速域ではステアリングの効きを鈍くし、低速域で鋭くすることでも、安定性と小回り性を両立できる。

は、ステアリングシャフトにモーターの大きなアシストトルクが作用するからだ。

電動油圧式は、モーターで油圧ポンプを駆動し、その油圧をステアリングギアボックスに送って操舵をアシストする。油圧は操舵時にのみ供給されるので、燃費を低減できる。油圧式の自然なステアフィールを残しながら、燃費も低減できるのが利点である。エンジンとステアリング機構が前後に離れているミドエンジン車に使われる。

以上のパワーステアリングの効果は、エンジンを停止して、ステアリングを据え切りすればわかる。油圧式では、エンジン停止の状態では油圧が供給されないので腕力だけの操舵になり、ハンドルは極端に重くなる。でも、昔の乗用車にパワーステアリングは装備されていなかった。その分、ステアリングギアボックスには大きな減速比が設定されていた。

なによりも大切な直進性

ステアリング装置において、操作力の低減以上に重要な性質が直進性である。これが不十分な場合には、高速走行が危険になる。この重要な性質はキングピンの角度によって得られる。キングピンとは前輪が操向する時の回転軸であり、それは立体的に傾いている。キングピンを横から見た後方への傾斜角をキャスター角といい、前方から見た車体内側への傾斜角をキングピン傾斜角という。

キャスター角を付けるのは、ステアリングの戻りをよくするためである。キャスター角を付けるとキングピンの延長線と地面の交点がタイヤの接地中心より前方にずれ、両者の距離をトレールという。タイヤと路面間の摩擦力は接地中心に作用するので、その摩擦力は前輪の向きを戻すように作用する。これは、事務椅子の足に付いている「キャスター」と同じだ。「キャスター」のキャスター角はゼロだが、トレールは十分大きい。

キングピン傾斜角を付けるのは、キングピ

回生ブレーキ

ブレーキは元々、クルマの運動エネルギーを熱エネルギーに変える装置である。熱エネルギーは大気中に放散されるので、再利用できない。

だが、走行エネルギーを電力や油圧に変えれば、エネルギーを再利用できる。これが回生ブレーキだ。走行エネルギーを電力や油圧に変えるのは発電機や油圧ポンプであり、電力や油圧を蓄えるのが電池や蓄圧容器である。

回生ブレーキによって蓄えたエネルギーを次の加速に使えば、エンジン車やハイブリッドカーでは燃費が、電気自動車では電費が向上する。これこそ、回生ブレーキの利点だ。ただ、エネルギーの変換には必ず損失が伴い、走行エネルギーのすべてを次の加速に使えるわけではない。

実は、回生ブレーキは電車では古くから使われている。当初は電力を抵抗で熱エネルギーに変換していたが、現在

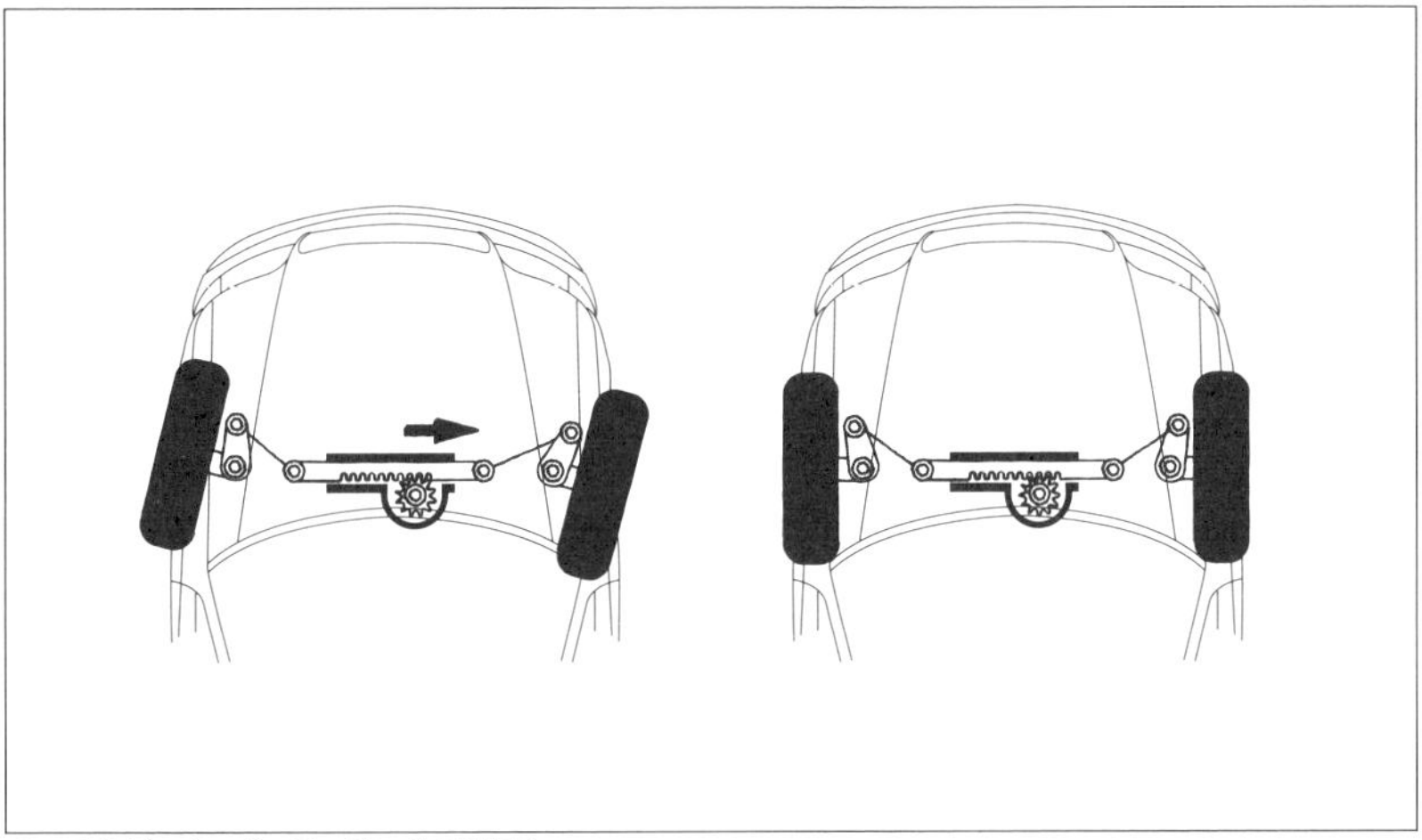

ラック＆ピニオン式ステアリングの仕組み

ンの延長線と地面の交点と、接地中心の距離を短くするためだ。この距離を地面上のキングピンオフセットといい、この距離が短いと、路面の凸凹や制動力でハンドルを取られない。キングピンを前輪の中心面上に設置すれば内側に傾ける必要はないが、そこにはブレーキ装置があるので不可能である。

倍力装置が必要なディスクブレーキ

走っているクルマはいつかは止まる。止まるには、車体の速度エネルギーを他のエネルギーに変換しなければならない。ブレーキは走行エネルギーを熱に変えてクルマを止める。ハイブリッド車のように速度エネルギーを電力に変える方法もあるが、素早く速度を落とすには熱に変えるのが最も簡単だ。

走行エネルギーを急速に熱に変えるとブレーキが過熱し、ブレーキが効かなくなる。これを防ぐため、その冷却が必要になる。そこで、現代の乗用車には冷却性の高いディスク

は電力を架線に戻し、電力消費を削減している。

電動パーキングブレーキ

通常のパーキングブレーキは、ドライバーの操作をワイヤーでパーキングブレーキ装置に伝えてブレーキをかける。これを電動にしたのが、電動パーキングブレーキだ。

その目的は、AT車とMT車で異なる。AT車では操作力の低減や利便性の向上のためであり、MT車では坂道発進を容易にするためだ。

AT車の電動パーキングブレーキにはオートモードがある。このモードでは、停車してシフトレバーを「P」の位置に入れると、自動的にパーキングブレーキが作動する。発進時にシフトレバーを「P」からその他のポジションに移動すると、パーキングブレーキは自動的に解除される。

MT車の電動パーキングブレーキは、坂道発進時の運転操作を容易にする。上り坂で停車してスイッチを押すと、

ブレーキがもっぱら使われる。小型車のリアブレーキにはドラムブレーキも使われるが、フロントブレーキは軽自動車でもディスクブレーキである。ディスクブレーキはその摩擦面が露出しており、ドラムブレーキより冷却性がよいからだ。

冷却のよいディスクブレーキでも、使い方次第で過熱する。そこで、スポーツカーや重量車ではベンチレーテッドディスクが使われる。「ベンチレーテッド」とは通風孔があるという意味で、ブレーキディスクの内部に放射状の通路が貫通している。この通路に入った冷却風は、ブレーキディスクの回転による遠心力で外側に排出され、それを補うように次々と冷却空気が入るので、冷却性が良好だ。

ディスクブレーキは、ブレーキローターにパッドを押し付けて制動力を発生させる。パッドを押し付けるのはキャリパー内部のピストンであり、キャリパー本体は摩擦力を受けるパッドを保持する。パッドはブレーキを使

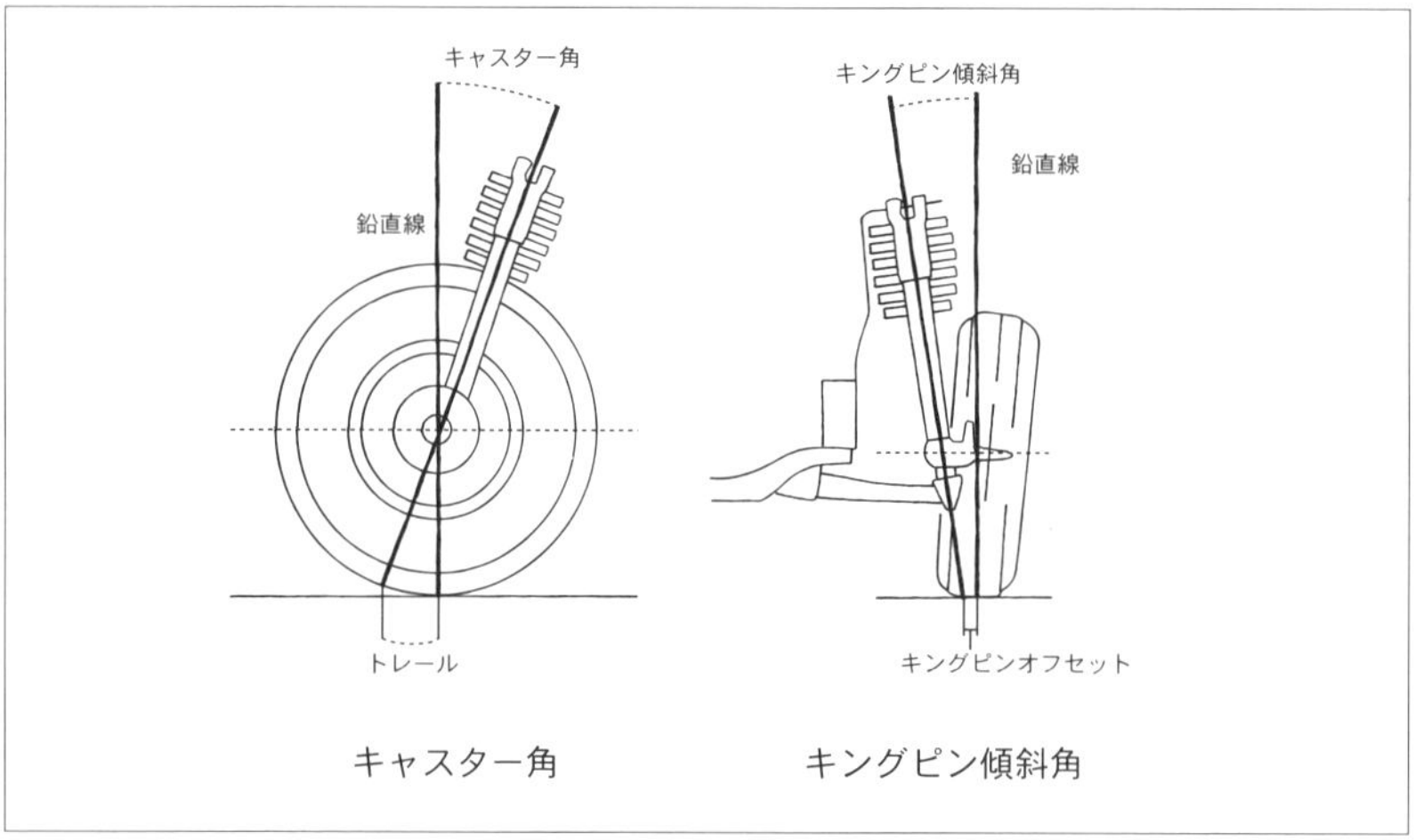

キャスター角とキングピン傾斜角

パーキングブレーキが作動し、ブレーキペダルを離してもクルマは後ずさりしない。発進時には、再びスイッチを押してパーキングブレーキを解除する。

メカニカルサーボの仕組み

ドラムブレーキには、ブレーキシューの向きによってリーディングシューとトレーリングシューがある。リーディングシューでは、シューの回り止めがドラムの回転方向に対して前方にあり、トレーリングシューでは、シューの回り止めがドラムの回転方向に対して後方にある。

この違いが、メカニカルサーボの有無を決める。リーデ

用するたびに磨耗するので、ピストンはキャリパー本体からせり出てくる。このため、ドラムブレーキのように調整する必要はない。これもディスクブレーキの利点だ。

ディスクブレーキの問題点は、ドラムブレーキのようなメカニカルサーボ機能がないことだ。メカニカルサーボとは自転車のバンドブレーキにもある摩擦力が摩擦力を増やす機構である。メカニカルサーボ機能のないディスクブレーキでは、それに代わる倍力装置が必要になり、真空サーボを組み合わせる。

真空サーボは、エンジンの吸気マニフォールド内の負圧を利用した倍力装置だ。ボンネットを開けると運転席側の隔壁に円盤状の容器が取り付けられている。それに吸気マニフォールドの負圧を導いて、ドライバーの脚力をアシストする。ブレーキ時にはスロットルバルブが閉じて吸気マニフォールド内が負圧になるので、それを利用する。

ディーゼルエンジンにはスロットルバルブがないから、吸気マニフォールド内が負圧にならない。そこで、ディーゼル乗用車ではエンジンで駆動する負圧ポンプが追加される。

ところで、4輪ディスクブレーキの場合、駐車ブレーキはどうなるのか。実は、後輪のブレーキディスク内にドラムブレーキが残されている。これをドラムインディスクと呼ぶ。ブレーキディスクの中央部がドラムブレーキとなっており、その内部にブレーキシューがある。

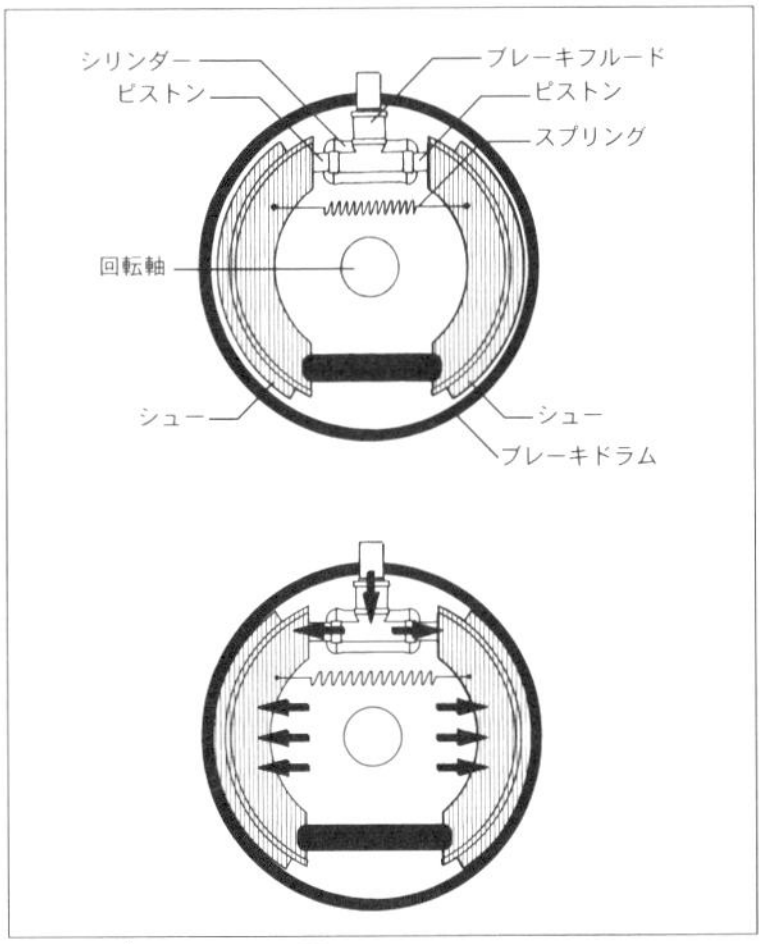

ドラムブレーキの原理

ィングシューでは、ドラムとシュー間の摩擦力がシューをドラムに押し付け、ブレーキ力が倍加する。これがメカニカルサーボである。一方、トレーリングシューでは、ドラムとシュー間の摩擦力はシューをドラムから放す方向に作用し、ブレーキ作用は倍加しない。

この違いを利用して、前後ともドラムブレーキの場合には、前輪にダブルリーディングシュー型が、後輪にリーディング・トレーリングシュー型が用いられ、前輪寄りのブレーキ力配分としていた。

Mechanism

07

電子制御

エンジン、変速、ブレーキ——見えないところで活躍する

精度を高める電子制御

現在の乗用車には、さまざまな部分に電子制御が採用されている。それは、エンジン、変速機、駆動装置、サスペンション、パワーステアリング、ブレーキ、エアコン、ワイパー、ヘッドライト、エアバッグやシートベルトなどの安全装置など、多岐にわたる。

電子制御は、センサーとコントローラーとアクチュエーターからなる。センサーからの情報をもとにコントローラーがあらかじめプログラムされた計算を行い、アクチュエーターがコントローラーが算出した目標値に合わせるように作動する。その結果は、再びセンサーで検出され、その情報をもとにコントローラーが再計算し、アクチュエーターが調節する。以上のような手順を繰り返すことで、電子制御は精度の高い制御を行うことができる。

空燃比を一定に保ち排ガスを浄化

電子制御の代表的な例が、電子制御式燃料

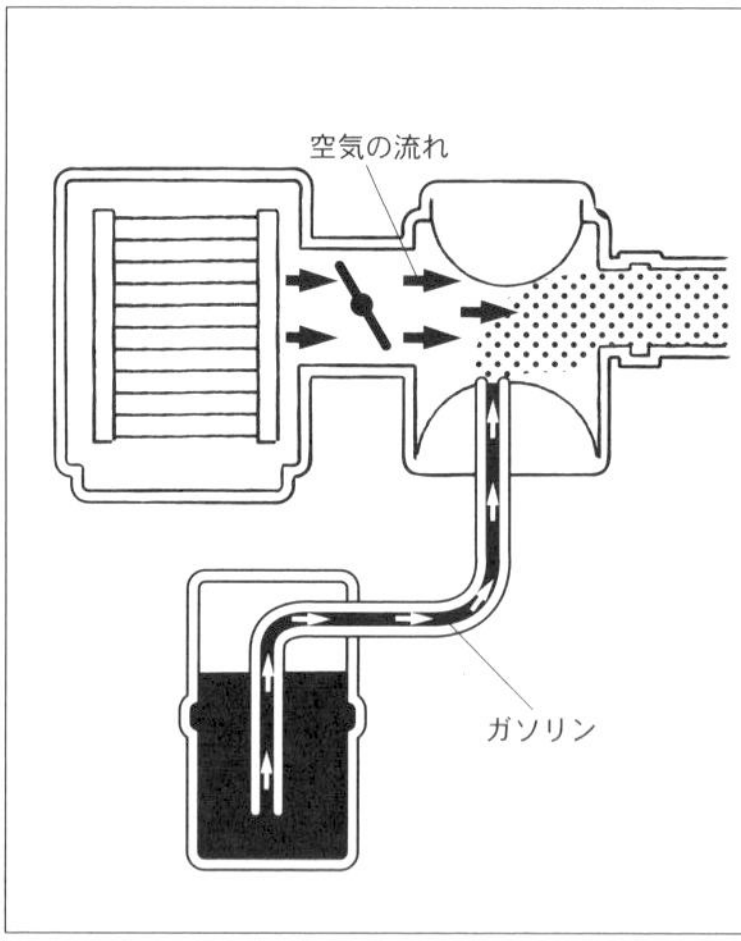

キャブレターの原理

理論空燃比

理論空燃比とは、空気と燃料の量が過不足ない比率である。ガソリンの理論空燃比は14・7対1であり、この空燃比の混合気が燃焼すると、燃料は完全燃焼し、空気に含まれる酸素のすべてが燃焼に使われる。このため、排ガスの成分は、二酸化炭素と水と燃焼に関わらない窒素となる。

ガソリンは、数百種類の炭素と水素の化合物の混合物であり、化合物によって炭素と水素の比率が異なる。炭素の比率が高い成分が多い場合には、その燃焼に必要な酸素量が増える。一方、水素の比率が高い成分が多い場合には、その燃焼に必要な酸素量が減少する。

エタノールは酸素を含むた

噴射装置である。この燃料噴射装置は、従来のキャブレターに替わるものとして開発された。自動車の排ガスによる大気汚染が社会問題になって排ガス規制が強化され、それをクリアするには空気と燃料の混合比を一定に保つ必要があったからだ。自動車は多様な環境で使われ、エンジンの運転状態も常に変化する。このようなさまざまな使用環境と運転状

ホンダは電子制御のみの製品であるロボットを作ってしまった

め、ガソリンより必要な酸素量が少ない。このため、エタノールを混ぜたバイオガソリンの理論空燃比は、ガソリンより小さい値になる。つまり、バイオガソリンでは濃い混合気となり、1ℓあたりの燃費は増大する。

三元触媒の仕組み

三元触媒は、排ガス中に含まれる有害三成分の炭化水素と一酸化炭素と窒素酸化物を同時に処理する。炭化水素と一酸化炭素を窒素酸化物で酸化し、窒素酸化物を炭化水素と一酸化炭素で還元する。

この化学反応を促進するのが、白金やロジウムやパラジウムなどの触媒金属である。一般的に化学反応は高温で起きるが、触媒金属はそれより低い温度で反応を促進する。触媒は化学反応の前後で変化しないが、なぜか化学反応を促進するのだ。

白金やロジウムやパラジウムは貴金属であるから高価だ。そこで、これらの触媒金属は

態のもとで空気と燃料の混合比を一定に保つため、電子制御燃料噴射装置が開発された。

電子制御燃噴射装置では、まず吸入空気量をセンサーで測定する。その測定方法は2種類あり、吸入空気量を直接重量で測定する方法とエンジン回転数と吸気マニフォールド負圧から吸入空気量を計算する方法だ。これらの方法を使って吸入空気量を測定し、コントローラーは空気と燃料の比が理論空燃比の14・7対1となるように燃料の噴射量を計算し、噴射弁に指令を送る。噴射弁はコントローラーから指令された量の燃料を噴射する。

電子制御燃料噴射では、排気系にもセンサーが設けられている。それは排ガス中の酸素濃度を測定する酸素センサーだ。酸素センサーの内外面はそれぞれ外気と排ガスに触れており、両者の酸素濃度の差に応じて電圧を発生する。酸素センサーからの電圧を受け取ったコントローラーは空燃比の偏りを検出し、次の燃料噴射量を補正する。

このように空燃比を理論空燃比に保つのは、排ガスの浄化装置に三元触媒を使うからだ。三元触媒は排ガスに含まれる一酸化炭素と炭化水素で窒素酸化物を還元することで、逆にいえば窒素酸化物で一酸化炭素や炭化水素化を酸化することで、排ガスに中の有害三成分を浄化する。この三成分を過不足なく排ガス中に存在させるには、理論空燃比を保つ必要がある。現在のガソリンエンジンは、以上のような電子制御燃料噴射装置と三元触媒を組み合わせ、排ガスを浄化している。

シフトショックと燃費が改善

エンジンの次に電子制御が採用されたのは、AT（トルクコンバーター式自動変速機）であろう。１９８０年代初期、従来の油圧制御に替えて、ATの変速制御に電子制御が採用され、ATの問題点が大きく改善された。

ATの電子制御は、各種センサーとコントローラーとアクチュエーターから成るのは他

微粉末にし、蜂の巣状に多数の孔が設けられたセラミック製の触媒担体に塗布する。排ガスはこの孔を通ってその表面の触媒金属と接触する。この時、排ガス中の有害三成分が同時に処理される。

燃料カット制御

電子制御燃料噴射には、混合気を理論空燃比に保つ以外にさまざまな制御があり、その一つが燃料カットである。燃料カットは、ATのシフトショック低減、速度及び回転数リミッター、減速時の燃費低減などに使われる。

ATのシフトショックは、主としてシフトアップで生じる。シフトアップでは、エンジン回転数が急激に低下するが、一方でドライバーがアクセルを調節しないため、加速度が急変する。そこで、燃料噴射を停止し、エンジン出力を一時的に弱める。

速度と回転数のリミッターは、最高速度を抑制しエンジンの過回転を防止する制御だ。

の電子制御と同じだが、アクチュエーターが変速を直接行うわけではない。アクチュエーターは油圧を制御し、その油圧が補助変速機内部のクラッチやブレーキを作動させることで変速する。したがって、ATの電子制御は、電子制御と油圧制御を組み合わせた電子油圧制御ともいえる。

ATに電子制御を導入することで改善されたのは、シフトショックと燃費である。油圧制御ATは、特に大排気量車でシフトショックが大きく、MTに比べて燃費も劣っていた。変速ショックはエンジンとの協調制御によって大きく低減されたが、それは既にエンジンに電子制御が導入されていたため可能になった。変速ショックを低減するには、変速時にエンジン回転数を合わせ、エンジン出力も調整する必要がある。電子制御が導入されたエンジンでは、これらの調節が容易にできる。たとえば、エンジン出力の調節では一時的に燃料をカットしたり、点火時期を遅らせたりする。

燃費の低減は、トルクコンバーターのロックアップや減速時の燃料カットで実施された。トルクコンバーターは発進時にスリップすることでトルクを拡大するが、一定速度で走行している時にも少なからずスリップしている。このスリップをロックアップクラッチで止め、エンジンの無駄な回転を防止する。

減速時の燃料カットは、ロックアップの導入によって可能になった制御だ。燃料カットするとエンジンが停止するが、ロックアップすると駆動輪がトルクコンバーターを介してエンジンを駆動するので、エンジンの停止を防止できる。ただ、停車するまで燃料カットを続けるとエンジンも止まるので、停車直前に燃料カットを中止する。

燃費低減のためには、できるだけ低車速まで燃料カットするのが効果的だが、4気筒エンジンではその回転変動がボディに伝わり、不快な振動となる。そこで4気筒エンジン車

日本車の速度リミッターは、車速が時速180㎞を超えると燃料供給を停止し、回転数リミッターはエンジン回転数がレッドゾーンに入る前に、燃料供給を停止する。

トラクションコントロール

トラクションコントロールは駆動輪の空転を防止し、走行の安定性を確保する制御だ。車輪速センサーで駆動輪と被駆動輪の回転速度を比較し、駆動輪の回転速度が被駆動輪の回転速度より速い場合にはエンジン出力を低減して、駆動輪の空転を止める。

エンジン出力を低減する手段は複数あり、点火時期制御、燃料噴射の間引き、スロットル開度制御などが使われる。ＦＦでは当初、燃料噴射の間引きや点火時期制御が使われたが、ＦＲでは駆動輪の空転を早期に止める必要があり、スロットル制御やブレーキ制御が導入された。

今では、電子制御スロットが普及したため、スロットル

には、わずかなスリップを許すロックアップが採用されている。わずかなスリップでエンジンの回転変動を吸収しつつ、燃料カットによるエンジンの停止を防止する制御である。

　このように、ATに導入された電子制御は変速ショックと燃費の低減に役立った。

航空機が先行したABS

　ブレーキ装置における電子制御の代表例は、ABSだ。ABSは車輪のロックを防止することで、ブレーキの効きを最大限に維持しつつ、ステアリング操作を有効にする。実は、ABSの採用は航空機で先行した。それは、雨天での着陸時の安全性を確保するためであった。航空機のABSは当初、ブレーキ油圧を機械的に高速で上げ下げし、断続的な制動によって車輪のロックを防止するシステムであった。が、自動車のABSは、電子制御を導入した、より高度なシステムである。

　ABSでは、センサーとして車輪速センサ

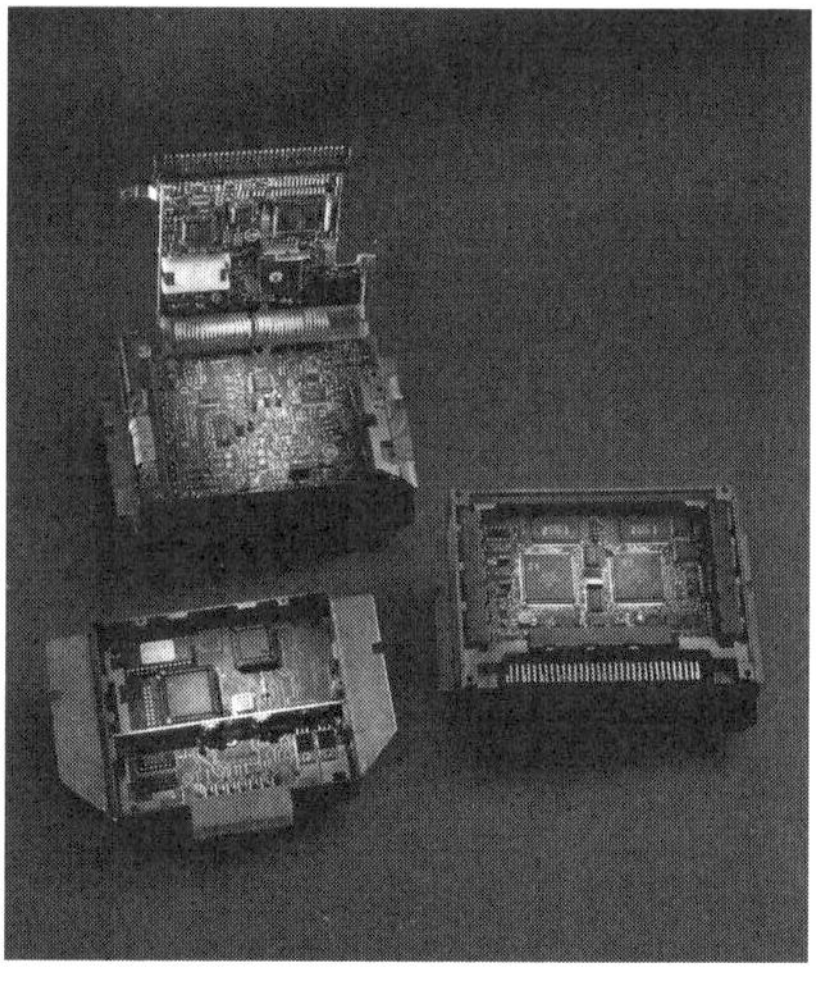

ーが、アクチュエーターとして電磁バルブと油圧ポンプが使われる。4輪それぞれに設けられた車輪速センサーが各輪の回転速度をコントローラーに伝え、コントローラーは各輪の車輪速を比較し、実際の車両の速度を推定してロックしつつあるか否かを判定する。

　ある車輪がロックしつつあると判断すると、その車輪の電磁バルブに指令を送る。電

制御が主流であり、FFでもブレーキ制御を導入している。電子制御スロットルはオートクルーズにも利用できる。

横滑り防止装置（ESC）

　横滑り防止装置（ESC＝エレクトロニック・スタビリティ・コントロール）は、左右で独立したブレーキ制御によって、車両の向きを制御する装置だ。ESCはメーカー毎に名称が異なり、ESP、VSC、VDC、VSA、ASCなど様々な名称が付けられているが、内容は同じだ。

　ESCは、左右で独立した自動ブレーキによって車両の向きを制御する。旋回時にアンダーステアが発生すると、内側の車輪に自動ブレーキをかけて車両をコーナーの内側に向け、オーバーステアが発生すると外側の車輪に自動ブレーキをかける。旋回時にブレーキ力で向きを制御できるのは、タイヤの横力に余裕がある時、その余裕を制動力に使うと効果が高いからだ。

磁バルブは油圧を抜くことでブレーキ油圧を下げ、車輪のロックを防止する。車輪の回転速度が回復すると、ブレーキ油圧を元に戻して制動力を回復する。ABSは、このようにブレーキ油圧の上げ下げを高速で繰り返すことで、制動時の車輪ロックを防止する。このブレーキ油圧の変化はブレーキペダルに伝わり、ドライバーはABSの作動を実感できる。

意識しないが重要な働き

アクチュエーターのない電子制御もある。それは、自動防眩ミラーだ。自動防眩ミラーは、後続車のヘッドライト光の反射を低減するミラーである。自動防眩ミラーには可動式と反射率可変型があるが、後者がアクチュエーターのない電子制御デバイスだ。

この自動防眩ミラーでは、ミラーガラス内部に光透過率が変化する特殊な層が設けられ、後続車のヘッドライト光をセンサーが検出すると、この層に電圧を加えて光の透過率を下げる。後続車のヘッドライト光が当たるたびに角度が変わる可動型と異なり、その作動が煩わしくないのが利点だ。

電子制御は以上のように、自動車のさまざまな部分に使われている。乗車中にその作動を意識しないが、その働きは水面下で足を忙しく動かしている水鳥のごとくである。

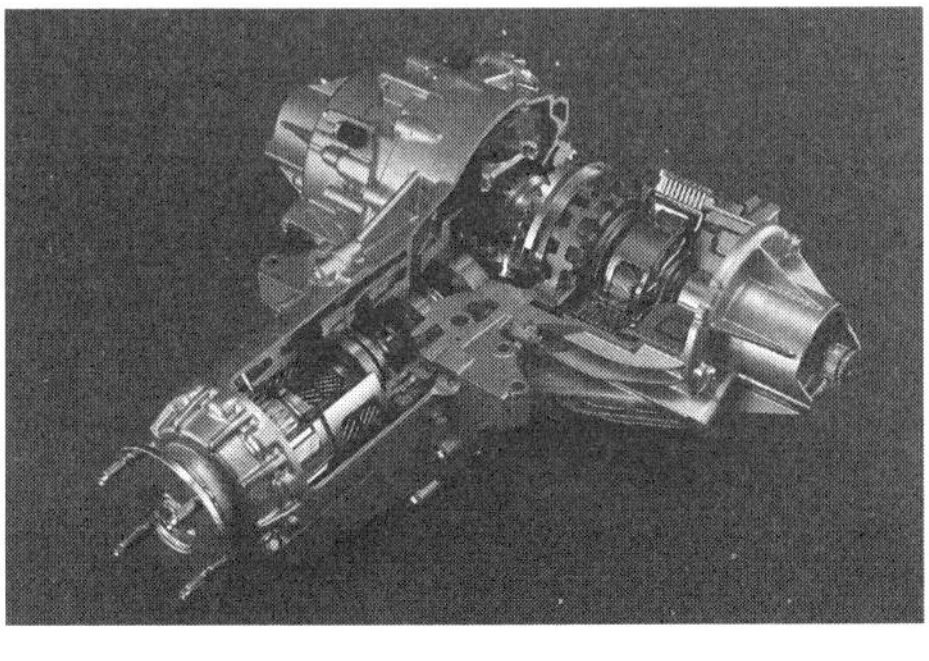

AYCとSH-AWD

左右で独立したブレーキ制御の代わりに、左右で不等の駆動力によっても車両の向きを制御できる。三菱のAYCとホンダのSH-AWDは、ともに四輪駆動車の後輪でそれを実現したものだ。

左右で不等の駆動力による制御には、特殊な差動装置が使われる。AYCではトルクトランスファーデフが用いられ、SH-AWDでは2セットの多板クラッチでそれぞれ左右輪に駆動力を伝える。

トルクトランスファーデフとは、いったん左右に駆動力を等分し、その後左右で駆動力の一部を移し換えるデフであり、片方の駆動力が減少した分、他方の駆動力が増える。

SH-AWDでは、2セットの多板クラッチの契合状態によって左右輪の駆動力配分を調節する。クラッチの契合が強い側では駆動力が大きくなり、クラッチの契合が弱い側では駆動力が小さくなる。

第3章 デザイン編

監修＝大川 悠

「カッコいい」の理由を知りたい――
自動車の見方がわかるデザイン基礎知識

カッコいいクルマに乗りたい――誰もがそう思います。
でも、カッコよさとは何かと聞かれると、うまく答えられません。
馬車の模倣から始まったクルマの形は、今では大きく変貌しています。
実は機能や性能とも大きくかかわっているのが自動車デザイン。
形を見るための基礎知識を学んでいきましょう。

01
デザインとは何か

まずは、「デザイン」という言葉の意味するところを探る

a デザインの意味
b デザインをとりまく制約

02
クルマのデザイン用語基礎知識

クルマのデザイン用語に親しむために外観を見ながらアウトラインを学ぶ

a ボディ形式
b 横から見る
c 前から見る
d 後ろから見る
e 窓とドア、屋根と柱
f 面と線、パネルとライン

03
実践的デザイン批評レクサスLSをサンプルに

実際のクルマを前にどこを見ればいいのか、対話の中で解明する

a シルエットを並べてみよう
b フロントフェイスの特徴を知る
c リアビューに込められたデザイナーの意志

特別エッセイ

カタチこそイノチ＝自動車デザイン入門

大川 悠

「カッコイイ！」

路上でクルマを見かけた時に発せられる言葉で、一番多い表現は多分これだろう。大人も子供も男性も女性も、クルマ好きもあまり興味がない人も、「カッコイイ」という言葉を使う。

「カッコじゃない中身だよ」と何につけても言いたがる人は多いから、クルマの場合も「カタチなんかにとらわれるのはシロート。大切なのはメカや性能だぜ」としばしば言われる。自動車を論評する人やメディアは少なくないが、走りや機能を語っても、そのカッコウ、つまりデザインについて口を出すことは少ない。「デザインは好き嫌いの問題だから論評しない」とか「形はクルマの本質ではない」とまで語って逃げられることもある。

でも、声を大にして言おう。「カッコはクルマの大きな魅力の一つだ！」「大半の人はカッコに惹かれてクルマを選ぶ」「デザインというのは自動車にとって、最重要要素の一つなのだ！」「デザインを知ることは、クルマを知ることなのだ！」。

いうまでもなくクルマは機械であるだけでなく、現代を代表する商品である。人はさまざまな理由からそれを選ぶが、その時にかなり大切なのは、見栄えやみてくれである。クルマというのは、着ているモノや持っているモノと同様、ファッション・アイテムにも近い。なぜなら、買った人はそれに乗って路上という社会に出る。そして社会の中でいやでも他人の視線を受ける。つまりは自己表現手段なのだから、そう思えばやっぱりカッコウ、つまりデザインはとても大切なのだ。

それなのにデザインがこれまで比較的語られてこなかっ

たのは、まあ私たちメディアの責任が最も大きい。どうしても「好き嫌い」の判断に逃げてしまうことが多かった。そして、きちんとデザインを分析し、それを言語として整理し、その上で表現し、最終的には評価までする、そういうロジックの体系をきちんと整理、確立していなかったからだ。

　また特に戦後の近代主義、機能主義精神の下では、格好ではなくてその機能が何よりも大切だという考えが主流だった。デザインは優れた機械の表面を素直に覆う外皮でいい、そのような考えが長く社会に漂っていたことも背景にある。

　デザインをする側、つまり主にメーカーにも責任があった。エンジンやサスペンションなどの他の部分は、技術用語もその論理も分析評価方法もすべて国際的に整然と秩序だてられて技術の論理体系が確立しているのに対し、デザインにはそれがほとんどなかったからである。用語類もボディの部分を表す名称こそあっても、面や線に関する表現はおろか、その部分名称もメーカーの間では統一されていない。ということは、それより先のデザイン本来のもの、つまり形や線や面の形成方法、それによってできあがったモノが、人の目にどう見えるかという時に必要になる表現言語も、当然ながら曖昧なままだった。せいぜい「丸い、四角い」「硬い、柔らかい」という程度の、簡単な形容詞ぐらいしか存在しなかったのである。

　そうなるとデザインの良否優劣の判断、デザイン評価の基準も明瞭性や統一性を失う。だから場合によっては売れるデザインがいいデザインとされていたし、一般的にわかりやすく人気が高いクルマのカタチがいいと思われ、メーカーもしばしばそういうクルマのデザインを追いかけたりもしている。また機能を優先したドイツ車のデザインや、古典的なエモーションを重視したイタリア車の形が、無条件に高く評価されることもある。

　世界中の人が、「カタチこそイノチ」と考えているのだが、それはクルマでも変わらない。デザインこそ自動車の最大の魅力なのだ。だからもっともっと真面目にデザインを勉強してみよう。いいデザインは何なのか、きちんとした知識と見識を持とう。

Car Design

01

デザインとは何か

まずは、「デザイン」という言葉の意味するところを探る

a デザインの意味

デザインという言葉は、もともとはデッサンなどと同様にラテン語のdesinareを語源としている。これは「計画や考えを記号や図形にする」という意味で、これがデザインの基本的な意味を示している。

つまり頭に描かれた人の思考や空想、心的なイメージなど、言い換えれば抽象的なことや形而上のものを実際の図面や図形、あるいは形、物体として具体化することのすべてを指す。だから広い意味では設計や計画、基本レイアウトまでデザインと称されるし、デザイナーといえば設計者や企画者、あるいは思想家までをも意味することもある。

さらに現代では学校教育でも実際の仕事の現場でもグラフィック・デザインやインダストリアル・デザイン、アパレル・デザインなど、いわゆるビジュアル系のデザインだけでなく、メディア・デザイン、コミュニケーション・デザイン、デジタル・デザインなど、その領域は非常に拡大し、また多様化している。

もう一つは狭義な意味でのデザインという言葉で、これは形、形態、あるいは意匠を指す。日本の自動車会社で、かつてデザイン部門は意匠部などと呼ばれていたのだ。英語で言えばスタイリングとなるが、クルマに関してはその外形あるいは外観（内装も含む）である。もっと一般的には格好と表現される。

ここでは、主としてこの狭義な意味でのデザインについて語りたい。

レクサスLS600hを題材にする理由

本章「デザイン編」の解説にあたっては、実写のビジュアルが不可欠である。そこで今回は、レクサスLS600hを題材に論を進めたい。

レクサスLS600hを選んだのは、以下の理由による。

まず、このモデルが最新のメカニズムを内包しているという理由があげられる。「デザ

とはいえ、忘れてならないのはデザインというのは単なる形、形状ではないということだ。そこに芸術的、美術的な精神が入っていなければならない。抽象的な概念を具象化するときに、できあがった形が人の気持ちに訴えたり心を魅いたりするように、デザインする人であるデザイナーは美的感覚を込めなくてはならない。つまり単なる形ではなく、商品としてユーザーに呼びかけようとする形という意味が、デザインという言葉の根幹にある。

イン論にメカニズム?」と訝しがることなかれ。後述するが、デザインとメカニズムは切っても切れない関係にあり、最新のデザインを語ることは最新のメカニズムの理解なしには不可能なのだ。

　ハイブリッドシステムや高度に電子制御化された安全装置を搭載するレクサスLS600hは、現時点で世界最高のメカニズムを備えた1台といっても過言ではない。

　また、新興プレミアムブランドとして世界市場に打ってでるレクサスのデザイン言語は、デザイン論と不可避の関係にあるブランド論を語る上でもよき題材となる。

　たとえば、写真に示したように、キーの形、色、質感などまで高度に「デザイン」しなければ、現在のプレミアムブランドとしては失格の烙印を押されてしまう。ちなみに、レクサスLS600hのカードキーは他のLSとは異なり、ハイブリッドを意味するブルーが用いられる。

b デザインをとりまく制約

さらにデザインは、少なくともここで語る商品造形としてのデザインは、ごく一部を除けば基本的には純粋なアートとはちょっと違っており、いわゆる芸術作品を創造する行為とは違う。消費者という不特定多数を対象に、量産品として複数が製作されるという前提がある。したがって、さまざまな要因や条件や制約が、デザインを決める。

A＝機械的、機能的要因

これはクルマに限らず大半の商品デザインでもっとも大切な要因である。自動車のような工業商品の場合、基本的にデザインは機械を覆う外皮だと考えるなら、すべては機械が前提にあることが理解されるだろう。しかもクルマは動く機械であり、それも非常に複雑な機能を発するものなのだ。それをすべて実現させるのがデザインである。したがってデザインは相当な部分、機能を優先に考えなくては成り立たない。

B＝実現性という要因

数台にしろ何万台にしろ、クルマはたいていは複数作られる。だから、一定程度の数を作ることが可能でなければならない。実際に製造できるのか、それも現実的なコストの中でできるのか、またその素材が実際に量産に適するのか。クルマは比較的製品寿命が長く、しかもあらゆる環境や気象状況下で使われるが、その中で素材が初期の性能を保ち得るか、さらには補修や修理の時に面倒はないかというものが現実性要因である。もっと難しいのは法律であって、その製品が使われる市場の法律（安全性、リサイクル対応など）に合致させなければならない。それも大きな制約要因となる。

C＝経済的要因

いくら機能を損なうことなく、また製造上や法律上に適した造形であっても、コストがかかりすぎるなら商品として成り立たない。

デザインにおけるコストはいくつかの側面がある。材料や素材のコスト。また製造にかかるコストも問題になる。たとえばデザイナーが欲するとても繊細なボディ・パネルの曲面を作り出すことだけでなく、そのパネルを他のボディパネルと隙間なく組み上げようとすると、非常に高く付くことがある。前述した市場の法律に合わせてごく一部の形を変えるだけで、実際の製造現場では相当な出費が必要になることもある。特に室内の素材やその素材に合った造形などを実現する段階で、コストの壁は想像以上に高い。

D=社会的要因

簡単にいえば、売れるか売れないかということである。いくら良いデザインでも、売れなくてはまったく意味がない。市場に必要とされねばならないが、その市場というのは顧客個々人の判断にかかっている。そしてその判断は、社会状況に大きく左右される。またユーザー個々人の好み以前に、流通段階での扱われ方や宣伝広告などにも左右される。単に顧客の心をつかむかということだけでなく、その顧客の気持ちはどのような要因で左右されているのか、さらにやその顧客まで情報がうまく届くのか、そのような商品を取り囲む状況すべて含めてここでは社会的要因という言葉を使っておこう。

レクサスLSの
デザイン的制約について

デザインを取り巻く制約のなかで、「機械的、機能的要因」を考えると、レクサスLS600hはなかなかに制約が多いモデルである。

写真をご覧いただきたい。まずボンネットの内部には、排気量4968ccのV型8気筒エンジンが積まれる。そしてその横に、ハイブリッドシステムのパワーコントロールユニットが備わる。

トランクルームに目を移せば、ニッケル水素バッテリーがかなりのスペースを占めている。

つまりレクサスLSというクルマは、ハイブリッドモデルであるか否かを問わず、この看過できないサイズの機器を積むことを前提にデザインされていたということになる。これはデザイナーにとって制約が厳しい仕事だったと思わざるを得ない。

Car Design

02

クルマのデザイン用語基礎知識

クルマのデザイン用語に親しむために外観を見ながらアウトラインを学ぶ

クルマの用語は多いが、デザインを知るためにはまず言葉から。それもわかりやすい外観から。外から見たクルマの形である。

a ボディ形式

まずクルマのボディには各種の形式がある。これは用途別、性格別に多様化しているのだが、もともと自動車は馬車から発達したがゆえに、馬車時代の言葉がかなりそのまま使われている。しかも歴史の過程で、主としてヨーロッパ各国の馬車形式用語が入り乱れてしまい、かなり複雑になっている。

たとえば戦前から１９５０年代ぐらいまでは、イギリス式、ドイツ式、アメリカ式など厳格に使い分けられていて、それぞれ固有の名称があったのだが、クルマが国際化するにつれてその区別もかなり曖昧になっている。

これに関しては膨大な説明が必要になるために、Ｐ65の写真を参照してほしい。この場合も、厳密に言えばもっと細分化しているのだが、メーカーによっても言語の定義が異なっているために、あくまでも一般的な用語定義である。

ボディ形式以外では、クルマの印象を決めるのに大きな役割を果たすのは、シルエットである。つまり長さ（全長）や幅（全幅）、そして高さ（全高）が最重要。いってみるなら大きさそのもので、外寸という。また次にその外寸に対する各部の寸法や比率の割合がデザインを大きく左右する。

ここでは主としてこの面から説明しよう。

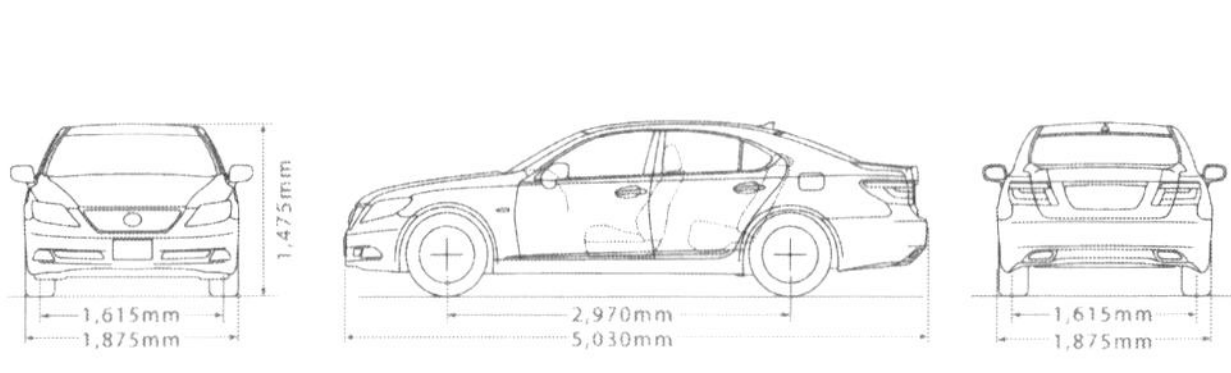

b 横から見る

まず横から見た場合に大切なのはキャビン（乗員が乗る部分）の位置や長さ、前後の車輪間の距離（ホイールベース）と全長の関係など。前者はキャビンが相対的に小さいと、軽快でスポーティな印象になる。それもキャビン部分が比較的後ろにあると古典的なスポーツカーのイメージになる。

この場合、先端からキャビンの前端までがクルマの鼻にあたるとして、しばしばノーズと称される。その上の部分はボンネットと呼ばれる。それは、大半のクルマではこの部分にエンジンが入っていてそれを覆うためで、「婦人の帽子」を意味する言葉を転用しているのだ。ただしイギリスではフードと言う。

一方、キャビン後端からクルマの最後端までの部分はノーズに対してテールともいうし、上辺はデッキと呼称される。これは船の甲板などからきた言葉だろう。さらにこの部分は大抵の場合荷室に使われるために、その場合はトランク部分と呼ばれることもある。ここでもイギリス語は違っていて、ブートという言葉を使う。

同じ横からのプロフィルでもう一つ大切なのがタイヤの位置。横から見た場合のボディ両端と前後タイヤとの間をオーバーハングという。つまり張り出し部分というわけ。前はフロント・オーバーハング、後ろはリア・オーバーハングと呼ぶ。この部分の比率が、クルマの印象を強く決める。

前が短いと軽快、スポーティに見え、後ろが長いとエレガントに感じられることが多い。また前後とも短いと、スペースが有効利用されているように見えて機能的な印象を残す。

ボディ・サイズについての考察

真横から見たレクサスLS600hの外寸図を見ると、全長が5030㎜、ホイールベースが2970㎜となっている。

ここで、LSのライバルたちの数字を列挙してみよう。

・BMW7シリーズ（全長5040㎜、ホイールベース2990㎜）
・メルセデス・ベンツSクラス（全長5075㎜、ホイールベース3035㎜）
・アウディA8（全長5055㎜、ホイールベース2945㎜）

ここでひとつ理解できるのは、現代の自動車にあっては同セグメントにある場合は極めて近いサイズになるということである。

同時に、非常に接近したサイズの中で他ブランドと差別化を図らなければならない。よってデザイナーの責任は重大なのだ。

c 前から見る

今度は縦側、つまり前後から見てみる。この場合、いくつかの重要な要因がデザインを決める。ヘッドランプ／テールランプ、グリル、バンパー、全幅とトレッドの関係、キャビン部分とノーズ部分の関係などがそれだ。

中でも人の気持ちを大きく左右するのが、ヘッドランプとグリルである。クルマの前の表情をフェイスと呼ぶように、人はどうしてもクルマのフロント部分を人の顔になぞらえてしまう。いうまでもなくランプが目であり、ノーズ先端は鼻、そしてグリルは口である。フェイスのデザインは人に与える印象が強く、個人的な好き嫌いが一番出やすいところである。

近年、光学技術が発展し、プラスティックの成型もかなり自由になった。そのため、ヘッドランプのデザインの自由度も格段に上がったのである。フェイスの印象をどう強めるかが、各メーカーともデザインの大きな課題になっている。また、最近のクルマはほとんどがヘッドランプとウィンカーなどの補助ランプが一体のケース（クラスター）に入り、しかも多くのクルマでこれがサイドにまで回り込んでいる。これは、単に空気抵抗を抑えることを狙っているのではない。最近世界中

顔であり、目である

本文にもあるように、人目をひきやすく、好き嫌いがわかれるのがクルマのフロントフェイスであるが、レクサスLSのそれはどうだろう。

まず、ヘッドランプには技術的に進んだLEDを用いている。これは量産車としては世界初である。結果として、いままでとは異なる造形が可能となり、目が「新しさ」を語っている。

ラジエターグリルは、欧米のライバルに比べればややおとなしい。これは「L-finesse」というレクサス独自のデザイン言語を具現したものだろう。つまり、「パワー（権力）」ではなく「繊細な美しさ」というテーマでデザインされたと考えられる。

で厳しくなってきた、対歩行者安全に対応することも目的となっているのだ。

グリルも大切だ。単に人の口のイメージというだけでなく、自動車の個性がもっとも強く出る箇所だからだ。それは本来エンジンの冷却部品たるラジエターのカバーとして発展し、クルマの機械性を最も象徴する部分となってきた。ラジエター・グリルのデザインでブランドを示してきた時期が長く、今でもそれは残っている。たとえば高級車の象徴たるロールス・ロイスのグリルはアテネのパルテノン神殿を模したものだし、メルセデスの格子パターンとその縦横比は世界中の高級車の見本になっている。ＢＭＷは戦前から2分割式グリルを使っていて、キャデラックは独自の格子をエッグクレート（卵ケース）と呼んでいる。

今日、世界中のメーカーがグリルとランプとの組み合わせでブランド・アイデンティティを明瞭にしようと懸命になっている。最近の流行りはグリルの開口部を大きく取り、それを周囲のモールなどで強調して力強さと強い印象を狙うというもので、アウディ、プジョー、フェラーリなどが採用している。バンパー部分がボディと分離せずに一体となったこともあって、グリルがバンパー部分を挟んで上下に繋がるようになったから実現したデザインである。

さらにグリルとノーズの関係もデザイン上は重要で、各社ともここに人の視線を集め、クルマの力強さを演出しようと造形している。ノーズが前方に向かってテーパーしながら降下し、その先端をグリルの枠でカットする、というのは昔からある手法だ。古典的なスポーツカーやレーシングカーのイメージを生かす意図で、今も使われる。さらに現代ではその左右のヘッドランプ上端から前のガラスに向けて走るプレスのラインや面もまた、重要なデザイン要素になる。ここにも前述したように、空力や歩行者安全も関連している。

世界初のLEDヘッドランプ

d 後ろから見る

フロントと同様にリア、要するに真後ろから見た造形も、デザイナーは気を遣う。これは高速道路などで追い抜かれたとき、あるいは町中で過ぎ去ったクルマを見たときに、人の気持ちに大きく印象に残るからで、特に造形上のキーとなるのはランプだ。車幅灯、ウィンカー、バックアップランプなどからなるテールランプで、通常はこれらがまとまっている場合が多い。

形だけでなく、色づかい（最近はＬＥＤが多用されたり、また消灯時は白いのに点灯時にオレンジになるものもある）、大きさや位置もデザイン上の大きな要素である。

前のグリルと同様、トランクの造形、リアデッキ後端のデザインも、全体の印象に強く作用する。空力のためにはリアデッキ後端を切り立った造形にする必要があり、トランクを開閉するときのパネル切断線とランプとの関係も考慮しなくてはならない。

e 窓とドア、屋根と柱

真横から見ても、前後から見ても、さらに全体を立体的に見ても、大きく見た目の印象を決めるのが窓とドアだ。特に窓は重要になる。というのも、ボディ大半を占める金属（あるいはプラスティック）パネルに対して、窓の部分はガラスというまったく違った素材であるからだ。建築物と同様、金属とガラスとの対比や調和が外観の印象を左右する。

ガラスは前はウィンドシールドもしくはフロントウィンドウ、後ろはリアガラス、そして横はサイドガラスなどと呼ばれるが、そのガラス部分を含むキャビン部全体をグリーンハウス（温室）と呼ぶこともある。またデザインの現場ではしばしばＤＬＯとも呼称される。Daylight Openingの略語で、グリーンハウスとはちょっと違って、基本的にガラス部分だけを指す言葉で、真横から見たシルエッ

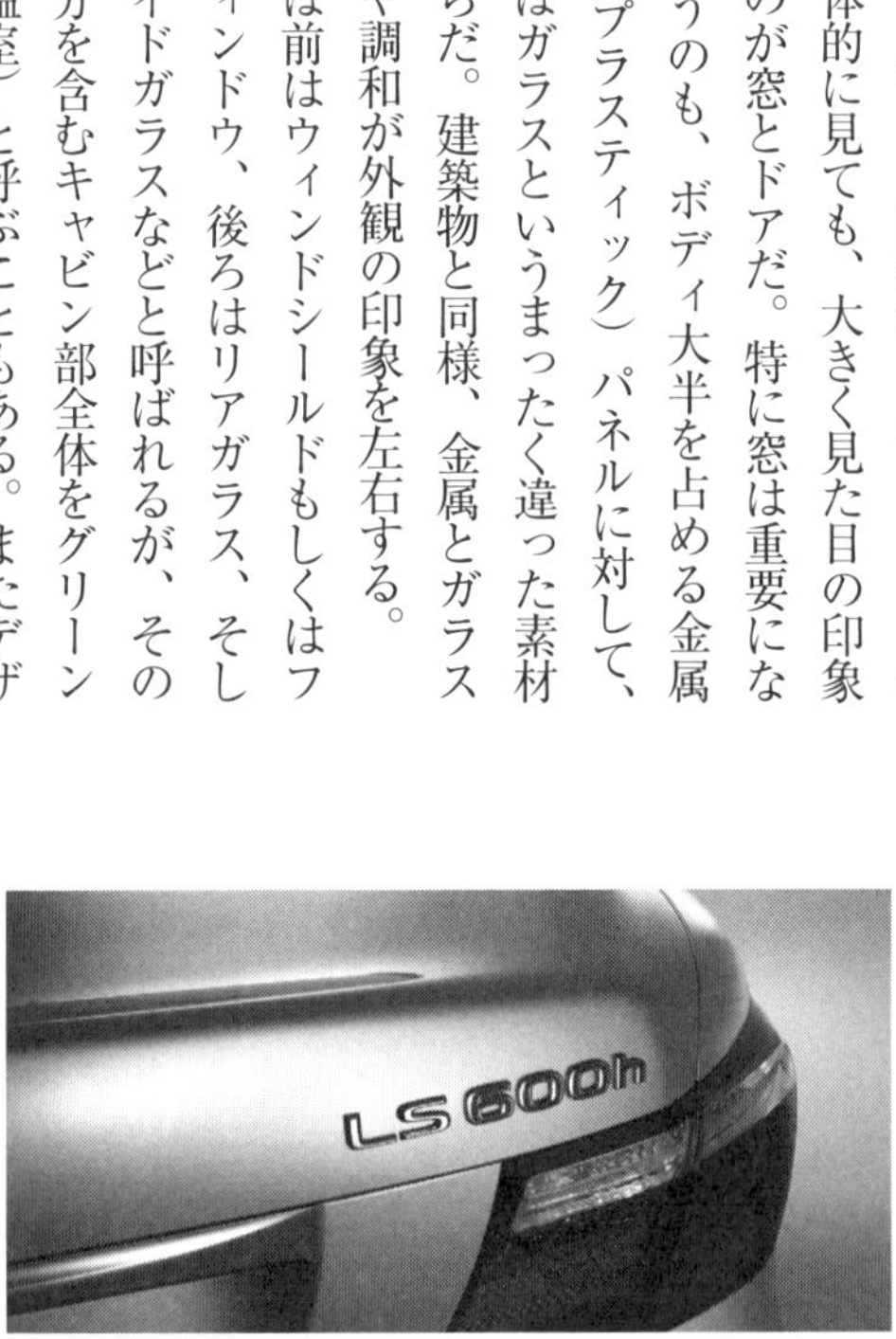

空力特性の向上、トランクスペースの容量拡大、またデザイン的流行など、いくつかの理由により、レクサスＬＳ６００ｈのリアデッキ後端は切り立った造形となっている。

トの時のガラス部分と限るメーカーもある。

ドアもまた大切である。基本的にはセダンの場合は2ドアか4ドアだが、ハッチバックは開閉式テールゲートを持つために3ドアとか5ドアとか称されるし、ミニバンの場合は後方のドアはスライド式が多く、乗降性を高めている。

いずれにしても、扉は乗員の乗り降りのためのものだが、デザイン的にはかなり印象を左右する要素でもある。ルーフやキャビンの造形を決めるし、同時にDLOにも関連する。

さらに意外と造形上に影響があるのはドアの切り欠き線、別な言い方を使うならドアパネルの縁の造形で、これは基本的に水平線が多用されたボディ側面にあって、縦方向に走るために、そのレイアウトには細やかな神経と丁寧な作りが要求される。

同じことは、柱にもいえる。ボディ下半分があり、ドアがあって上にルーフたる屋根がある以上、それを支える柱が必要になる。これは一般的にピラーと呼ばれ、クルマの進行方向の前からA、B、Cと区別される。

つまり前のウィンドシールド、あるいはフロントガラスを支えるのがAピラー、中央にあって前後席（前後ドア）を分割する部分でルーフを支えるのがBピラーで、通常はキャビン後端、リアドア上がCピラーとなる。これは普通の乗用車で、特にこの部分が幅広いものが多いが、そんなときにリア・クォーター・ピラーなどとも称される。

ただし、ミニバンなどリアドアのさらに後ろに独立したサイドの窓がある場合、また乗用車でもリアドア切り欠き部分より後ろ、つまりリアクォーター部分に小さな窓がつけられているとき、最後端のピラーはDピラーと称されることが多い。またこの種の乗用車の場合、真横から見るとサイドウィンドウが3つになるために、6ライトと形式上呼ばれる。ということは普通に前後サイドウィンドウだけの場合は4ライトである。

典型的な4ライトのレクサスLS。リアドア後端よりさらに後ろに窓があるクルマは6ライトと呼ばれる。

f　面と線、パネルとライン

　ここまでは前後左右から二次元的に見てきたが、周知のようにクルマは三次元造形で成り立っている。むろんデザインは立体で判断しなければならない。そしてその場合、大きく影響してくるのがバランスやサイズ感覚などだが、同時にパネルの表情やプレスラインによる演出なども重要な要素になる。

　ここでは、デザインに影響がある主要な面と線に関する言葉を簡単な説明とともに記す。

　ベルトライン。これはノーズ上面付近からキャビン部分とロワーボディ（ボディ下半分）のつなぎを通って、リアデッキ方向に流れるラインをいう。つまりサイドガラスの下のラインで、ボディ部分とルーフ部分の分割線となっている。ここで視覚的にクルマは上下二分割されるから、造形的にとても大切になる。以前はウェストラインとも呼ばれ、メーカーによっては別な呼び方もあるが、もっともわかりやすい言い方としてベルトラインをここでは使う。

　最近、このベルトラインの位置はどんどん高くなり、しかも水平に流れずにその上下方向に軽いアーチを描くのが多い。言い換えると、ボディ下半分に対してルーフ（とＤＬＯ）が薄く、ＤＬＯが弓なりになっている。このデザインが増えた理由は、技術的にはドア部分を上下に厚くとることでサイドインパクト（横からの衝突時）の際の安全性が高まるということもある。

　だが、実際はむしろ時代の趨勢、つまり流行という要素のほうが大きい。同じ全高でも、ベルトライン位置が高いほうが低く見えるし、何となく力強い印象も出しやすい。最近、世界のクルマの幅が広くなっているが、その造形とのマッチングもいい。また何となく先進的で未来的な感覚を与えるということもある。実際にデザイナーにアイデアスケッチを描かせると、大半は厚いロワーボディの上に

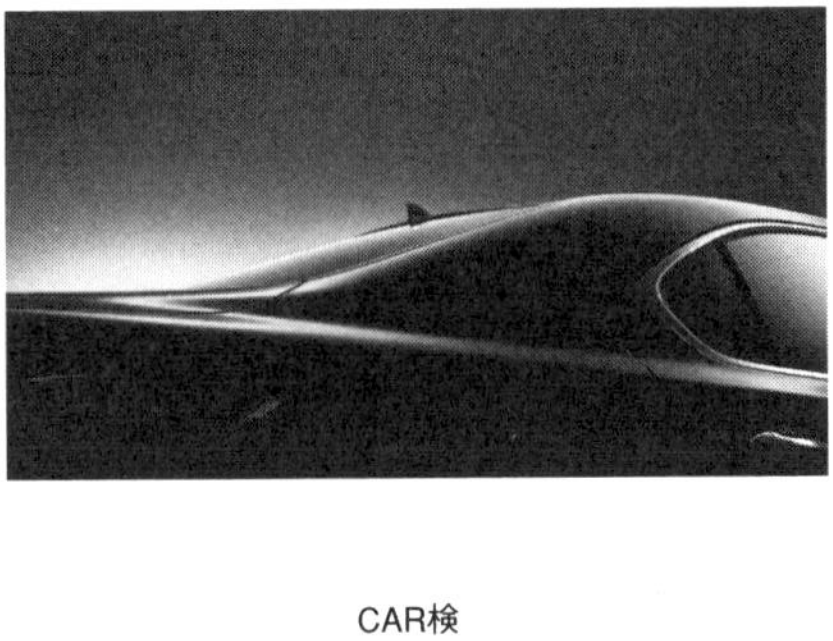

レクサスLSのベルトライン。ボディとルーフを分割するラインであるが、位置が高く、また後方に向かうにつれて上に向かっている。このあたりは本文にもあるように、近年のトレンドである。

薄いキャビンを載せたような形にし、ベルト部分の円弧を強調する。

ベルトラインが高まってアクセントになってきたのに呼応して、ショルダーラインも立体的かつ目立つようになってきた。これはベルトラインの下、ドアの一番厚くなる部分を水平基調に走るプレスラインで、多くはヘッドランプ上部からボンネットに表情を与えながらドア方向に走り、リアランプ端までつながり、あるいは途中でパネル面に吸収される。前から見ると人の肩のようにボディ外側に張り出していることから、ショルダーと呼ばれる。クルマに表情や個性を出しやすい部分なので、各デザイナーとも苦労する。

これに似たものでキャラクターライン、あるいはサイドラインがある。ショルダー部分、もしくはその下を走る前後方向のプレスで、鋭く折れ曲がったり、大きく抑揚がつけられたりする。これによってドアパネルなどに凹凸面が生じ、それが光を受けることで独特の造形的魅力を出す。歴史的には昔、タイヤのカバーがフェンダーとして独立していた時代のイメージを追った面もあり、クルマ特有の力強さやエレガンスなどを出すために使われるが、同時にサイドのドアパネルなどの剛性向上にもなる。

その下のホイールアーチと呼ばれるタイヤのための切り欠きもデザインの重要なポイントで、特にその縁を盛り上げることにより（ホイールフレア）、足下を力強く見せようとしている。加えて前後のホイールフレアを繋ぐようにボディ下端に沿ってパネルを張ることもあり、サイドスカートなどと称される。

このようにサイドを中心としたパネルやラインは、視覚的にクルマの重心を低い位置に持ってくるという効果がある。要する、にレーシングカーのようにより低く見せたいというわけである。

レクサスLSではベルトラインとショルダーラインがほぼ共通し、その下のドアハンドルより下にキャラクターラインが走る。その上下のパネルはネガティブ曲面。

Car Design

03

実践的デザイン批評：レクサスLSをサンプルに

実際のクルマを前にどこを見ればいいのか、対話の中で解明する

登場人物

先生＝かつて自動車専門誌の編集長を務めた自動車通。特にデザインに関してはクルマから建築まで精通した人物。カーデザイナーや建築家の友人も多い。

生徒＝先生の甥で、カーデザイナーを志す高校３年生。クルマには興味があるけれどデザイナーという言葉に憧れているフシもあり、今回は叔父からカーデザインの基本を教わる。

a シルエットを並べてみよう

先生　それじゃあ、レクサスの最新モデル、ＬＳ６００ｈを実際に見ながら話を進めよう。比較対象としてメルセデス・ベンツＳクラス、ＢＭＷの７シリーズ、アウディのＡ８を用意したので、まずは真横からのシルエットだけを比べてごらん。この４台、見分けはついたかい？

生徒　難しいですね……。僕には区別がつきません。

先生　見分けるためのポイントをいくつか伝授しよう。まず、全長に対するタイヤの位置をチェックする。前輪の中心から前の部分をフロントオーバーハングと呼ぶけれど、この長さがそれぞれ違うはずだ。

生徒　４台のうち、オーバーハングが一番長いクルマははっきりと区別できます。でも、残りはほぼ一緒で、区別できませんね。

先生　とりあえず、そこまでわかれば充分かな。フロントのオーバーハングが一番長いのがアウディだね。アウディＡ８には４ＷＤも

考えるヒント

次ページに正解が掲載されるので、ここではじっくりと考えていただきたい。

まず、前述したように現在の自動車産業においては同セ

設定されているけれど、基本的にはＦＦをベースに作られている。だから、ＦＲをベースに作られた他の3台とは基本構造が異なるんだね。

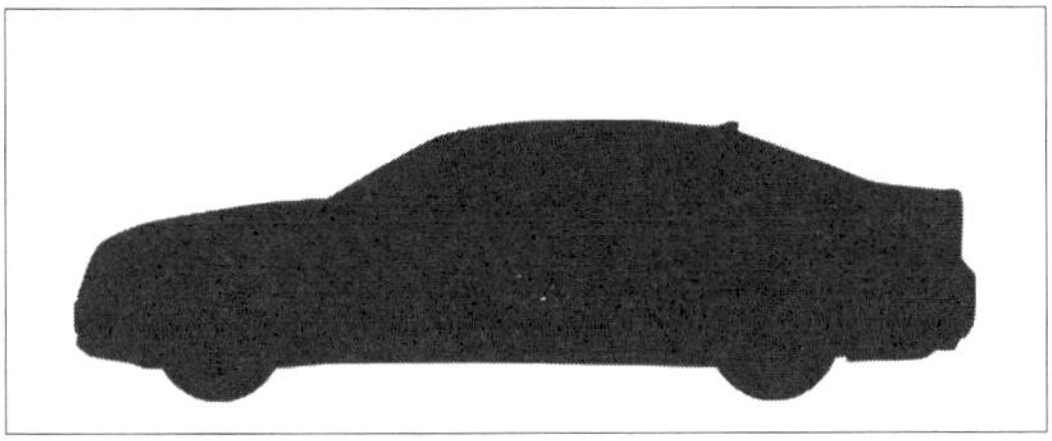

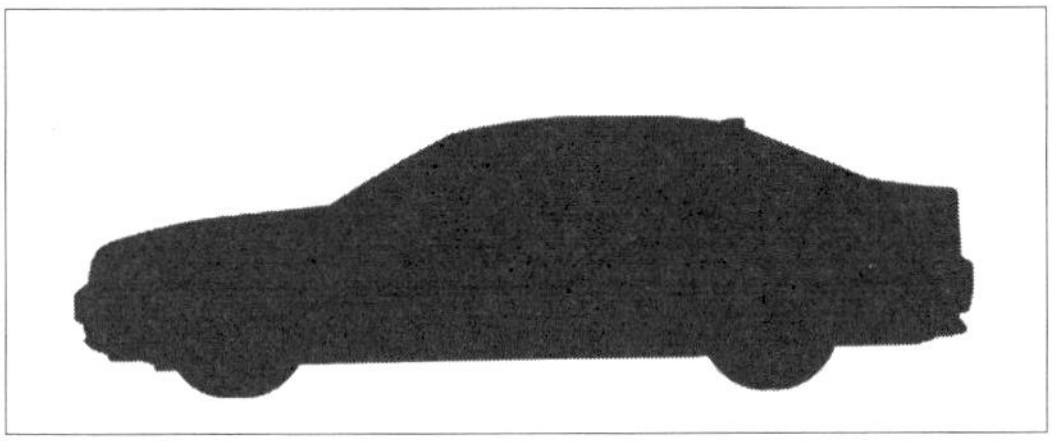

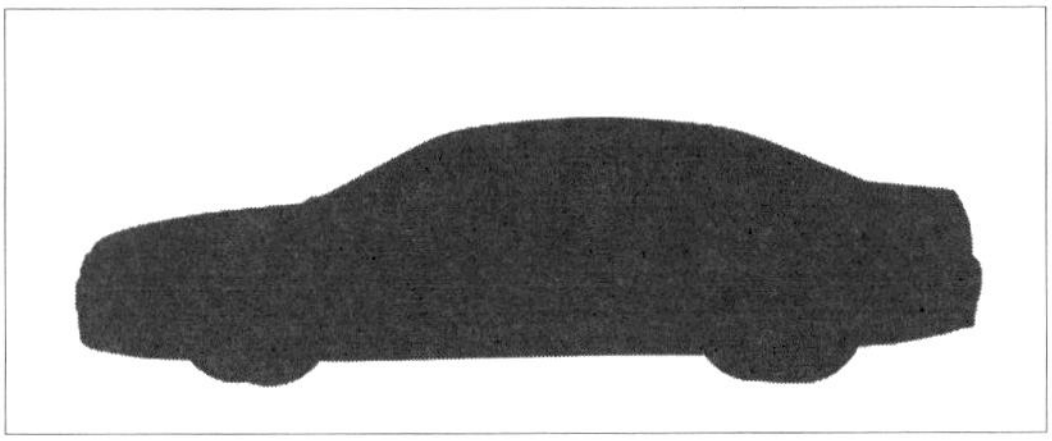

グメントに属するモデルはほぼ同じサイズとなる。

　真横からのシルエットで確認できるのは、前後オーバーハングとリアデッキの造形くらいに限定される。フロントグリルやヘッドランプの造形も、なかなか見分けがつきにくいだろう。

　正解に近づくために、そのモデルの成り立ちについて考えてみたい。

　アウディA8は、四輪駆動のほかに前輪駆動の仕様もあり、後輪駆動をベースにした他の3台とは基本レイアウトが異なる。またBMWは、大型セダンであっても操縦性を追求するブランディングを行っている。そして4台の中で最も新しいのがレクサスLSで、デザイン的なトレンドも押さえていると思われる。

　さて、この4台、見分けがつくでしょうか？

生徒　フロントのオーバーハングが短いクルマは何でしょう？

先生　ＢＭＷの7シリーズとレクサスＬＳがいい勝負だね。ＢＭＷは最もコンパクトな1シリーズから7シリーズまで、前後重量配分50対50にこだわった設計なんだ。だから代々、フロントのオーバーハングは短い。デザインは「カタチ」だけではなく、「走り」も表現しているんだ。

生徒　なるほど、そういわれてみると、クルマのメカニズムとデザインの関連性が少し見えてきたような気がします。

先生　フロントのオーバーハングの次はリアの造形を見てごらん。各モデルの特徴は、リアデッキの形状にもはっきりと出る。

生徒　4台のうち、2台が特にリアデッキがきゅっと高く短くなっています。

先生　そう、それがいまの高級セダンにおけるデザインのトレンドなんだ。リアのデザインについては後でゆっくり説明するけれど、空力特性の向上や、後方からの衝突に対応する安全性確保、トランク容量拡大などの理由でハイデッキが採用されるケースが増えている。

生徒　流行り廃りもあるわけですよね。

先生　もちろん、造形的な流行という側面もある。

生徒　だけど、横からのシルエットだけで4台を見分けるのはかなり難しいですね。

先生　そうなんだ。同じカテゴリーのクルマは、時代が同じだとほとんどすべてが同じサイズ、似た形になってしまう。シルエットだけなら、現行のレクサスＬＳとメルセデスＳクラスを区別するよりも、時代が異なる現行レクサスと従来型レクサスを区別するほうが簡単かもしれない。

生徒　この4台を見分けるのに、もう少しヒントがほしいです。

先生　わかりやすくするために、ＤＬＯを入れてみよう。

これが最後のヒント、真横から見たレクサスLS。この写真と左ページ上のシルエットを比べて、正解を考えてください。

生徒　「Daylight Opening」のことですね。

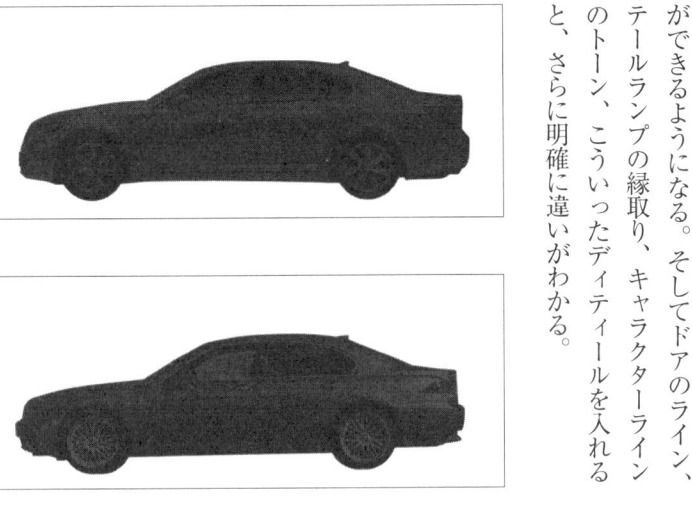

先生　お、勉強してるね。これでかなり区別ができるようになる。そしてドアのライン、テールランプの縁取り、キャラクターラインのトーン、こういったディティールを入れると、さらに明確に違いがわかる。

生徒　つまり現代のクルマは、基本的なシルエットよりもこういったディティールによって他車と差別化を図っている、ということでしょうか。

先生　そう、そこを理解してほしかったんだ。

正解は、上からレクサスLS、BMWの7、メルセデス・ベンツのS、アウディのA8となる。

b フロントフェイスの特徴を知る

先生　続いて、レクサスＬＳをもう少し立体的に見てみよう。君はクルマを見る時に、まずどこを見る？

生徒　そうですね、どうしてもクルマの顔に目がいってしまいますね。

先生　そうなんだね。やはり人間はどうしてもクルマのヘッドランプを「目」に見立てて、フロントを「顔」だと捉えるんだ。

生徒　では、レクサスＬＳの「顔」はハンサムといってもいいでしょうか？

先生　少なくとも、いまの流行最先端であることは間違いない。

生徒　クルマの「顔」にも流行がありますか？

先生　もちろん。まず、ヘッドランプの光学装置に技術革新がある。たとえばＨＩＤのように小さくて強い光を放つテクノロジーは、フロントマスクのデザインに大きな影響を与えている。

生徒　レクサスＬＳはＬＥＤを採用していますね。

先生　実はメインビームにＬＥＤを採用したのはレクサスＬＳが最初なんだ。ＬＥＤも小型で強い光を発生できる装置だから、デザインの自由度を増すテクノロジーだといえるね。ヘッドランプに限らず、デザインというものはテクノロジーの進歩と無縁ではいられないんだ。

生徒　それから、ヘッドランプが随分とサイド方向にまで回り込んでいるように思えるのですが。

先生　いいところに気がついたね。ヘッドランプやウィンカーランプを横方向に伸ばすのも流行だね。ただし、これは造形的な流行というよりももっと深い意味がある。

生徒　といいますと？

先生　「ＮＣＡＰ」という言葉を聞いたことはあるかい？

生徒　クルマの安全性を調査するプログラム

ですよね。

先生　そう。そして、欧州で実施されているユーロNCAPは歩行者保護に力を入れているんだ。クルマの先端部分に強い面を持ってくると、「歩行者の下肢傷害を減らす」という項目でかなり不利になる。ヘッドランプをラウンドさせることで、歩行者にやさしい設計と見た目のいいデザインの両立を図っているんだろうね。

生徒　歩行者保護なんていう言葉がない時代だったら、また別のデザインになっていたんですね。

先生　そう。デザインは時代の流れとともにどんどん変わっていくんだ。

生徒　ただし、フロントグリルなどはあまり変わらない印象があります。メルセデスはいつの時代でもフロントグリルを見ただけでメルセデスだとわかります。

先生　そうだね、ブランドのアイデンティティはそう簡単には変えられないんだね。BMWだったらキドニーグリル、アウディだったらフォー・シルバー・リングスといったように、特に高級車の場合は一目でブランドがわからないといけない。それでも基本を守りながら、年々、縦横比や表現が変化しているんだ。

生徒　アウディをはじめとして最近は、「大口を開けたフロントマスク」が流行ですね。

先生　シングルフレーム・グリルなんて呼んでいるけれど、グリルがフロントのバンパーをまたいで全体でテーマを強調するデザインが多いね。レクサスLSもその流行は取り入れていて、フロントグリルは逆台形の形状だけど、バンパー下部にも上の延長ともいった逆台形が形成されている。

生徒　デザインとは別に、ブランドの構築という課題もあるわけですね。

先生　レクサスは高級車ブランドとしては後発だから、デザインからはそのあたりの苦労が偲ばれるね。

近年のフロントの造形におけるトレンドを語る上で、格好の教材となるレクサスLS。
　まず、フロントグリル両端のラインであるが、一方はボンネットフード上方へと伸び、もう一方はフロントバンパー下部へと向かう。このとき、下へ向かうラインがバンパーをまたいで、さらに下に向かうのがアウディをはじめとする流行。
　結果として、フロントグリルの相似形となる逆台形がフロントバンパー下にも形成されている。
　また、ウィンカーランプも含めたヘッドランプユニット全体が横方向に伸び、〝切れ長な目〟になっているのも、近年の流行である。

c リアビューに込められたデザイナーの意志

先生　それではリアの造形を見ようか。

生徒　さっきおっしゃっていたように、リアが高くなったデザインが特徴的ですね。

先生　リアデッキの高さ、重箱をひっくり返してフタをつけたような造形、これはもともとBMWの7シリーズが先鞭を切ったデザイン傾向だね。ほかにもホンダ・レジェンドや日産ティアナなんかも近いイメージだね。

生徒　なぜこういったデザインが流行るのでしょうか?

先生　ひとつは空力。リアを高くすることで空気の流れがよくなって燃費に貢献する。それから、後方からの衝突からの安全性を高めるという目的もある。運転席から後端が確認しやすいという利点もある。角張った造形になっているのは、トランクルームの容量を確保するためだね。

生徒　空力、安全性、それに使い勝手など、デザイナーというのはさまざまな要素を要求されて大変なんですね。

先生　BMWの7シリーズが登場した時に、デザイン担当責任者であるクリス・バングルは「リアの造形は、フランク・ロイド・ライトの傑作建築、落水荘にインスパイアされています」と語ったんだ。空力のCd値やトランク容量が何ℓとか、現実的な数値をクリアしつつもデザイナーは自分らしさを出していく。そこに難しさもあるし、おもしろみもあるんだね。だからクルマのデザインを語ることには意味もあるし、奥の深い話ができる。

生徒　すると、レクサスLSというクルマのデザイン的評価はいかがでしょうか?

先生　たとえばボディのサイドをじっくりと見ると、ネガティブな面、つまり凹んだ部分がある。それからポジティブな面、つまり出っ張った面がある。これが交互に組み合わされて、繊細かつ躍動的なボディラインを形成

　特にプレミアムカーの場合は、高速道路などで追い越しざまにリアビューを見せるケースが多い。そこでデザイナーたちは、リアの造形にもこだわる。

　また、本文にもあるようにトランクスペースの容量、空力性能といった数値もクリアしなければならない。

　さらに、細かいことをいうとレクサスの場合は真横から見るとトランクリッドのラインがまったく見えないような凝ったデザインとなっている。しかも、それでもトランクの開口部を狭くしないために、写真のような複雑なアクションで開閉する仕組みを作った。

　レクサスLSというクルマのデザインに、いかに細やかな気配りがなされているかがわかる。

していると思うんだ。このあたりの工作精度は非常に高いね。デザイナーが絵で描くことはできても量産するのは難しい。

生徒　製造技術が高いということですか。

先生　そう、それがデザイン品質だからね。ほかにも一見するとわからないけれど、とてもバランス感のつかみ方がうまいというところとか、細部のパネルやクロームの表現にまで徹底的に精緻で手が込んだデザインだね。そういったデザイナーの細やかな配慮が日本ならではの高い製造技術で実現していること、何よりそこを評価したいね。

生徒　一部には、レクサスLSのデザインはインパクトに欠けるという意見もありますが。

先生　あまりにきちんとしすぎているので個性的ではない、という意見はあると思う。課題といえばそこが課題であるけれど、レクサスもIS、GS、LSとラインナップをトータルで見ると、レクサスというブランドの個性がきちんと通っているのがわかる。デザインはブランド性と切り離せない関係にあるから、トヨタは特にレクサスに関してはデザイン表現を細部にまで統一することでブランド・コントロールを真剣にやっている。だから、世界でもレクサス・デザインというのが理解されるようになった。

生徒　なるほど、なにかクルマの見方というものが少しわかった気がします。「カッコいい／カッコ悪い」という視点でしか語れなかったのですが、いろいろな要素があるんですね。

先生　単純に「カッコいい」という意見でいいのかもしれない。けれど、もうちょっと掘り下げて別の見方があることを理解すると、クルマのデザインをもっと楽しむことができると思うよ。

生徒　よくわかりました。

先生　そして「何を作りたいか、何を表現したいか」を、デザインから読み取るんだ。

ということで、ここまでで初級編はおしまいです。「インテリアの話がない」とおっしゃるのはごもっともですが、造形、素材、トレンド、機能などなど、エクステリアを語るのと同等か、あるいはそれ以上のスペースが必要になってしまいます。インテリアのデザインについては、また別の機会にお話しすることにしましょう。

第4章
ドライビング・安全編

監修＝清水和夫

スムーズに、そして何より安全に「運転力」がつく10の対話

どんなにいいクルマでも、それを動かすのは人間です。
上手な運転とは、いったいどんなものなのでしょうか。
もちろん、それはただ速く走ればいいということではありません。
レーシングドライバーでも、公道でいちばん大切にするのは「安全」です。
運転デビューの息子に贈る父の言葉から、「運転力」とは何かが見えてきます。

登場人物

親父＝シミズカズオ

（安全福音伝道師／レーシングドライバー）
ルマン24時間、デイトナ24時間など豊富な経験を持つレーシングドライバーにして、辛口インプレッションで自動車社会を斬るモータージャーナリスト。特に安全、エネルギー環境問題評論のパイオニアとして知られる。著書に『燃料電池とは何か』『クルマ安全学のすすめ』（ともにNHKブックス）などがある。

息子＝シミズシュンスケ

シミズ家の次男にして、イケメン大学生。学友がAT＋カーナビ完備のミニバンに乗っているなか、シミズ家の家訓にならい「MT＋アナログ地図」で自動車生活をスタートしている。運転歴はまだ浅いが、さすがにシミズ家の次男、クルマおよび自動車社会には相当な熱意を持っている。今回は、シミズカズオから運転を教わるという設定で登場。

01
自宅にて（運転前の心得）
ケータイ、地図、インターネット
事前に情報を収集せよ

02
駐車場にて（エンジンをかける前に）
スタート前に、
〝ブタと燃料〟

03
駐車場にて（その２）
昔とは違う、エアバッグ装着車の
ドライビングポジション

04
市街地の走り方
安全運転、
必要なのは想像力

05
高速道路の走り方（その１）
時速１００キロ、
３秒の脇見で83メートル

06
高速道路の走り方（その２）
ヘッドランプは安全を照らす
心のともしび

07
ワインディングロードの走り方（その１）
シミズカズオ直伝、
コーナーの深さを読む方法

08
ワインディングロードの走り方（その２）
自分のクルマの
安全装備を知っておこう

09
夜のドライブ
夜間の事故は、
致死率高し

10
無事に帰宅して（今日一日の反省と復習）
注意すべきは雨の日、師走、
帰宅時間

特別エッセイ

「幸せを運ぶ道具」を悪者にするな

清水和夫

18歳になった私は、普通の大学生と同じように自動車の免許を取った。そしてクルマを買おうということになり、たまたま家の近くにあった日産プリンスのディーラーでスカイラインを手に入れたのである。それがクルマとの最初の出会いであった。そして、まるでブラックホールに吸い込まれるようにクルマの魅力に取り憑かれてしまった。スカイラインというクルマは、当時の日本車としては間違いなく誇るべき性能を持つ名車だった。

しかし、母は私がクルマに乗ることに猛反対した。私は小学校の時に何度も交通事故に遭っていたので、被害者の親の気持ちがわかる。だから私が加害者になることを恐れたのである。「他人様を怪我させないように」と毎日祈りながら私が自動車に乗る後ろ姿を見ていた。当時、年間の交通事故死者数は1万6000人、ワーストを記録した時期だったのである。

安全を意識するようになったのには、モータースポーツを早くから始めたことが影響している。サーキットでは、シートベルトやヘルメットを装着するのは当然のことだ。

そして私はジャーナリストとして仕事をしているうちに、人生を変えてしまうほど大きな事故に遭遇する。前を走る自動車からカメラマンが私の走行シーンを撮影していた時のことだ。そのクルマが、私の目の前で横転してしまったのだ。運転手とカメラマンは無事だったが、仲のよい編集者は、障害を持つ体になってしまった。事故の原因はドライバーに依るところが大きい。その場所に居合わせた人間が、事故を予想できる見識はなかったと思う。場所が某自動車メーカーのテストコースであったために、やり場のない悔しさに悩まされた。

今なら、その場面がどんなリスクを含んでいたのか、すぐにわかる。ハンドルを握るドライバーは然るべき知識を持ち、あるレベルまでの運転技術を習得すべきだと考えるようになった。それが交通事故を予防する最善策のひとつだと確信している。

１９７０年代初めに年間1万６０００人の交通事故による死者数を記録したが、その後わずか10年で死者数は半減し、負傷者数も事故発生件数も減少した。社会全体で事故を減らすためのキャンペーンに、日本人が一丸となって取り組んだ成果なのであった。道路整備、法整備が十分でなく、クルマの性能も劣っていた時代に、事故を減らすことに成功していた。その理由はたったひとつ、規律正しく規則を守るという日本人の国民性である。高いモラルを掲げ、粛々と実行する、当時の日本人は素晴らしいナショナル・キャラクターを持っていたのである。

さて、クルマは私たちに何をもたらしてくれたのだろうか。自動車というとリスクに目がいってしまうが、モビリティがもたらす「移動の自由」も考える必要があるだろう。女性にとっては自動車は自立を意味するし、深夜安心して移動できる重要な道具となっている。「自分の行きたい場所にいつでも自分の力で行ける道具」、「自由に移動できる幸せを運ぶ道具」。

そんな魅力的な自動車で怪我したり、させたりするのはバカげているではないか。ちょっとした知識やスキルを身につけるだけで、安心して快適に移動が保証される。安全を考えることは、高速で移動できる自動車を手に入れたドライバーの大きな責任なのである。

21世紀になって交通事故の問題が解決されていてるかというと、そうとはいえない。自動車の乗員の死亡は激減しているが、歩行者や自転車、年齢では子供や高齢者が被害者となるケースが目立っている。

自動車は70年代以降、安全性も快適性も利便性も進化したが、その一方でドライバーの運転技量は退化している。そして、交通環境は年々悪化している。

これからどうなるのか。不安はつのるが、これだけは言える。安全を手に入れるには、自動車の進化だけでは足りないのだ。ドライバーが自ら安全に対して自覚を持つことが何より大切なのである。

Driving・Safety

01

自宅にて（運転前の心得）

ケータイ、地図、インターネット事前に情報を収集せよ

息子　わー、寝坊だ寝坊！　お父さんごめん、運転を教えてくれる日なのに寝坊したよ！

親父　ちょっと待って、まだ8時だぞ。

息子　あ、2時間も間違えていた。

親父　そもそも、慌ててクルマに乗ると事故に遭う確率がハネ上がる。今日はお前に安全運転の心得を伝授するわけだけれど、まず最初のお小言は、クルマで出掛ける日には絶対に寝坊しちゃダメ、ってことだな。余裕を持って出発することが、安全運転の基本中の基本。

息子　うん、わかった。

親父　昨日の晩、今日の目的地の地図は確認したか？

息子　カーナビに目的地を入力すればいいんじゃないかな。地図なんて見たって無駄じゃない？

親父　それがまず間違い。大体、地図をちゃんと読めないヤツがカーナビを使いこなせるわけがない。

息子　そういうもんかな……。

親父　出発地と目的地の位置関係はどうなっているのか、高速道路がどう延びているのか、そのあたりを理解した上で使うと、カーナビの能力を１００パーセント発揮することができるんだ。

息子　確かに、カーナビの操作に気をとられていたときに急にクルマが割り込んできて、ヒヤッとしたことがある。

親父　そう。使い方によってはカーナビは安全で快適なドライブに役立つけれど、使い方を間違えて頼りすぎるのは問題だ。それから、

Illustration＝入野モリマサコ

ＶＩＣＳ

ＶＩＣＳとは「Vehicle Infomation Communication System」の略で、渋滞や交通事故、交通規制などの道路交通情報をユーザー向けに発信するシステム。

都道府県警察と道路管理者が得た道路に関する情報は、財団法人日本道路交通情報センターを経由してＶＩＣＳセンターに集まる。そこで編集、処理された情報がリアルタイ

向こう5年、新しい高速道路が次々に開通する予定だ。

息子　関越自動車道と中央道が圏央道で繋がるね。

親父　ほかにも首都高速の中央環状新宿線が開通間近。こういった新しい道の情報はすぐにはカーナビに反映されないから、自分で情報をアップデイトしないと。だから、当分お前はカーナビ使用禁止！

息子　ほかに、出発前に気をつけることは？

親父　パソコンでもケータイでもいいけれど、出発前に渋滞情報、気象情報をチェックしておくことが大事だな。ウチのクルマのカーナビにはＶＩＣＳが付いているから走りながらでも渋滞情報をキャッチするけれど、事前に情報を集めておくほうが安全だから。

息子　わかった、僕はケータイの道路情報サイトを調べてみるよ。

親父　10年前だったら高速道路の電光掲示板を見て初めて渋滞を知ったものだったけれど、いまは違う。リアルタイムで渋滞情報を提供する方向に進むのは間違いないから、これを活用しない手はないな。

息子　どんなものがある？

親父　ホンダが「プローブカー構想」を打ち出して、トヨタも参入すると発表している。

息子　プローブカー？

親父　ドライバーが自分のクルマの走行状態をサーバーにアップロードして、多くの人と情報を共有する仕組みさ。自動車メーカーのほかにも行政も取り組んでいて、リアルタイムでの渋滞情報提供や、ビルの地下駐車場などの細かいルート情報を提供するんだ。

息子　ケータイの道路情報をチェックしたら、事故で渋滞しているところがある。ちょっと距離は増えるけど、迂回していつもとは別ルートで行ったほうがいいみたいだ。

親父　おや、インターネットの天気予報では激しい雷雨を伴うにわか雨の可能性があると出ている。気をつけないといけないな。

ムで送信され、カーナビゲーションシステムなどが受信する。情報は、文字と図形で表示される。

　現在、情報を受信するのは、以下の3つのメディア。

・光ビーコン
主要な一般道路に設置されており、光により、前方30㎞程度まで先の道路交通情報を提供する。

・電波ビーコン
高速道路に設置され、電波により前方200㎞程度の高速道路の情報を中心に提供する。

・FM多重放送
全国に設置したVICS-FM放送局からFM放送波で県単位の広域情報を提供する。

Driving・Safety

02

駐車場にて（エンジンをかける前に）

スタート前に、〝ブタと燃料〟

息子　渋滞情報もチェックしたし、天気予報も確認、いざ出発！

親父　ちょっと待って。走り出す前は、必ず「ブタと燃料」を見るんだ。

息子　ブタと燃料？

親父　そう、ブレーキ、タイヤ、そして燃料。最低限、この3つを確認してから乗り込まないといけない。まずブレーキ。車種によっても違うけれど、一般的にブレーキパッドは残り2ミリの厚さで限界だと言われている。自分のクルマのブレーキパッドはどのくらい厚みがあれば安全なのか、事前に調べて知っておくべきだな。ブレーキパッドがどのくらい残っているか、常に注意する必要がある。

息子　タイヤは？

親父　タイヤ1本が地面と接しているのは、ハガキ1枚ぶんの面積なんだ。

息子　そんなに少ないの!?

親父　ウチのクルマの重さは1・6トンだから、ハガキ1枚ぶんの面積で約400キロを支えている計算。これだけ狭い面積でクルマを支えているわけだから、タイヤのトラブルは危険と直結する。だから、常に万全のコンディションを保たないといけないんだ。

息子　わかった。それじゃ、タイヤのどこを確認すればいいのかな？

親父　まず、空気圧のチェックだ。クルマに乗らなくても、タイヤの空気は1か月で1割弱くらいは自然に抜けていく。

息子　空気圧が下がるとどうなるの？

親父　まず、急ハンドルを切った時などにクルマの動きがフラフラして危険になる。つま

ハイドロプレーニング現象

特に高速道路で気をつけたい危険な現象。路面に水たまりがあるような状況で、タイヤと路面の間に水の膜が発生、タイヤがその水の膜の上で滑るような状態を指す。

このような状況が起こる原因としては、タイヤの排水性能が追いつかないことが挙げられる。タイヤの溝は、路面の水をかき出すために存在しているが、溝が減っているなどの原因で排水能力が水量に

り、操縦安定性が低下する。

息子　燃費が悪くなるらしいね。

親父　規定の空気圧より30パーセント低いと、燃費が2パーセント悪化するという報告もある。空気圧が減ると、抵抗が増えるんだ。

息子　タイヤの空気圧を適正に保つというのは、安全と環境の両方に役立つんだね。

親父　だから最低でも月に一度はガソリンスタンドでタイヤの空気圧を測るべきだな。面倒臭いと思う人も多いようだけれど、5分もかからずにチェックできることなんだから。少し多めに入れておくといいだろう。

息子　空気圧の次にチェックするのは?

親父　摩耗だね。つまり、溝が残っているかどうか。それから、偏摩耗と呼ぶけれど、タイヤが偏った減り方をしていないかもチェックしないといけない。

息子　溝が減ったタイヤで走ると、どういった問題が起きるのかな?

親父　まず、ブレーキを踏んでから止まるまでの距離、これを制動距離というけれど、これが伸びて危ない。特に雨で路面が濡れている場合など、思ったより制動距離が伸びて危険なんだ。それに雨の日にハイドロプレーニング現象に遭遇する危険性も高まる。ちなみに水上飛行機という意味なんだけどね。今日の天気予報だとにわか雨の可能性があるから、注意しないといけない。また、偏摩耗したタイヤで走ると振動やノイズによって、快適性が損なわれる。そこも要チェックだ。

息子　ブタと燃料の「ブタ」はよくわかったけれど、さすがに燃料が入っていないクルマはないんじゃない?

親父　それが、JAFの統計によると、高速道路のトラブルで一番多いのが「タイヤのパンク/バースト/空気圧不足」で全体の約22パーセント、次が「燃料切れ」で約13パーセントだそうだ。

息子　へー、みんな意外と燃料計をチェックしないで走り出すんだね。

追いつかない場合に、タイヤが水の膜の上に乗ってしまう。

　雨天の高速道路ではタイヤの残り溝以外にも、以下の点に留意したい。

・水たまりの水深
路面の水たまりの水深が深いほど危険であり、タイヤの溝が減るほどに危険である。

・クルマの速度
クルマの速度が上がるほどハイドロプレーニング現象は起こりやすくなる。

・タイヤ空気圧
空気圧が不足するとタイヤが路面に正しく接地しないので、排水の効率が悪くなる。

　万が一、ハイドロプレーニング現象に遭遇してしまった場合、急ブレーキや急ハンドルは御法度。ハンドル、ブレーキは操作せずに、アクセルペダルをゆっくりと戻しながら、グリップが回復するまでエンジンブレーキで減速する。パニックに陥るケースが多いので、とにかく落ちつくことが大事である。

駐車場にて（その2）

昔とは違う、エアバッグ装着車のドライビングポジション

息子　渋滞情報よし、天気予報よし、「ブタと燃料」よし！　ところで、我が家のクルマはなんでMT（マニュアル・トランスミッション）なの？　友だちはみんなAT（オートマティック・トランスミッション）だけど。

親父　ほら、MTだとクラッチをそっと繋いで走り出すときに感動があるだろ。ATよりも、クルマを動かしているということに意識的になるとお父さんは思っている。だから、お前の運転が上達するまで、我が家のクルマはMTだ。

息子　へー、そんなものかな。

親父　MTは今やトレンドなんだぞ。アメリカの乗用車のMTの比率ってここ何年間は1割程度をキープしていたけれど、徐々に増え始めているらしい。日本ではMTが減るいっぽうだけど、いまでもATよりMTのほうが燃費がいいわけだし、昔のMT車と違ってノッキングなんかの問題もかなり解決して乗りやすくなった。

息子　ま、「へー、マニュアル運転できるんだ」ってみんなに感心されたりもするから、MTもいいんだけどね。それでは、いざ出発いたします！

親父　ちょっと待って！　体とハンドルがそんなに離れていたら、正しい操作なんかできないぞ。

息子　シートの位置は、もうちょっと前なのかな？

親父　そうそう、ブレーキペダルとクラッチペダルを奥まで踏み込んで、膝に少し余裕があればオッケー。

後席でもシートベルト
後部座席に座ると、四方が囲まれている安心感からか、運転席や助手席よりも安全で、シートベルト着用は不要だと考えがちである。けれども、本書では後席でのシートベルト着用を強く推奨したい。

息子　ハンドルとの距離はどれくらい？

親父　ハンドルを12時の位置で握って、肩がシートから離れないくらいがちょうどいいな。シートの位置や背もたれの角度はもちろん、シートの高さを調節するシートハイト・アジャスター、ハンドルの高さを調整するチルト機構、ハンドルとドライバーの距離を変化させるテレスコピック機構などなど、調整が可能なものはすべて自分に合うように調整する。それが、安全かつ快適に運転する第一歩だな。

息子　ドアミラーとルームミラーの角度を整えて、と。

親父　そうそう。意外と見落としがちだけれど、いざという時のために、シートに座ったときにヘッドレストと自分の頭の位置関係にも気を配ったほうがいい。みんな間違えているけれど、ヘッドレストのレストは「休息」のレストじゃなくて、「拘束する」という意味のレストレインなんだ。

息子　万が一の時に、頭部をしっかり拘束するということなんだね。

親父　そういうこと。そしてシートベルト。ただカチャッと差し込むだけの人がほとんどだけど、できればしっかり体を拘束する方法を覚えてほしいな。肩にかかる部分を緩めて、お腹の部分を締めるんだ。

息子　あれ？　助手席のお父さんはそんなにシート位置を後ろに下げるんだ？

親父　もしも衝突した場合、助手席は前から大きなエアバッグが展開するだろ。エアバッグから少し距離をとったほうが安全なんだ。だから助手席に座る人は、後ろに人が乗っていなければなるべくシートを下げたほうがいい。

息子　シート位置よし、シートベルトもオッケー。

親父　もし後ろの席に人を乗せるならば、後席でもシートベルトをしてもらったほうが安全だぞ。

財団法人交通事故総合分析センターが２０００年～02年の高速道路の交通事故による死者を分析すると、以下のような結果が出たという。

後席で亡くなった方の、実に41・3％が車外放出で死亡している。一方、運転席に座っていて車外放出で亡くなった方の割合は17・2％、助手席は26・7％である。後席乗員はシートベルトを着用しないケースが多く、それが車外放出につながっている。

車外放出により身体を強打するほか、後続車両にはねられる危険性もある。

また、シートベルト非着用の後席乗員が前席乗員を押しつぶす危険性も指摘されており、やはり後席でも必ずシートベルトを着用したい。

Driving・Safety

04

市街地の走り方

安全運転、必要なのは想像力

息子　左を見て、それから右を見て、駐車場から出発します！

親父　おいおい！　いま、駐車場の出口を自転車が横切っただろ。

息子　このクルマに気づいていると思ったんだけど……。

親父　安全運転のコツは、まず相手の気持ちになることだな。自分が歩行者や自転車に乗っていると仮定して、周囲のクルマをそれほど気にするかな？

息子　いや、まわりのクルマはほとんど見ていないかもしれない。

親父　そうだろう。まわりの人は自分のクルマなんか見ていない、そういう前提で運転したほうがいい。

息子　歩行者の立場になるってことだね。

親父　市街地ではどうしたって歩行者や自転車、それに二輪と四輪が接近して走る。相手がどこに行きたいのか、何をしたいのか、想像力を働かせることが安全運転に繋がる。

息子　想像力かぁ……。

親父　もしかしたらそこの路地から自転車に乗った子どもが飛び出してくるかもしれない。常に、そういった可能性をイメージしながら走るんだ。あとは、スクールゾーンの看板があるから通学路だとか、公園があったから子どもが多いだろうな、とか、ボケッと運転するんじゃなくて、あらゆる情報を総動員して、安全運転に結びつけよう。日本の市街地はゴミゴミしていて走りにくい、なんていう人もいるけれど、欧米だって街中は「ゾーン20」とか「ゾーン30」というように厳しく

速度が定められている。むしろ、そのあたりの規制は日本より厳格かもしれない。

息子　あー、車線変更のウィンカーを出しているのに、なかなか入れてくれないよォ！

親父　そういうマナーの悪いドライバーも多いな。まずはしっかりウィンカーを出す、あとは身振り手振りで、なんとか相手に自分の意思を伝えるんだ。

息子　チェッ、せっかく隣の車線に入れそうだったのに、詰めてくるクルマがいたよ。

親父　わははは。ま、そうカリカリしないのも安全運転の第一歩。そういったマナーの悪いクルマを反面教師にして、自分は周囲に迷惑をかけないように運転しないとな。

息子　こういう運転は嫌われる、というのは、よ～く覚えておくよ。

親父　マナーが悪いのはいただけないけれど、車間距離を詰めてくるクルマは、前方をしっかり認識しているともいえる。前のクルマとの距離を空けているドライバーは、ボーッとしていたりカーナビやオーディオの装置に夢中になっているケースもあるから、要注意だな。

息子　歩行者やまわりのクルマが避けてくれる、なんていうのは期待しないほがよさそうだね。

親父　良い方向に考えたくなるけれど、安全運転のためには、常に最悪の事態が起こることを想定するほうが無難だな。子どもは突然飛び出す、後ろを走っているクルマはよそ見をしている、前を走るバイクが転倒する、赤信号を無視してつっこんでくるクルマがいる、なんて具合にね。

息子　これからは、いつもそういった想像力を働かせて運転するよ。

親父　とにかく周囲のクルマ、バイク、トラック、タクシー、バス、自転車、歩行者、みんなと共存するのが市街地で安全運転をするための鉄則。自分ひとりだけの道じゃないんだからね。

魔の時間帯

警察庁の統計データによれば、死亡事故が圧倒的に多いのは18時～20時の時間帯である。この時間帯はすでに暗く、ドライバーからは歩行者、自転車、オートバイが見えにくい状況である一方で、歩行者がまだ活動している状況が原因だとされる。

つまり、クルマと歩行者の密度が高い上に視界が悪い、という「魔の時間帯」なのだ。

Driving・Safety

05

高速道路の走り方（その1）

時速100キロ、3秒の脇見で83メートル

息子　いよいよ高速道路、あっ、料金所が見えてきた。

親父　ＥＴＣカードが入っているかどうか、確認したね？

息子　大丈夫。駐車場でちゃんと見たよ。

親父　料金所をノンストップで通過できるＥＴＣカードは渋滞解消に役立つツールだし、ストップ＆ゴーの回数が減るから燃費向上にも繋がる。ただし、現状では全車がＥＴＣを装着しているわけではないから、料金所では一旦停止するクルマと混走することになる。そこは十分気をつけないと。

息子　では、しっかり20km／hまで減速してＥＴＣゲートを通過しま〜す。

親父　はいっ！　本線と合流するときは、もっと加速して。まず、本線のクルマがどのくらいのスピードで走っているかを確認する。確認したら、ビビらずに流れに乗れるくらいまでスピードを上げることが大事。周囲の流れに乗る、まずはこれが基本だ。

息子　高速道路を巡航するときは、どのあたりを見ながら運転するのがいいのかな？

親父　いい質問だ。よく、直前のクルマのテールランプをじっと見つめて運転している人がいるけれど、あれは危ない。たとえば、3台前方のトラックが荷崩れを起こしたらもうアウト。

息子　だったら、どれくらい先を見ながら運転するといいのかな。

親父　そうだな、速度や道路状況によっても変わるけれど、一般に90km／hで走っていてしかも視界のよい道路だったら、５００ｍ先

ETC
ＥＴＣとは「Electronic Toll Collection System」の略。有料道路の料金所で停止することなく通過できるシステム。

を見るといいだろう。

息子　そんなに遠くを見るの!?

親父　予防安全とはすなわち、危険を予知、察知して避けることだからね。これから起こることを予測するために、ある程度は遠くを見て運転する必要がある。たとえ500m先を目視するのが難しい状況でも、周囲のクルマの動きに注意すれば危険を未然に回避することができる。周囲のクルマが一斉に車線変更をしたら、そこに落下物や故障車があるんじゃないかと予想する、想像力が運転には求められる。

息子　高速道路にも慣れてきたし、ちょっとCDでも聴こうかな。

親父　これは高速道路に限ったことではないけれど、脇見運転は絶対にしちゃダメだ。100km/hで走っているとき、3秒間目を離すと、クルマは83mも進んでいる。40km/hでも33mも進むわけだから、もちろん一般道路でも気をつけるのは言うまでもない。

息子　危ない！　あのクルマ、急に車線変更してこっちの車線に入ってきたよ。

親父　できるだけ、ダンゴ状態のクルマの群れに入らないことも大事だね。それにしても、まわりのクルマのスピードがどんどん落ちているな。

息子　わかった、ここは緩い登り坂になっているんだ。

親父　そうだ、高速道路は常に平坦だと思われているけれど、意外と登り下りの勾配がある。登り勾配の時は自然に速度が落ちて渋滞の原因になったり、最悪の場合は追突されたりする。逆に下り勾配の時はスピードが出すぎる危険性がある。いま平坦な道を走っているのか、それとも登りなのか下りなのか、そのあたりは気に掛けておく必要があるな。

息子　道の勾配にもマヒしてしまうけれど、スピード感覚もマヒするね。知らない間に随分とスピードが出ていた。気をつけないといけないね。

クルマの車載器と料金所のアンテナが無線交信を行うが、まず入口料金所ではアンテナが車載器に向けて入口情報を送信する。

出口料金所では、車載器が入口情報を送信、それをキャッチしたアンテナが料金情報を送信する。通行料金はクレジットカードによる後払いとなる。

東／中／西日本高速道路株式会社の調べによると、有料道路における渋滞発生箇所の約3割が料金所部となっている。有人対応の料金収受では1レーン1時間あたりの料金所通過台数は約230台、いっぽうETCは800台となることから、渋滞解消の効果は大きい。

料金所における一旦停止がなくなれば、渋滞解消だけでなくストップ&ゴーの回数が減ることによる省エネや、騒音低減にも役立つとされる。

Driving・Safety

06

高速道路の走り方（その2）

ヘッドランプは安全を照らす心のともしび

息子　わっ、突然雨が降ってきた！

親父　天気予報がズバリ当たったね。雨雲で暗くなったから、ヘッドランプを点灯して。

息子　いや、ヘッドランプをつけなくても周囲はよく見えるよ。

親父　ヘッドランプは周囲を照らすだけが目的じゃないんだ。周囲のクルマに、「ぼくはここにいます」ということを知らせる役目もある。「デイライト・ランニング・ランプ」といって、北米をはじめ昼間でもヘッドランプをつけることを義務化している地域も多いんだ。日本人は控え目な性格だからクラクションは鳴らさないし、ヘッドライトを点けたがらない。おばあちゃんに言わせると、戦争中に東京が空襲に遭った時、家の明かりを消していたそうだ。

息子　ヘッドランプをつけるのは夜だけじゃないんだね。

親父　今日みたいに昼間でも暗いとき、霧や雨で視界が悪いとき、そういうときはヘッドランプを点灯するのは安全に直結する。

息子　それにしても、随分と激しい雨だね。

親父　こういうときは、ハイドロプレーニング現象に気をつけないと。

息子　ハイドロプレーニング現象って、教習所の教本にも載っていたけれど、実際にはどういうことなのかな。

親父　ハイドロプレーニング現象の説明をする前に、まずタイヤのことを知っておくべきだな。そもそも、タイヤの溝っていうのは何のためにあると思う？

息子　う～ん、グリップをよくするためかな。

タイヤの溝

一般的な乗用車が装着するタイヤの場合、新品時の溝の深さはおおむね8～9㎜である。法的には、溝の深さは1・6㎜あれば違法にはならないものの、安全性を確保するという見地からは、もう少し早いタイミングでタイヤ交換を行いたい。

タイヤ銘柄やクルマの種類にも左右されるが、溝の深さが新品時の半分になったら要注意とされている。

親父　はずれ。だって、レーシングカーのタイヤには溝がないものもあるだろ。

息子　そういえばそうだ。じゃあなんのためにわざわざ溝を掘っているの？

親父　排水のためさ。路面とタイヤの間の水を掻き出すために溝がある。ところが、排水が追いつかなくなると、タイヤと路面の間に水の膜ができる。水の膜の上にクルマが乗っかると、クルマが滑ってコントロールできなくなる。これがハイドロプレーニング現象。

息子　ハイドロプレーニング現象が起きたら、どうやって対処すればいい？

親父　ハイドロプレーニング現象が起こると、どんなに熟練のドライバーであってもコントロールは難しい。だから、ハイドロプレーニング現象が起こらないようにする。

息子　タイヤの溝がちゃんと残っているかどうかが大事になるわけだね。

親父　そう、溝が減っているとタイヤの排水性能がガタ落ちになる。それに、タイヤの空気圧が規定より下がっているのもハイドロプレーニング現象を招く要因になる。くれぐれも、タイヤの事前チェックは欠かさないようにしないといけない。

息子　あ、事故渋滞の表示が出ている。

親父　万が一、自分が事故の当事者になった場合は、二次被害に気をつけること。事故を起こすとパニックに陥って、いきなりクルマの外に飛び出して轢かれてしまうケースが多い。まず落ち着くこと。それから、道路上にクルマを停めると追突される危険性もある。路肩とか、安全な所にクルマを移動して、三角警告板や発煙筒などで、後続車に注意を促すこと。ここが大事だ。

息子　事故車が見えてきた。

親父　ちょっとした追突事故で、ドライバーも無事のようだな。自分で携帯電話で連絡しているし。ちゃんと三角警告板も発煙筒も出ているから、二重事故の心配はなさそうだ。

息子　僕も気をつけていくよ。

デイライト・ランニング・ランプ

昼間でもヘッドランプを点灯することが、北米（カナダとアメリカの一部）や北欧では義務化されている。したがって、これらの仕向地へ向けて作られる仕様ではほとんどの場合、エンジン始動と同時にヘッドランプが点灯する。

自車の存在をアピールすることで、義務化前よりも交通事故が1～3割減少したという報告もある。

欧州やアジアでは義務化には至っていないが、悪天候で視界が悪い状況や、朝夕の光量が少ない時には、積極的にヘッドランプを点灯したい。

Driving・Safety

07

ワインディングロードの走り方（その1）

シミズカズオ直伝、コーナーの深さを読む方法

息子　山道に入ったけれど、こういう道に慣れていないせいか、ちょっと怖い。

親父　どういうことが不安につながるのか、ひとつひとつ確認してみよう。

息子　まず、コーナーがどれくらい曲がっているのかがわからないんだ。入り口はそれほどきつくないカーナーでも、奥にいくにしたがってどんどん急カーブになっているのがあった。逆に、入り口がタイトに見えてもそれほど急なカーブではない場合もあったり。

親父　コーナーがどれだけ深くなっているか、それを知る方法を教えよう。

息子　そんな方法があるんだ!?

親父　コーナーに進入するとき、もちろんその先の道は見えないわけだけれど、周囲の木立、樹木がどんな風に生えているかは見えるだろ？　そこから、大まかな地形を予測するんだ。よし、実際にやってみよう。次の右コーナー、道の右側はどうなってる？

息子　わりと開けた感じだな。

親父　そう、だったら比較的緩いコーナーのはずだ。

息子　本当だ、見た目より緩いカーブだったよ。

親父　次の左コーナーは、左側が切り立っていて、道路のすぐ近くまで樹木が迫っているから、わりときついコーナーだと予想できるから、スピードを落とす。

息子　カーブの入り口に、「50R」とか「60R」とかいった数字が書いてあるけれど、あの意味は？

親父　コーナーの半径だよ。「50R」なら半

径50m、「60R」なら半径60m。

息子　へぇー。

親父　といっても、ピンとこないだろうけどな。レースをやるサーキット、あそこのヘアピンカーブがだいたい「30R」とか「40R」だから、「50R」だとかなりヘアピンに近い急なコーナーだってことになる。

息子　なるほど、数字を読むことでもコーナーの深さがわかるんだ。

親父　そう、周囲の景色、道路標識、使えるものはなんでも使って、道がこの先どうなっているかを推理しながら走るんだ。慣れるとなかなか楽しい作業になる。

息子　いま、登り勾配が8パーセントという表示が出ていたけれど。

親父　高速道路と同じでずっと走っていると感覚がマヒしてしまうけれど、登り勾配8パーセントというのはかなりの急勾配だ。雪だったら絶対に登れない。

息子　勾配も念頭において運転したほうがよさそうだね。

親父　勾配にしろコーナーの曲率にしろ、家にいる間に地図を見ておけば大体のことがわかるはずなんだ。地図を読んでおけば、今日走るルートがヘアピンが続くタイトな山道なのか、あまり勾配のない緩やかな高速コーナーが続く道なのか、事前に知っておくことができる。

息子　やっぱり、カーナビにばかり頼ってちゃダメってことだね。

親父　その通り。そうそう、一般道と同じで、もしかしたら対向車線から飛び出してくるクルマがあるかもしれない、そういった想像力を働かせながら運転することも大事だ。

息子　ハンドルは普通に握ればいい？

親父　そんなに力を入れないで、9時15分の位置で握ろう。はい、じゃあここからは自分の判断で、コーナーの先を読んで、勾配を気にしながら、対向車に気をつけて、思ったように運転してごらん。

50R

カーブがどれくらい曲がっているかを示すために、「R」が用いられる。これは半径を意味する「Radius」からきている。

　半径50mのコーナーが「50R」となり、この数字が小さいほどタイトなコーナー、数字が大きいほど高速コーナーとなる。改修前の鈴鹿サーキットの名物高速コーナーは、名称もそのまま「130R」と呼ばれていた。

Driving・Safety

08

ワインディングロードの走り方（その2）

自分のクルマの安全装備を知っておこう

息子　コーナーを読みながら走る、ということはなんとなくわかったけれど、エンジンをどう使えばいいのか、そのへんを迷ってしまう。３速なのか、４速なのか。

親父　最近はクルマのスペックを馬鹿にする人もいるけれど、やっぱり自分のクルマのスペックぐらいは頭に入れておきたいね。なに、簡単なことで、エンジンが何回転のときに最大トルクを発生するという程度でいい。

息子　確か、このクルマは４０００回転で最大トルクを発生するはず。

親父　合格！

息子　つまり、４０００回転付近を使えば力強く坂道を登るということだね。

親父　もちろん、音や振動、加速感など、いまエンジンが置かれている状況を五感で感じることも必要だけれど、スペックを把握して走らせることも大事。五感とスペック、両方を理解することが運転技術の向上につながるんだ。

息子　そうやって、適切なギアを選べばいいんだね。

親父　ＡＴ車でも基本は一緒。Ｄレンジに入れっぱなし、クルマに任せっきりにしないで、必要に応じてＬレンジなども使ったほうがスムーズに走ることができる。

息子　山頂を越えて、下り坂に入ったね。エンジンブレーキを使え、という看板があったよ。

親父　エンジンブレーキの使い方はとても重要。ＭＴ車の場合、４速でがーっと下ってフットブレーキで減速するよりも、３速でスピ

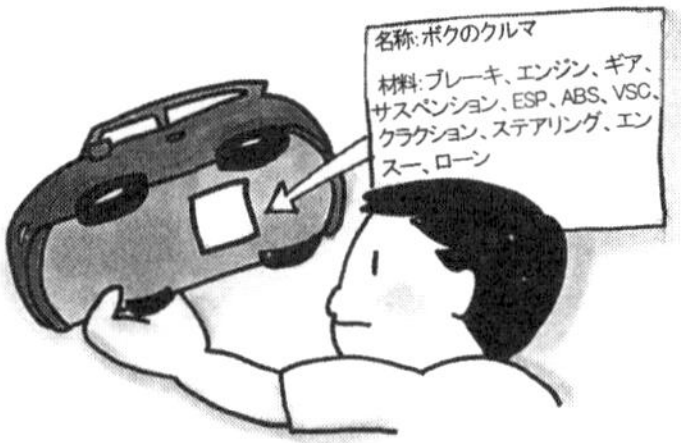

ESC

ＥＳＣとは、「Electronic Stability Control」の略で、電子制御式横滑り防止装置と和訳されることが多い。

ードをコントロールしてフットブレーキは最小限に抑えるほうがいい。ブレーキがフェードする危険が減るからね。

息子　AT車の場合は?

親父　AT車も基本的にはまったく同じ。操作すれば低いギアをキープできるんだから、フットブレーキに頼らずに、エンジンブレーキを活用すべき。繰り返すけど、AT車に乗る人も、その構造や操作方法を知っておくべきだね。

息子　おっと危ない!　下りのコーナー、ちょっとスピードが高すぎた!

親父　ヒヤッとしたね。いま、インパネの中でびっくりマークが点滅したろう?

息子　あれは何?

親父　メーカーによってESC(エレクトリック・スタビリティ・コントロール)とかVSC(ヴィークル・スタビリティ・コントロール)とか呼び名が違うけど、要は電子制御式の車両安定装置。クルマが横滑りしたりタイヤが空転したり、不安定な挙動を見せたときに、安定方向に引き戻すデバイスだ。

息子　どんなクルマにも付いているの?

親父　できればすべてのクルマに標準装備してほしいけれど、現状では付いていなかったり、オプション装備になっていたりするクルマもある。ま、どんなに注意していても運転ミスの可能性をゼロにすることは不可能だし、自分のミスでなく突然何かが飛び出してくることもある。

息子　このクルマにそういった装備が備わっているのは知らなかったよ。

親父　自分のクルマにどんな安全デバイスが備わっているか、カタログできちんと調べておくべきだろうね。ABS(アンチロック・ブレーキ・システム)だけなのか、トラクション・コントロール・システムも付いているのか、はたまたESCまで備えるのか。昔のクルマと違って、いまのクルマの安全性はこうした電子デバイスと切り離せないからね。

ESCの登場前から、ABS(アンチロック・ブレーキ・システム=ブレーキのロックを防ぐ)やTRC(トラクション・コントロール・システム=タイヤが空転するとエンジン出力を制御する)などの電子デバイスは存在した。

ESCとは、これらの電子制御式安全装置を総合的に制御し、不安定な状態に陥った車両の安定性を取り戻す働きをする。たとえば、4つのタイヤのうちのひとつだけに軽くブレーキをかけるなど、細やかな制御を行うのが特徴である。

VSC(Vehicle Stability Control)やVDC(Vehicle Dynamics Control)など、名称はさまざまであるが、車両の挙動を安定させるという目的は共通である。

Driving・Safety

09

夜のドライブ

夜間の事故は、致死率高し

息子　さあて、お母さんも待っているし、急いで家に帰ろう。

親父　かなり暗くなってきたね。夜の運転は、特に注意しないと。

息子　やはり夜のほうが交通事故は多いのかな？

親父　警察庁の資料によれば、昼間と夜間の交通事故の件数は、7対3。やはり、クルマや人がたくさん活動している昼間のほうが事故の件数自体は多いんだ。だけど、死亡事故の約半分が夜間に起こっている。

息子　つまり、夜間のほうが重大事故の危険性が高いということだね。

親父　事故が起こった場合、それが死亡事故になる確率が夜間は昼間の2・8倍になるんだ。

息子　夜のほうがスピードが高いということなのかな？

親父　いや、昼間の事故のなかで、歩行者が被害に遭ったものは全体の約20パーセント、ところが夜間の事故だと歩行者の被害は40パーセントと倍にハネ上がる。

息子　なるほど、歩いている人を発見できないことが原因なんだ。

親父　そういうこと。いくら街路灯があるといっても昼間と同じような視界が確保されるわけじゃない。真っ暗で、クルマのヘッドランプが照らす範囲だけに視界が限られる道だって多い。

息子　そういえば、真っ黒な洋服を着ている人が突然現れてびっくりしたことがある。

親父　実際は突然現れたわけではないんだけ

れど、ドライバーの目にはそう映るね。

息子　そういった場合、事故を避けるのは難しいね。特に雨の夜だと、歩いている人を発見するのが遅れることもある。

親父　「デイライト・ランニング・ランプ」のところでも言ったけれど、ヘッドランプをしっかり点灯して、歩行者に「クルマが来ています」ということを知らせる必要はあると思うね。

息子　夕方、薄暗くなったらすぐにヘッドランプをつけるようにするよ。

親父　最近気になるのは、携帯電話で話をしたりメールをしながらの歩行者。ケータイに気をとられて、周囲のクルマの危険性を感じていないように見える。

息子　電話をしながら自転車に乗っている人もいるよ。

親父　だから、本当に事故を減らすためにはドライバーだけでなく、歩行者の意識改革も必要になるんだけどね。

息子　とにかく、ドライバーとしてはスピードを落として、歩行者や自転車がいることを想定して走る必要があるね。

親父　横断歩道、交差点はもちろんだけど、それ以外の道路を無理に横断しようとする人もいる。昼間も安全運転が必要だけれど、夜間は特に、一瞬たりとも気を抜くことはできないね。

息子　あと、自分が歩行者や自転車に乗るときは、十分に気をつけるようにするよ。

親父　そうそう、夜でもよく見える「ナイトビジョン」という仕組みがあるんだ。

息子　夜でも見える？

親父　そう、赤外線カメラなどを使って暗い所でも視界を確保する装置さ。ＧＭやメルセデス、ホンダもやっているね。

息子　それ、すごい便利だね！

親父　だけどこれは上級編。カーナビと同じで、まずは裸眼で安全運転しないとな。

交通事故死亡者数

1970年に交通事故で亡くなった方の数は1万6765人。その後、交通安全運動や景気の停滞による交通量減により交通事故による死者の数は減少するが、バブル経済期に再び1万人の大台を突破する。

以後、車両の安全性向上と不景気による交通量減により90年代半ばには交通事故死者数は1万人を下回る。

以後、順調に死者数は減り、2005年は6871人と、50年代の水準に低下している。

Driving・Safety
10
無事に帰宅して（今日一日の反省と復習）
注意すべきは雨の日、師走、帰宅時間

息子　ふ〜、疲れた。運転って、簡単じゃないんだね。

親父　そりゃそうだよ。どんなにテクノロジーが進歩しても、クルマはいまだに「走る棺桶」「走る凶器」になり得る存在。そういった心構えもなしに運転しちゃいけない。で、今日の復習だけど、印象に残っているのはどういうことだった？

息子　まず、高速道路で昼間でもヘッドランプをつけるというのが意外だった。あれくらいの暗さだったら、今までの僕ならヘッドランプはつけなかったよ。だけど、周囲のクルマを見渡しても、ヘッドランプをつけているクルマにはすぐ気づくから、効果はかなり大きいと思った。とにかく、雨の日の運転は気を遣わなければいけないと実感したな。

親父　首都高速の統計データによれば、雨の日の事故の件数は晴れの日の4倍。夜間に限れば6倍にもなるんだ。原因は「スリップ」と「視界不良」が多いそうだ。

息子　そうか、やっぱり雨の日には注意しないといけないんだな。

親父　統計データの話を続けると、警察庁のホームページよれば月別だと交通事故は12月に多いそうだ。やはり、みんな忙しくて焦っているのかな。それから、曜日別だと土曜日。レジャーのクルマと仕事のクルマ、両方が走るからかもしれないね。

息子　さっき、夜の死亡事故が多いという話があったけれど。

親父　時間帯別だと、18時から20時が多い。帰宅の時間だし、歩行者もまだ多い時間帯な

んだろうね。曜日別では土曜日と日曜日が事故が多い。クルマに慣れていない人が走っているからね。交通事故が起こる場所で一番多いのは、やはり一般道の交差点なんだよ。クルマ、オートバイ、自転車、歩行者、みんなが重なる場所だからね。高速道路についていえば、深夜から明け方にかけての時間帯にも注意が必要。

息子　眠くなる時間だ。

親父　そういうこと。眠気もそうだし、疲労も蓄積しているだろうからね。

息子　ほかには、山道での運転が難しかった。

親父　山道もほかの道も同じだけれど、上手に速く走るなんていうのは、最後でいい。楽しく速く走れたから事故を起こしてもしょうがない、なんて誰も思わないはず。そのためにも、走るルートを事前に確認しておくとか、自分のクルマの装備やスペックを知っておくとか、家でできることをやっておきたいね。

息子　今日のルートを、これから地図で復習するよ。

親父　それもいいかもしれないね。パソコンでグーグルアースを使うと面白いよ。難しいと感じた山道は、地図上ではどのようになっているのか。それを知れば、次に別の道を走るときでも、事前に地図を見ればおおよその見当がつくようになる。カーナビを見るのは、地図を見てからだ。

息子　安全に気をつけなければいけないというのもよくわかったけれど、やっぱりクルマの運転は楽しいものだと改めて感じたな。

親父　安全運転を学ぶということで大事なのは、教え方がうまいとか理解力に優れるということより、きちんと運転しようという心構え。それはやはりクルマが好き、運転が好きという情熱が根っこにあると思う。

息子　クルマと運転が好きだというのは間違いないな。今日教わったことを復習して、次はもっともっとうまく運転できるような気がするもんね。

一般道の交差点

警察庁のデータによれば、2005年に発生した93万3828件の交通事故のうち、交差点内で起きたものが全体の47・3%、交差点付近で起きたものが8・6%、合計で55・9%と過半数を占めている。

第5章
環境・エネルギー編

監修＝舘内 端

胸を張って乗り続けるために、知っておくべきクルマの未来図

クルマは素晴らしい乗り物ですが、負の側面もあります。
地球温暖化などの問題が明らかになってきた以上、
環境への負荷に無自覚ではクルマに乗る資格はありません。
エネルギーの枯渇も、気になるところです。
持続可能なクルマ社会のために、何ができるかを考えます。

登場人物

師匠

もともとは自動車評論を生業としていたが、最近は「自動車がどうしたら生き残れるか?」に頭を悩ます機会が増えている。本業のクルマ関連の知り合いよりも、趣味のスキー仲間から「師匠」と呼ばれる機会が多いと、本人はこぼしている。

弟子

スキー専門誌における師匠の連載を読み、スキーを教わるつもりで師匠に弟子入りする。けれども、いつしか自動車の分野でも感化され、自動車が抱えるエネルギー環境問題についても考え始めたヒマな大学生。

特別エッセイ

ドイツの農民に教えられた

舘内 端

ドイツ人の運転するクルマが停まっていた。多分、農民だ。2台目は大工のクルマだ。きっと。

フランクフルト郊外の小高い丘の中途のことだった。もう十数年も前の試乗会での出来事である。で、私もクルマを停めた。道路工事中の仮設信号が赤だったからだ。

ドイツにも日本と同じような仮設信号があって、工事中には片側一車線を規制するのだ。フム、フム。ドイツ人も気が利いていると、私は日本のように進んだドイツの道路工事における交通管理を半分バカにして観察していた。だが、たちどころに反撃を食らうことになった。

信号がようやく青になった。イライラして待っていた私はアクセルを吹かして農民と大工とおぼしき前の2台のクルマを煽った。と、そのときである。それは、私が見たことも聞いたこともない驚きの出来事。青天の霹靂であった。

赤から青に信号が変わると、一呼吸おいて前の2台のクルマからセルモーターの回るキュルキュルという音がした。エンジンをかけたのだ。な、なんということだ。彼らは赤信号でエンジンを停止していたのだ!

試乗会場に戻り、ドイツ人に聞いて見ると、赤の場合にエンジン停止が義務になっている信号もあり、その旨が表示されているという。

げっ、ドイツでは信号待ちアイドリングストップが義務化されていたのだ。私は、改めて環境先進国のドイツに頭が下がる思いだった。

日本に戻ると、仲間にこの話をした。そして、さっそく私も信号待ちアイドリングストップを励行した。私の話を聞いた某女史もさっそく励行し、その話を自動車メーカーとジャーナリストが集まる大きなシンポジウムの会場でして、某メーカーで低公害車を開発するエンジニアに激怒されたのであった。「そういうのを自己満足というのだ」と。十数年前の日本は環境後進国だったのだ。えっ、今でもそうだってか。いや、いや。そんなカーメーカー関係者はもういない。えっ、まだいるってか。ウーン。

その頃、日本EVクラブを立ち上げた私は、四面楚歌状態だった。「舘内さんは、あっちにいっちゃった」と、よくいわれた。何か新興宗教の団体に加入したかのようないわれ方だった。あるいは、スタンドプレーだ、人気取りだ、売名行為だともいわれた。全部、当たっているので何ともだが……。

それでも目の前で、「あっちにいっちゃったから、もう舘内さんとは口を利かない」と、某自動車メーカーの方からいわれたときは、さすがの強心臓の私も落ち込んだのだ。しかし、回復の早い私は、「よーし。もっとEVをやって嫌われてやれ」と、意固地になったので、その方にしてみると反対の効果になってしまったようだ。

あれから13年ばかり。初代プリウスが発売され、京都でCOP3が開催されたころから（97年）、世の中も、自動車業界も、エンジニアも、少しずつ変わってきた。スイスでは義務化された信号待ちアイドリングストップも、日本の警察は反対だったが推進に変わり、アイドリングストップを「自己満足だ」というメーカー関係者も（きっと）いなくなり、原油価格の高騰を受けてガソリン価格も高騰し、石油の先行きを心配する声も聞こえるようになって、TVでは連日、地球温暖化が報じられ、先進国首脳会議の議題にも取り上げられるようになった。

自動車は深刻な環境・エネルギー問題を抱えていることが、ようやく知られるようになった。しかし、それは事態がより深刻になったということでもあって、喜んでよいのやら、悲しむべきなのか。わからない。

いずれにしても、自動車における環境・エネルギー問題は、私たちが被害者であり、私たちが加害者である。つまり、私たち一人一人の問題であり、逃げようがないのである。

ということで、まずは信号待ちアイドリングストップから始めようではありませんか。えっ、自己満足だって？ウーン。そんなことはないのだけれど。

Environment・Energy

01

エネルギー問題

ガソリンがどんどん高くなるワケ

弟子　師匠！　待ちに待った白銀のシーズン。いざスキー場に出発しましょう！

師匠　よっしゃ、だけどその前に、ガソリンを入れないとな。

弟子　それにしてもガソリンが高くなりました。ふ～、ハイオクでリッター150円か……。なぜこんなに上がったんでしょう？

師匠　そりゃお前、いろんな要因があってひと言じゃいえないけれど、激しい乱高下は機関投資家が先物取引で価格を揺さぶるからさ。

弟子　機関投資家？　先物？

師匠　原油価格の指標のひとつにWTIがあって、これが世界の原油価格を決定するんだ。80年代は1バレルあたり10ドル台だった。ところが今、60ドル、70ドルに達している。

弟子　なんでそんなに上がったんでしょう？

師匠　まず中東の政治的不安定が大きな要因だね。イラクが大変なことになって、イスラエルもブスブスいっている。将来的に原油の供給が不安定になると読んで、投機筋が原油を買ってるから高騰してるわけさ。

弟子　じゃあ、中東の情勢が安定すれば原油も下がる？

師匠　そういうわけでもなさそうなんだ。もっと根本的に、石油の埋蔵量の限界が見えたという説がある。年々増える需要に対して、供給が追いつかなくなっている。

弟子　師匠、それが本当なら大変ですよ！

師匠　石油採掘のピークを過ぎると急激に生産量が減退するという、ピークオイル説というのがある。どうやら、世界中の油田がピークを迎えたようなんだ。サウジアラビアの世

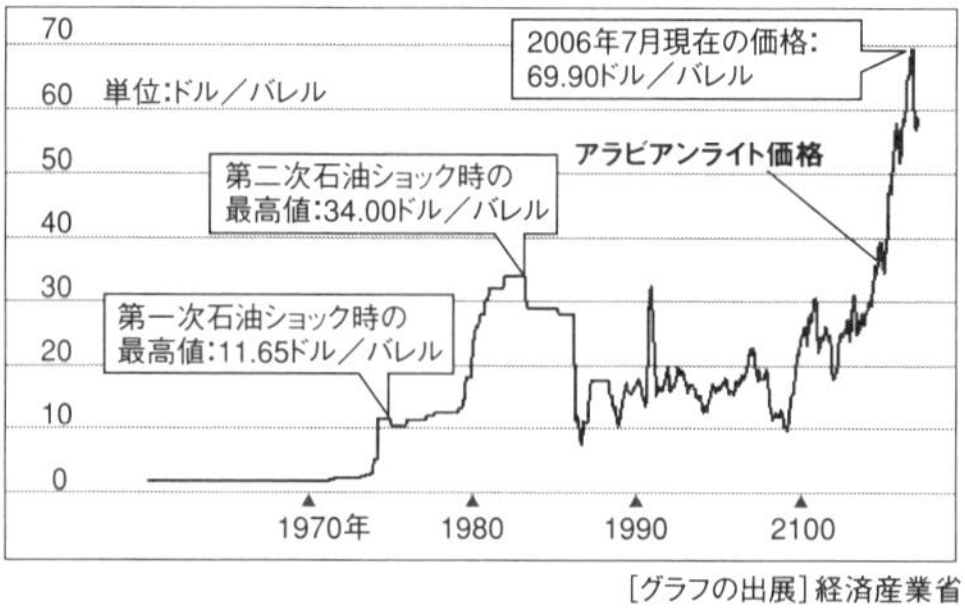

［グラフの出展］経済産業省

このグラフを見ると、日本の高度成長期にいかに安定した価格の原油を輸入できていたかがわかる。そして、第1次石油ショック時の最高値が

界最大の油田、ガワール油田ですら、海水や窒素ガスを注入しないと石油が出ない。

弟子　ほら、でもカスピ海沿岸とか、新しい油田も見つかっているじゃないですか。

師匠　中国、インドをはじめ、石油の需要はうなぎ登り。たとえばカスピ海の石油で全世界をまかなうとすると、５年しかもたない。パリにあるＩＥＡ（世界エネルギー機関）が、２０１０年から20年にかけて石油の供給不足に陥るという試算を発表したんだ。

弟子　天然ガスがあるんじゃないですか。

師匠　天然ガスはもうほかの産業への使い道が決まっていて、いまさらクルマに回すわけにはいかない。原子力発電所を作るには20年以上かかるし、ソーラーや風力といった自然エネルギーもまだ発展途上。

弟子　そうだ、こないだテレビで見たんですけど、バイオエネルギーは可能性があるんじゃないですか。バイオは植物だから、燃やしても二酸化炭素はプラス・マイナスゼロになるっていってましたよ。

師匠　「カーボン・ニュートラル」って呼ぶんだけど、問題はバイオ燃料の原料のトウモロコシ、さとうきび、小麦をどうするか。メキシコではトルティーヤの原料になるトウモロコシの価格が高騰してデモが起きている。アメリカでも、バイオ燃料をガソリンに混ぜる割合はせいぜい10〜20パーセントだから、根本的な解決策にはならない。

弟子　ほかに何かエネルギーはないですか？

師匠　石炭がある。石炭はエネルギー量としては、１５０年分もあると言われているよ。

弟子　やった！　とりあえず解決ですね！

師匠　ところがどっこい、石炭っていうのは石油の１・５倍も二酸化炭素を出すんだな。それに固形の石炭をエンジンにくべるわけにもいかない。石炭を液化する必要があって、お金もかかるしその際に二酸化炭素も出る。

弟子　ということは……。

師匠　そう、地球温暖化の元凶となるんだ。

11・55ドル／バレルだったのに対し、２００６年7月の最高値は69・9ドル／バレル。
　２００５年における世界の石油消費量は1日当たり８０００万バレル（1バレルは１５９リットル）であり、米国政府は２０２５年には1億２０００万バレルに増加するという。
　ただし、このような大量の石油を生産する能力はない。理由のひとつは、生産設備が追いつかないということであり、もうひとつはピークオイルによって掘っても石油の出が非常に悪くなるということである。
　ちなみに、米国は８０００万バレルのうち4分の1の２０００万バレルを消費し、うち自動車は１４００万バレルも消費してしまう。しかも５００万バレルは中東からの輸入である。南米の食糧事情の悪化など構わずトウモロコシ原料のエタノールをガソリンに混ぜたくなるわけだ。

地球温暖化問題

地球温暖化の元凶はクルマなの？

弟子　あちゃー、せっかくスキー場にまで来たのに、雪がまったくないですよ、師匠！

師匠　こりゃひどいな、去年も雪が少なかったけれど、今年はもっと少ない。

弟子　やっぱり地球温暖化は本当に起きているんですねぇ……。

師匠　過去１００年間を見ると、地球の全平均で気温は０・７度上昇している。陸の上に限定すると、約1度。過去１０００年間でこれだけの気温上昇はないから、明らかに温暖化が進行しているってことだね。

弟子　温暖化が起きると何が問題なんでしょう？　スキーが嫌いな寒がりな人は喜ぶんじゃありません？

師匠　地球温暖化が引き起こす問題はいくつか考えられるけれど、まず大きいのは異常気象だね。雨が降る地域はこれまで以上に降るようになり、降らなかった地域はさらに降らなくなる。

弟子　洪水や干魃のニュースをよく耳にしますもんね。

師匠　ヨーロッパやアジアの一部の地域では洪水が増えていて、いっぽうオーストラリアは深刻な干魃に見舞われている。

弟子　カリフォルニアでは山火事が頻発しているようですね。

師匠　それから、高温になると台風／ハリケーンの強さと数が増す。アメリカで大問題になっているけれど、いままでだったら通るはずのないルートを通るようになっているんだ。産業革命当時から気温が2度上昇すると経済や健康に莫大な被害を与えると言われて

２００1年、ＩＰＣＣ（気候変動に関する政府間パネル）は、地球温暖化に対して警鐘を鳴らしている。要旨は、以下のような内容。
※２００7年に第4次の報告書が発表される。

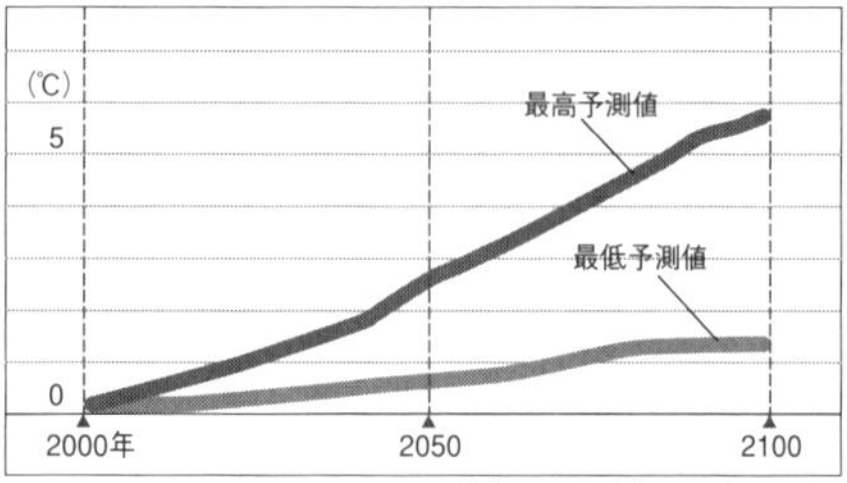

［グラフの出典］IPCC（2001年）

いるけれど、もう0・7度上がったので、残りは1・3度しかない。しかもこのところ気温上昇のペースが加速度的に上がっている。

弟子　新聞やテレビでも、二酸化炭素排出の問題を毎日見かけます。やはり、クルマにも責任はあるのでしょうか?

師匠　大アリだね。一般論として、二酸化炭素排出の中でクルマが占める割合は20〜25%だとされている。クルマ先進国ではもっとこの割合があがって、自動車社会のアメリカでは石油の7割をクルマが消費している。

弟子　1997年の京都会議で、二酸化炭素の排出を減らすという枠組みが決められましたよね。

師匠　2008年から2012年までの期間中に、日本は対90年比で温室効果ガスを6%減らすことになっている。だけど、全然減っていないどころか、逆に増えている。90年から95年の5年間だとなんと17%増!

弟子　全然ダメじゃないですか!?

師匠　ダメだけど、悪いのは何だと思う?

弟子　やっぱりクルマでしょうか……。

師匠　正解。90年から2001年までで、運輸部門が排出する二酸化炭素が22%も増えている。運輸といっても自動車、鉄道、船、飛行機とあるんだけれど、二酸化炭素を出すのは90%以上が自動車。自動車の中でも、バスやトラックなど業務用の車両は減少していて、結局二酸化炭素を増大させているのは乗用車だということになっている。

弟子　ということはつまり、われわれクルマ好きが悪いということになりますね。

師匠　ま、現時点ではね。だけど、夜中にクルマを走らせてスキー場へ突っ走るのは、やっぱり楽しい。

弟子　そりゃそうです。

師匠　だから俺たちみたいにクルマでスキーへ行くのが大好きって人種は、その楽しさをいつまでも味わうための方法を考えなきゃいけない。

「地球の平均気温は過去100年の間に0・6度±0・2度上昇している。原因は、二酸化炭素に代表される温室効果ガス。この温室効果ガスはさらに増える傾向にあり、1990年から2100年にかけての地球全体の平均気温上昇は最低でも1・4度、最悪の場合は5・8度に達する」

　ガソリン1リットルが燃えると、約2・3kgの二酸化炭素が排出される。年間1万2000km走り、平均燃費が6km／リッターの自動車オーナーが排出する二酸化炭素は、4600kgにも及ぶ。この二酸化炭素を2リットルのペットボトルに入れると、130万本となる。

　ちなみに軽油の場合は、1リットルで2・64kgの二酸化炭素を排出する。つまり、同じ燃費であれば、ディーゼル車はガソリン車よりも二酸化炭素排出量が15%ほど多い。

Environment・Energy

03

自動車の生産台数増加

中国が日本を抜いて、インドも……

弟子　師匠、それにしてもひどい渋滞ですね。こんなにたくさん自動車が並んでいる。

師匠　さっきの話の続きをすると、１９９０年から２００４年で、日本の自家用車による二酸化炭素排出は50パーセント増、１・５倍になっているんだ。

弟子　50パーセントっていったら大変ですよ！

師匠　大変なんだよ。一方、トラックの二酸化炭素排出量は微増にとどまっていて、バス、タクシーにいたっては微減。

弟子　ということは、自家用車が悪者……。

師匠　90年から01年までの10年ちょっとで、日本では乗用車の保有台数が１・５倍に増えているんだ。数が１・５倍に増えているから二酸化炭素の排出量も50パーセント増。ぴったりだろ。

弟子　ホントだ、ぴったりですね。

師匠　クルマが一家に一台の時代から、一人一台の時代になったことで、着実に自家用車の保有台数が増えている。

弟子　中国における新車販売台数が日本を抜いた、なんて記事も目にしました。

師匠　06年、中国における新車販売台数は７２１万６０００台、一方日本は約５６４万台だったから、中国ではものすごい勢いでクルマが増えていることになるな。07年に中国での生産台数は８５０万台になると予測される。

弟子　インドも増えているんですよね？

師匠　よく知ってるね。06年度、インド国内の自動車生産台数ははじめて２００万台を突破して２０６万４８５０台を記録したんだ。これは前年度比プラス21・4パーセント。

２００６年、ついに中国における自動車販売台数が日本を抜き、アメリカに次ぐ世界第2位となった。前年度比＋25・3％という驚異的な伸び率を見せている。

また、ロシアが＋10・6％、ブラジルが＋12・4％、インドにいたっては＋47・9％と、今後しばらくはＢＲＩＣｓにおける自動車市場の拡大は続いている。

このような自動車保有台数の爆発的増加を目前に、日米欧という自動車先進国では本文にもあるような厳しい燃費規制が実施される。ここで、これから自動車が増える国々、自動車の生産を増やそうという国々でどのような燃費規制が可能か、課題は山積している。

弟子　世界中で自動車が増えていくと考えたほうがよさそうですね。でもそうすると、日本がいくら二酸化炭素排出量を削減しても、意味がないように思えます。

師匠　そこで、日米欧の政府は、二酸化炭素排出量を厳しく規制しようとしている。まず日本は、２０１５年までに二酸化炭素排出を平均23・５パーセント削減するという燃費規制を新たに策定している。測定モードも、現行の10・15モードから、暖機せずにスタートするJC08モードを採用することで、よりシビアに燃費を計測する。

弟子　ヨーロッパはどうでしょう？

師匠　ＥＵの委員会は２０１２年までに１３０ｇCO_2／㎞を義務化するとアナウンスしていて、ヨーロッパの自動車メーカーは戦々恐々としている。

弟子　１３０ｇCO_2／㎞というと？

師匠　１キロ走るときに二酸化炭素を１３０グラム排出するという意味で、日本流の燃費表示にするとリッターあたり17・８㎞走るクルマ、ということになる。

弟子　そりゃ確かに厳しいですね。

師匠　アメリカも、ＥＰＡ（環境省）に対して二酸化炭素を自動車排ガスとして規制するように連邦裁判所が勧告したこともあって、早晩、自動車の二酸化炭素排出量規制が実施されるはずだ。

弟子　なるほど、世界中でクルマが増えていきますけれど、こういった規制をクリアするクルマも増えていくというわけですね。

師匠　こういった自動車先進国で燃費規制＝二酸化炭素排出量規制が実施されようとしているわけだけれど、いずれも現在の自動車技術では達成が極めて難しい基準ばかり。達成できない自動車メーカーは存続が危うくなる。また、クリアできたメーカーは、今後のマーケットで有利になる。これから、自動車メーカーが生き残りを懸けて省燃費技術を追求するのは間違いないだろうね。

2006年自動車内需規模の順位

順位	2006年			
	国	内需	割合	増減率（%）
1	米国	17,048,981	24.8	-2.3
2	中国	7,215,972	10.5	25.3
3	日本	5,739,506	8.4	-1.9
4	ドイツ	3,770,500	5.5	4.3
5	英国	2,731,832	4.0	-3.3
6	イタリア	2.579.017	3.8	3.5
7	フランス	2,498,946	3.6	-1.9
8	ロシア	2,030,000	3.0	10.6
9	スペイン	1,953,047	2.8	-0.3
10	ブラジル	1,927,738	2.8	12.4
11	インド	1,754,372	2.6	47.9
12	カナダ	1,666,008	2.4	2.2
13	韓国	1,205,845	1.8	2.8
14	メキシコ	1,177,088	1.7	1.3
15	イラン	992,000	1.4	0.0
世界全体		68,638,000	100.0	3.4

日本自動車工業会

Environment・Energy

04

排ガスが引き起こす健康被害

これから被害の実態が明らかに

弟子　やっと渋滞が解消した！……と思ったら、すごい勢いで加速していきますよ。あれ、あのトラック整備不良じゃないのかな？　黒い煙を吐きながら猛然と走っていく。

師匠　ありゃひどいな。そろそろあんなトラックはいなくなるはずだけど。

弟子　師匠、地球温暖化や二酸化炭素排出の話ばかりでしたけれど、クルマの排ガスによる健康被害の問題もあるんじゃないですか？

師匠　その通り。いままで、日本各地で裁判をやってきているね。自動車メーカーは賠償金／解決一時金を支払うことになりそうだし、ここにもクルマの「負」の問題がある。ただし、排ガスによる健康被害の問題はなにもいまに始まったことではなくて、１９４０年代のロサンゼルスですでに問題となっていたんだ。

弟子　そんなに昔からですか。

師匠　１９６３年にアメリカでは排ガス規制が始まって、さらに大気汚染の被害が深刻になったところで上院議員のマスキー氏が排ガス規制法案を提出するまでにいたった。後に「マスキー法」と呼ばれる非常に厳しい法案は、オイルショックのあおりで廃案になったんだけどね。

弟子　日本の排ガス規制はどうなりました？

師匠　78年、マスキー法にも勝るとも劣らない厳しさの、「昭和53年規制」が施行されたんだ。これは２０００年に改定され、さらに02年に一段と規制値が厳しくなって今に至っている。ただし、これはガソリンエンジンの話。

弟子　ディーゼルはまた違うんですか？

究極のディーゼル排ガス規制は、日本ではポスト新長期規制（09年）、米国ではTier2Bin5といわれる。ただし、これらと同等の規制のヨーロッパのユーロ6は2014年に実施予定。したがって、それまではヨーロッパに輸出される国産ディーゼル車が必ずしも日本や米国でも販売できるとは限らない。

師匠　93年から始まったディーゼル車の規制は、短期、長期、新短期、新長期と強まって、それでもダメで、09年に実施される予定のポスト新長期規制でようやくクリーンになる。

弟子　へー、じゃあこれからまだまだ規制は厳しくなるんですね。

師匠　ちなみに、国産車、輸入車を問わずに、新長期規制をクリアしたディーゼル乗用車はない。ましてや、ポスト新長期規制をクリアできるメーカーはかなり限られるだろうね。

弟子　二酸化炭素排出と同じで、排ガスの健康被害も自動車メーカーの存続を懸けた問題になるわけですね。

師匠　そしてこれからは、ＰＭ問題が大きくクローズアップされるかもね。

弟子　ＰＭ?

師匠　パティキュレイト・マターズのことで、つまり粒子状物質さ。直径２・５ミクロン以下のＰＭ２・５は主にディーゼルの排ガスから生まれるんだけど、これがアレルギーの発症や発ガンを引き起こすとされている。ＰＭとディーゼルと疾病の因果関係がはっきりすると、これは大問題になるだろうね。

弟子　温暖化と同等かそれ以上、排ガスの問題も深刻ですね。

師匠　もっと脅かすと、実はＰＭ２・５より粒子が小さいナノ微粒子、こいつは測定方法すら確立されていないんだけど、ＰＭ２・５よりタチが悪いと言われている。細胞膜を通過して直接、細胞に入り込んで悪さをするんだ。今やっと超超微粒子の測定方法の研究が始まったところ。

弟子　光化学スモッグの問題もあります。

師匠　そうだ、忘れちゃいけない。ＮＯｘ（窒素酸化物）とＨＣ（ハイドロカーボン）が一緒になって、これに光があたると光化学スモッグ。これが花粉症やアトピー性皮膚炎の原因になるとも言われている。排ガスの健康被害の問題も、山盛りだよ。

健康に被害をあたえる物質として名前があがるのがＰＭ２・５という、直径が２・５マイクロメーター以下の超微粒子。直径が小さいために気管を通過し、肺の奥深くに侵入、気管支炎などを引き起こすほかに発ガンの遠因になるとされる。

現在、独立行政法人・国立環境研究所などがフィールドワークを含めて健康被害と環境濃度の関連性を調査している。現時点では、やはり粒子の直径が小さくなればなるほど人体に与える影響は大きくなるとしている。

またＰＭ２・５の分布を見ると、やはり東京、名古屋、大阪の大都市圏と、東名高速の沿線の被害が大きくなっていることがわかる。

このような調査結果を受けて、２００７年６月には若林正俊環境相はＰＭ２・５を対象とする環境基準の新設に前向きな考えを示した。

05

ハイブリッド車の仕組み

ホンダ方式とトヨタ方式の違い

弟子　ガソリン価格の高騰、地球温暖化、排ガスによる健康被害……、これからますます全世界でクルマが増えることを考えると、エコロジー・コンシャスなクルマについて考えることが不可欠ですね。

師匠　その通り。

弟子　エコカーといってもいろいろあると思いますが、２００7年5月にトヨタの渡辺捷昭社長がハイブリッド車の累計販売台数が１００万台を超えたと発表しました。実際、街中でもプリウスを見かける機会が増えたように感じます。ハイブリッド車はやはり燃費がいいんですね。

師匠　まずはハイブリッド車の仕組みについて知っておきたいね。ハイブリッドには大きくわけて、パラレル（並列）とシリーズ（直列）の2種類がある。パラレルというのはエンジンとモーターが並列しているという意味。

弟子　なるほど、それでシリーズというのがエンジンとモーターが直列しているという意味ですね。

師匠　それで、パラレル方式だとエンジンとモーターの両方が駆動に関与する。ただし、エンジンは基本的には発電をしない。

弟子　モーターを回す電気はどうします？

師匠　減速のエネルギーを電気にしてバッテリーに貯める、回生ブレーキで充電する。だから、加減速があって初めて成り立つのがパラレル。ホンダがこの方式だね。

弟子　シリーズはどんな仕組みでしょう？

師匠　シリーズ方式だと、エンジンは駆動し

ハイブリッド車を理解する3つのキーワード

●モーター
モーターは、ゼロ回転からトルクを発生する。つまり、停止状態から力強く発進できる。したがって、モーターは低速走行が得意。いっぽうで、低速走行が不得意なのがエンジン。そこで、モーターとエンジンを適材適所に配し、効率よく走るように考えられたのがハイブリッド車である。

●回生ブレーキ
クルマが減速する際に、その運動エネルギーを電気エネルギーに変換し、電力としてバッテリーに回収する仕組みを回生ブレーキと呼ぶ。このシステムは、発電機とバッテリーで構成される。加速と減速が繰り返される場合、特に回

ないで、もっぱら発電機として機能する。エンジンが発電した電気エネルギーでモーターを回し、タイヤを駆動するのさ。

弟子　こっちのほうがシンプルですね。

師匠　シンプルだけど、高速道路では効率があまりよくない。そこでトヨタが考えたのがシリーズとパラレルを併用する方式で、シリーズ・パラレルと呼んでいるね。これは、発電用と駆動用、モーターを別々にふたつ持っている。回生ブレーキのほかにエンジンでも充電するから、効率は高い。

弟子　でも、仕組みが複雑になりませんか?

師匠　いいところに気がついたな。その通り、単純に考えて、トヨタ式のシリーズ・パラレルは電気系の部品が複雑になるし、ということはつまり、高価で重くなる。ただし、実走での効率はいいから燃費は向上する。

弟子　ということはつまり、これからはシリーズ・パラレルが主流ということでしょうか?

師匠　いや、そうとも言い切れないんだな。シリーズ・パラレルは複雑で大きくて重くて高価だから、小型車にはあまり向かない。どちらかといえば、大きなクルマ、高価なクルマ、たとえばレクサスの大型セダンに向いたシステム。一方、ホンダ式のパラレルは小型車、なかでも加減速の多いシティコミューターみたいな使い方にはばっちりはまる。ホンダは、大きなクルマはディーゼルで対応しようと考えている。

弟子　ということはつまり、ハイブリッド車とひと言でいってもいくつか種類があって、それぞれに向き不向きがあると考えればいいんですか。

師匠　そう、それはよく覚えておいたほうがいい。実際にトヨタとホンダのハイブリッド車を乗り比べるとわかるけど、まるで違うクルマだから。とにかく、これからエンジン車の効率を上げていこうとしたら、内燃機関とモーターがお互いを補完していくハイブリッド車が最右翼であることは間違いない。

生ブレーキの効果が大きくなる。減速エネルギーを回収すると聞くと驚く人も多いけれど、電車においてはすでに一般的な技術である。

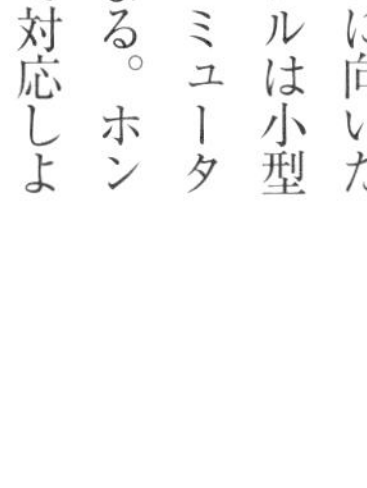
トヨタ・プリウスにも回生ブレーキが使われている

●アイドリングストップ
止まっている状態でエンジンを停止すれば、燃料消費が抑えられる。一般の内燃機関車だとエンジンが止まると電力の供給も途絶え、結果としてアイドリングストップ中はエアコンやカーナビ、オーディオが停止してしまった。ところが電気の蓄えが内燃機関車よりけた違いに多いハイブリッド車は、アイドリングストップ状態でも電力を供給する。また、プリウスはインバーター式の電動エアコンを採用したことで、夏場の燃費向上を図った。

Environment・Energy

06

ディーゼルエンジンの利点と課題

これから強まるディーゼルへの規制

弟子　メルセデス・ベンツがディーゼルの乗用車を日本に導入したり、特にヨーロッパの自動車メーカーは積極的にディーゼル車を推進してますよね。

師匠　まず原則論からいくと、ディーゼルは大きくて重いクルマを動かすのに適している。たとえば排気量が1万ccくらいになってシリンダーの筒の容積が大きくなるとガソリンエンジンだとうまく燃えないんだ。

弟子　ディーゼルは熱効率が比較的いいわけですね。

師匠　そういうこと。圧縮がガソリンエンジンよりも高いので熱効率がいい。だから、大排気量車のエンジンの巨大な燃焼室でもよく燃える。ガソリンエンジンの場合はスパークプラグで火をつけるんで、燃焼室が大きいとどうしても炎の伝搬に時間がかかり、圧縮比も高くできず効率が悪くなる。

弟子　健康被害のところでもふれましたが、あとは排ガスをクリーンにするという問題が残っているわけですね。

師匠　ＰＭ２・５やナノ微粒子が健康にあたえる影響が甚大なのに、まだ測定方法すら確立されていない恐ろしさについてはさっき話したけれど、ここではディーゼルの排ガス規制について話をしよう。

弟子　ヨーロッパのユーロ4という基準をクリアしたディーゼル車はかなりクリーンだと聞きましたけれど。

師匠　日本の排ガス規制は短期、長期、新短期、新長期と強まってきて、それでも終わらずに、２００９年のポスト新長期規制で完結

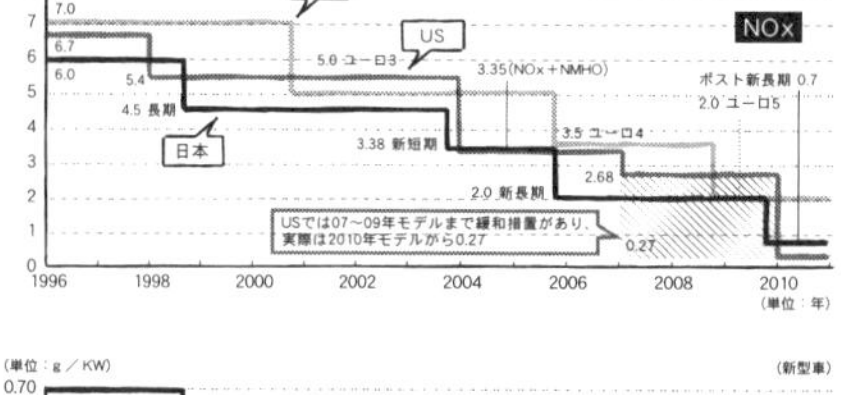

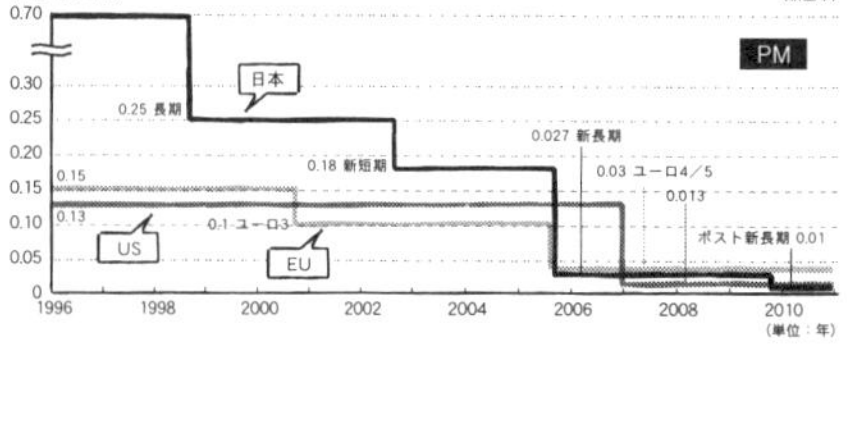

し、ようやくクリーンになるとされている。ユーロ4というのは、日本の基準にあてはめると05年に施行した新短期規制くらいのレベルかな。ま、ヨーロッパ車に限らず、新長期規制をクリアしたディーゼル乗用車というのはまだ存在していないんだけどね。トラックはぽつぽつと出てきたんだけど。

弟子　日本のほうがディーゼルの規制に関しては厳しいわけですね。

師匠　そう、ヨーロッパは狭い地域にたくさんの国が存在する地理的事情で、統一的な排ガス規制が実施しにくいという事情があるね。大体、日本とアメリカに比べると何年か遅れている。つまり規制は緩い。

弟子　アメリカも進んでいるんですか。

師匠　07年にアメリカが実施する「Tier2Bin5」規制は、日本でのポスト新長期規制、ヨーロッパでのユーロ6並みに厳しいんだ。ユーロ6というのは2014年実施予定だから、アメリカはヨーロッパよりも7年早い。

弟子　ポスト新長期やユーロ6というのはかなり厳しい規制になりそうですね。

師匠　ディーゼル車の規制値がガソリン車とほぼ同等になるんだよ。つまり、排出ガスがほぼゼロに規制される。

弟子　そこで本当のクリーンなディーゼルになるわけですね。

師匠　この規制をクリアすることによって、燃費が悪くなったり価格が上がったりしなければ、という条件付きでね。こういった厳しい規制をクリアするためには、排ガスをクリーンにする装置が必要になる。すると効率が悪くなるし、コストだってかかる。それでも「燃費がよくて値段も高くない」クルマを作れるかどうか、そこが問題だね。

弟子　技術的なハードルは、かなり高いんでしょうか。

師匠　クリアするメーカーは限られるかもしれないね。

日米欧のディーゼルエンジンに対する規制を見てみよう。

　NOx規制を見ると、2007年現在での欧州は3・5g／kWh、日本が2・0g／kWh、アメリカが2・68g／kWhであり、日本が最も厳しい。2010年レベルでは、欧州は2・0g／kWh、日本が0・7g／kWh、アメリカが0・27g／kWhと、日米で飛躍的に厳しくなることが決まっている。

　続いてPM規制を見ると、07年レベルで欧州が0・03g／kWh、日本が0／027g／kWh、アメリカが0・013g／kWhと日欧が厳しい。しかし10年での目標値を見ると、日本が0・01g／kWh、アメリカが0・013g／kWhと、一気に厳しくなるのがわかる。

　つまり10年でのディーゼルエンジンは、ガソリンエンジン並みのクリーンさが求められるということになる。

燃料電池車普及への道のり

究極の解決策、ただしハードルは高い

弟子　クルマのエネルギー環境問題を解決する切り札として、燃料電池がありますよね。実際に走っているのをテレビや雑誌で見ました。ただ、水素でクルマが走る、その仕組みが理解できないんです。

師匠　理科は得意だった？

弟子　テストの点は悪かったですけど、実験は好きでした。

師匠　だったら、水の電気分解の実験は覚えてるだろ。

弟子　あ、フラスコやビーカーに入れた水の中に、電気を通すやつですね。

師匠　そうそう。それで、水を電気分解すると何が発生した？

弟子　えーと、確か、水素と酸素が発生したはずです。

師匠　正解！　燃料電池というのは、その逆をやればいい。

弟子　といいますと？

師匠　水素と酸素を結びつけると、電気と水ができるのさ。燃料電池車は電気でモーターを回す。排ガスも二酸化炭素もなんにも出ない。出るのは水だけ。

弟子　夢のような仕組みですね。確かに、それなら自動車の環境問題は解決します。でも、どうして燃料電池車は増えないんでしょうね。ハイブリッド車はぐいぐい伸びているっていうのに。

師匠　いくつか問題があるんだけど、まず高価だという理由がある。さっき水素と酸素を結びつけるっていう話をしたけれど、それには触媒が必要。触媒には白金を使わなくちゃ

まず、水素分子（H_2）を供給することで燃料電池のシステムはスタートする。H_2は触媒の働きで水素原子（H-H）となり、この水素原子はさらに水素イオン（$2H^+$）になる。このときに、2個の電子（$2e^-$）を電極へ送り出す。この電子は電流として反対側（プラスの電極）に流れる。プラスの電極では外気から取り入れた酸素分子（O_2）が電子を受け取り酸素イオン（O^{2-}）なる。ここで水素イオン（$2H^+$）と結合して水（H_2O）となる。

いけなくて、これが稀少な金属、本当に貴金属で、バカ高い。

弟子　コストの問題がクリアされれば、燃料電池車は増えそうですか?

師匠　水素というエネルギーの問題もある。水素は天然自然に存在しているものではなく、人間の手で作らないといけない。

弟子　水素って、どうやって作るんですか?

師匠　現状では天然ガスから作ることになる。しかし、天然ガスの供給の問題があるので、水素を作るのはそれほど難しくはないが、今度はそれをどうやって運ぶか、という問題にぶつかる。

弟子　水素は運べないんですか?

師匠　水素は現存する物質の中でも最も分子量が小さい。だから、鉄のパイプラインを作っても見えない隙間から漏れちゃう。ボンベとかで運ばないとダメなんだけど、ボンベでたくさん運ぶのはなかなか大変。

弟子　漏れちゃうということは、ガソリンスタンド、じゃなくて水素スタンドを建設するのもひと苦労ですね。それから、気体だから燃料としてクルマに積むのも大変ですね。ガソリンタンクみたいに簡単にはできない。

師匠　大変なんだよ。だから大量に積めなくて、そうすると航続距離が短くなっちゃう。

弟子　整理すると、夢のような燃料電池車ですけれど、いくつか問題がある。高い、水素の輸送と貯蔵が難しい、そしてクルマへの搭載も厳しい、といわけですね。

師匠　これからどんな技術革新があるかはわからないけれど、現状ではディーゼルやハイブリッド車の効率をなかなか上回ることができないんだろうね。

弟子　明日にも実現する、というわけにはいかないんですね。

師匠　原料の確保を含めた水素の製造や運搬、貯蔵に革命的な発明があるとか、白金を使わない触媒とか、ブレイクスルーが必要かな。

ホンダの燃料電池車FCX

Environment・Energy

08 EVの可能性

あとは電池の進化を待つだけ

弟子　エコカー、なかなか決定打がないですね。ドイツで開かれた主要国首脳会議（G8サミット）では、「世界の温室効果ガスを2050年までには少なくとも半減させる」という枠組みで合意になりましたけど、このままだとクルマが足を引っ張りそうです。

師匠　まったくだね。

弟子　EV（電気自動車）はどうでしょうね。

師匠　ありかもしれないね。というのも、いろいろな課題がわりと簡単にクリアされつつあるんだ。三菱自動車の試算によると、EVのi（軽自動車）はガソリンのiに比べて二酸化炭素の排出量は4分の1、燃料代は13分の1ということだ。

弟子　まずEVの仕組みから教えてください。

師匠　これがあまりに単純すぎて説明のしようがないくらいだけど、ミニ四駆にパワー制御器をつけたものだよ。

弟子　ミニ四駆ですか？

師匠　そう、電池があって、電力を制御する制御機があって、モーターでタイヤを回す。あとは特に目立った装置はなくて、ほとんどトランスミッションもいらない。

弟子　課題はありますか？

師匠　まず充電。自宅のコンセントでもできるんだけど、時間がかかるのが問題だった。家庭で普通に使う100Vだと5～6時間、200Vでもその半分くらいの2～3時間。だけど急速充電器やバッテリーの性能が上がって、インフラが整えばガソリンスタンドやコンビニの駐車場なんかで10分から20分で満タンにできるようになったんだ。仮に電池が

スバルの電気自動車R1e

半分残っているとしたら5分の急速チャージで8割くらいまで充電できる。

弟子　それだとガソリンスタンドで給油するのと時間的にあまり変わりませんね。

師匠　そうなんだよ。

弟子　充電の時間についてはわかりましたけど、どれくらい走るんですか？

師匠　航続距離ってやつね。三菱自動車がテストしたエクリプスのＥＶは、一回の充電で四国の一般道を４００キロ走ったそうだよ。

弟子　４００キロ！　東名高速道路の東京インターから名古屋インターまでが３４０キロくらいですから、無給油で行けますね。

師匠　無給油じゃなくて無充電ね。

弟子　あ、そうか。でも、無充電で行けるのはいいですけど、ＥＶってスピードが出るんですか？　東京から名古屋まで亀みたいに走って3日かかる、なんてことは？

師匠　それが速くて、作ってみた人とか乗ってみた人は腰を抜かしているみたい。

弟子　腰が抜けるなんて、大げさな。

師匠　アメリカのボンネビルでＥＶの最高速度にチャレンジしたユタ州立大学チームは、時速５１７キロを記録したそうだよ。

弟子　……、腰が抜けました。

師匠　問題は、電池の生産が本格化してないってことかな。ＥＶ専用のリチウムイオン電池の開発が進むと、本格的に普及するはずだけどね。

弟子　電池は作るのが難しいんですか？

師匠　いやいや、ケータイやパソコンの電池もどんどん小さくなって長持ちするようになっただろ。電池は基本的に設備産業だから、たくさん作ればどんどん安くなって性能も上がるんだ。

弟子　じゃ、ＥＶが増えれば増えるほど、性能が上がるわけですね。

師匠　その通り。電池の価格も下がるだろうね。仕組みが簡単だから、内燃機関車より安くなるかもよ。

ＥＶの普及についての日本の政策

本文を補足すると、経済産業省もＥＶの可能性に着目し、普及の方法を検討している。

まず、本文には「ＥＶ用リチウムイオン電池の開発が進むとＥＶが本格的に広がる」とある。同省の研究会では2015年にリチウムイオン電池の価格を15％（つまり85％減）にするとしている。

また、この研究会のコメントでは、「一回の充電による航続距離が500㎞で、価格が現行の軽自動車並みのＥＶを目指す」とある。

経済産業省の取り組みが実現すると、ＥＶの可能性が大きく広がることになる。

Environment・Energy

09

エコカーって何だろう？

適材適所に配置することが大切

弟子　いろいろとエコロジー・コンシャスなクルマの種類があがったので、ここでまとめてみます。

師匠　エコカーってさ、昔は低公害車のことを指したんだ。１９６０年代、70年代は、排ガスによる健康被害の小さなクルマがエコだった。

弟子　幹線道路に近い地域で喘息が多いとか。

師匠　そうそう、それがエコカーで、二酸化炭素などの温室効果ガスは問題にされていなかった。ところがいま、排ガスはかなりクリーンになってきたけれど、地球温暖化の問題がクローズアップされるようになった。

弟子　エコカーの概念が少し変わってきたんですね。

師匠　排ガスがクリーンなだけでなく、燃費もよくないとエコカーとは呼べないんだな。だからいまのエコカーといのは、クリーンで燃費がいい、というのが最低条件となる。なぜなら、われわれは環境問題だけでなく、エネルギー問題も抱えているから。

弟子　なるほど、石油の需給が逼迫するかもしれない、ということですね。

師匠　ご名答。環境問題だけでなく、ぼくたちはエネルギー環境問題と直面しているわけだから、現在のエコカーはクリーン、省燃費ともうひとつ、代替エネルギーで走る、という要素を加えたい。３つの要素すべてを満たすのは難しいけれど、最低でも2つの要件を備えたクルマをエコカーと呼びたいね。

弟子　すると、どんなクルマの名前があがりますか。

師匠　まず、ガソリンエンジンで燃費がいい、ハイブリッド車があがるかな。これはクリーンと省燃費、ふたつの要素を満たす。それから、排ガスがクリーンなディーゼル車。いまのところ乗用車としては現存していないけれど、ポスト新長期規制をクリアしたディーゼル車だね。

弟子　いま話題のバイオ燃料で走るクルマはどうでしょう?

師匠　代替燃料で走るわけだから、エコカーだよね。ただ食糧価格の高騰を招いている面は否定できないけれど。あとはＬＰＧや天然ガスで走るクルマも、燃料に含まれる硫黄分が少ないのでエコカーの資格がある。

弟子　さきほど名前があがった、燃料電池車やＥＶもエコカーですよね。

師匠　排ガスはクリーンだし、エネルギー環境問題解決の最右翼だね。

弟子　ただ、水素を作るとき、あるいは発電をするとき、どちらも二酸化炭素が出るじゃないか、という指摘もありますけれど。

師匠　それはその通りなんだ。だけど発電所などだったら、一括して二酸化炭素を処理することが可能。だから、燃料電池やＥＶは地球温暖化の抑止に繋がると考えていい。自動車はどこでも走っていけるのが嬉しい反面、いたるところで二酸化炭素や有害物質をバラまくのが問題なんだ。そのネガティブな部分を別の場所でまとめて解決できるのが、燃料電池やＥＶということ。

弟子　そういえば、東京でもお台場に風力発電施設ができたりしていますが、自然エネルギーを活用するというのはどうでしょう。

師匠　実際、町の電力の3割を風力発電でまかなっている山形県の立川町みたいなところもある。風力発電や太陽光発電、地熱発電などの自然エネルギーですべてをまかなうのは難しいけれど、もっと増えてもいいし、その可能性はあるだろうね。

●ＬＰＧ
「Liquefied Petroleum Gas」の略で、つまり液化石油ガス。圧縮することで簡単に液体に変化する気体燃料。ＬＰＧ車は日本ではタクシーが一般的である。

●バイオ燃料
現在、バイオ燃料の原材料として有力なのは小麦、さとうきび、とうもろこしなど。これらの生物（バイオマス）からアルコール燃料を作ることで、結果として二酸化炭素を相殺する「カーボン・ニュートラル」が期待できる。しかし、食糧価格の高騰を招くなどの問題も抱える。

●天然ガス
主にメタンを成分とする。油田で石油の副産物的に採掘されるケースもあるが、基本的にはガス田で生産する。天然ガスをマイナス162度に冷却したものが液化天然ガス（LNG=Liquefied NaturalGas）である。

Environment・Energy

10 エコドライブのすすめ

できることから始めよう

弟子 エネルギー環境問題については、いろいろな解決策があるんですね。すぐに実現できそうなこともあれば、もう少し時間がかかりそうなこともある。

師匠 そうなんだけどさ、いますぐ、ここでできることを教えてあげようか。

弟子 いますぐここで、って、そんなすごい方法があるんですか!?

師匠 クルマの効率を上げるために優秀なエンジニアが知恵を絞っても、なかなか燃費を1割あげるのは難しい。だけど、燃費を考えたエコドライブを実践すると、1割はすぐに燃費が向上する。ヘタすると、2割アップも可能なんだ。私は過去にリッター54・8km走ったという記録を持っているくらいだ。

弟子 ぜひ、教えてください。

師匠 クルマの燃費が悪くなる要素で大きいのは、停止状態からの加速なんだ。たとえば信号待ちの停止状態からガツンとアクセルを踏んで加速すると、とたんに燃費は悪化する。測定値では、リッターあたり1キロとかの燃費になっているそうだよ。そこで、自動車工業会なんかは「ふんわりアクセル」なんて呼んでいるけれど、そろ～りそろ～りと加速するようにする。これを心がけるだけで、かなり燃費はよくなる。

弟子 ふんわりとかそろ～りそろ～りとか、わかったようなわからないような。

師匠 自動車工業会によれば、0km／hからスタートして、心の中でゆっくり5秒数えたところで時速20km／h、これが目安なんだ。

弟子 5秒数えろ、ですね。わかりました、

自動車工業会では、以下のようなエコドライブの実践を呼びかけてある。

・発進時にやさしくアクセルを操作する（11％程度燃費改善）

・加減速の少ない運転を心がける（ムラのある運転は、市街地で2％、郊外で6％も燃費が悪化する）

・エアコンの使用を控えめに（外気温25度の時にエアコンを使うと燃費が12％悪化）

・アイドリングストップ（10分間のアイドリングで130ccの燃料消費）

・タイヤの空気圧をチェック（タイヤの空気圧が適正値より

やってみます。そういえば、アイドリングストップという言葉を耳にしますけれど、これもエコドライブのひとつなんでしょうか？

師匠　そうなんだ。クルマが停止しているときにアイドリングで燃料を使うのが燃費が悪化する要因になる。停止しているときにはエンジンを切ろうというのがアイドリングストップだね。市街地だと信号が多いから頻繁にストップ＆ゴーが続くだろ。この「ストップ」のときは「エンジン」を切る、ゴーのときはふんわりアクセルを心がける。すると燃費が大幅アップという寸法さ。

弟子　停止状態でエンジンが止まってふんわり加速するなんて、まるでハイブリッド車みたいですね。

師匠　鋭い。人間が両手両足を使って、ハイブリッド車の役割をこなすんだ。減速のエネルギーを電力として蓄える回生ブレーキは無理だけど、アクセルペダルから足を離してエンジンブレーキの状態になっているときは燃料がカットされる。これは意外と知らない人が多いんだ。

弟子　へー、だったら、信号が赤になりそうなときは、早め早めにエンジンブレーキを使ったほうがいいですね。

師匠　気持ちひとつでハイブリッド車みたいな運転ができるんだってことは覚えておきたいね。

弟子　ぼくのクルマでもできそうです。

師匠　君のポンコツだって可能だよ。むしろポンコツだから、エコドライブの効果が大きくなるかもよ。それは冗談として、スイスでは運転免許を取得するときに、座学と実技の「エコドライブ講座」が必修になっている。

弟子　それは初耳です。つまり、エコドライブが運転技術のひとつなんですね。

師匠　そう、エコを考えて運転するのが新しい運転技術だということさ。クルマを新しくする前に、その講座を受けたほうがいいかもよ。

0・5Kgf／平方センチ少ないと、市街地で2％、郊外で4％も燃費が悪化する）

・不要な荷物を下ろす
（100キロの荷物を載せると燃費は3％悪化する）

第6章 モータースポーツ編

監修＝西山平夫

モータースポーツ史に残る 自動車激闘十番勝負

自動車が生まれた直後に、モータースポーツは始まりました。
そして、クルマの性能と運転の技能を競い合う中で、
数々の名勝負が繰り広げられてきました。
意地をかけて争われたドラマの中に、
自動車の進化の歴史を読み取ることができるのです。

01 1964年 日本グランプリGTⅡレース

02 1968年 日本グランプリ

03 1976年 F1 in Japan

04 1984年 富士GCシリーズ

05 1989年 日本GP

06 1991年 ルマン24時間

07 1991年 全日本F3000選手権

08 1997年 パリ～ダカール・ラリー

09 1998年 CARTもてぎ500

10 2004年 WRCラリー・ジャパン

特別エッセイ

ボクをＦ１ライターにしたポルシェ９０６

西山平夫

ロクに汽車さえも走っていないような片田舎に棲む中学生が、田舎にない何かに憧れ、夢中になるにはそれなりのメディアが必要だったが、団塊の世代のすぐ後に生まれたボクにとってそれは「雑誌」と「ＴＶ」だった。

友達と廻し読んだ雑誌のうちの一冊、たしか「ボーイズライフ」だったと思うが、同誌に載った１９６６年「日本グランプリ」の記事にブチ当ったことが、ボクの職業がＦ１ライターとなったそもそものきっかけである。

文中にあった、チームプレイに徹し、本命ポルシェを終始ブロックしたプリンスＲ３８０の生沢徹のカッコよさにシビれた。ボクのヒーローは小林旭演ずる渡り鳥から、いきなり実在のレーサーに変わったのだが、彼らが操るレーシングカーもまた、渡り鳥が持つオートマチックピストルのように我がヒーローであった。

その不変のヒーローはポルシェ・カレラ・シックス、９０６である。滝進太郎が西ドイツから空輸（！）してきた、１０００万円（!!）もしたというそのマシンのカッコよさ！（これも雑誌からの受け売りだ）。ボディカラーの白も新鮮だった。プリンスＲ３８０も悪くなかったがスタイリングはフェラーリの模倣で、どこかポルシェ９０４の面影もある。しかし、うずくまっていた獣が駆け出す瞬間を造形化したような姿の９０６は別次元に突き抜けていた。

67年の日本グランプリにはその９０６が3台も出場しており、前年ポルシェの敵役を演じた生沢徹がそのうちの１台に乗って勝った。高橋国光操るニッサンＲ３８０との戦いは語り草になっているが、ボクはその模様を今でも「口演」できる。

後年、レース雑誌の編集小僧になった時、先輩の一人が

「ポルシェ９０６よりフェラーリＰ３の方がナンボかカッコいい！」とホザいたが、わかってねぇなぁと思った。フェラーリは美しいが旧い。９０６が持つドイツ流デザインの有機的ながら冷たい美しさは、Ｐ３のカロッツェリア系思想を曳く流麗なデザインをしのいでいた。９０６はその後９１０→９０７→９０８→９１７と発展し、スタイリングもそのつど洗練されていくが、オリジナルの持つ初源の美しさには敵わない。

　今Ｆ１ライターを職業としていながらこんな言い草もないもんだが、現在のＦ１はエレクトリック・デバイスとハイドローリックで制御された「システム」が走っているようなもので、速いは速いがちょっと違うなぁという思いもある。レースにおいてわからない「もの・こと」はほとんどなくなり、レースのドラマも急速に少なくなった。マシンが壊れないし、トラクションコントロールなどのドライバーズ・エイドが発達してドライバーがミスをしない。不確定要素がきわめて少なく、昔のように想像する楽しみが少なくなっていくのには一抹の淋しさも感じる。

　Ｆ１をはじめとするレーシングカーは年を追うごとに新しくなっていく。しかし、未知のものに出遭うワクワク感が薄まってきたのも事実。ボクが主に取材するＦ１にひきつけていえば、技術の発達とそれに対する規制のせめぎ合いが高度になり過ぎて、造られるマシンが金太郎飴のようになってしまったきらいがあるのだ。

　それでも年が明けて新車発表とテストランの時期になるとソワソワしてきて、ついついヨーロッパに飛んだりしてしまう。Ｆ１がかなり人間離れしたマシンになったとはいえ、人間が操る以上、必ず未知の何か途方もないものが見られる可能性があるからだ。それを見逃したくない。

　そうこう書いてきて気がついたことは、レーシングカーは機械ではあるけれど、工芸品の一種でもあるということだ。ならば、陶磁器や漆器と同じく多く過去に名作があるのは当然である。ポルシェ９０６は、工芸品と工業製品とのギリギリの境に生まれた傑作だと思う。ポルシェ９０６はぜひニューヨーク近代美術館のパーマネント・コレクションに加えてほしい。果たして21世紀に９０６の美しさに匹敵するレーシングマシンは生まれるだろうか。

　ポルシェ９０６は60年代レース小僧の永遠の憧れである。

Mortor Sports

01

１９６４年日本グランプリGTⅡレース

生沢スカイラインが式場ポルシェを抜いた！スカG伝説は、一瞬の偶然から生まれた

　まさか……と目を疑うシーンが、鈴鹿の７周目のヘアピンで起きた。首位の式場壮吉のポルシェ９０４を、生沢徹のスカイラインＧＴがインサイドから抜き去ったのだ！　騒然とする観客席。やがて拍手が沸き起こった。

　あり得べからざることとは、これを指して言うのだろう。９０４はＧＴＳ（グランド・ツーリング・スポーツ）とは名ばかり、公道も走れる純レーシングカー。いっぽうスカイラインは日本きっての高性能ＧＴカーとはいえ、所詮は市販車ベース。地を這うような姿態のポルシェと、そのポルシェにもうひとつキャビンを載せたように腰高なハコのスカイラインでは、そもそもクラスも性能も段違い。一緒に走るのが間違っているとさえ言える。ジェット戦闘機がプロペラ機の攻撃を受けて被弾したようなものではないか！

　しかし何かの間違いではあったにしても、一瞬小兵が巨人を制したのは事実であり、痛快といえば痛快。観客の拍手は日本人らしい判官びいき的心情の顕われでもあった。

　それにはまた、式場のポルシェに関するある噂が油を注いでもいた。

　実はあのポルシェ、プリンスを勝たせまいとする思惑で、トヨタが式場に与えた秘密兵器だというのだ。式場はあくまで否定したが、彼がトヨタの契約ドライバーだったこともあり、いったん火の点いた噂はなかなか消えなかった。

　ともあれ日本車が自動車先進国のポルシェを抜いた！　という目前の出来事に観客は酔

生沢のスカイラインGTがポルシェを従えて走る

った。しかし、ありていにいえば件のヘアピンに進入する時、式場と生沢の前には周回遅れになるトライアンフがおり、その処理を安全に行おうとスローダウンした式場の一瞬の隙を衝いて、生沢が思い切ってインに飛び込んでいったのだ。

むろん生沢の首位が長くは続くものではない。その周のストレートで式場は安全かつ確実に生沢を抜き返してトップ奪還。そのまま16周のレースを独走、チェッカーを受けた。生沢は12周目にチームメイトの砂子義一に抜かれて3位でゴール。

事実だけを述べればごく単純なことではあるが、このたった1周の予期せぬドラマが「スカG伝説」を生み、スカイラインは国内最強GTカーの名を得て、その後代々のモデルが数々のレースで好成績を収め、GTの代名詞となる。

一方、ポルシェもまた904以降、カレラ6（906）、カレラ10（910）が導入され、日本レース界になくてはならない花形マシンとなった。1969年の日本グランプリには908、917が出場。ポルシェは日本メーカーの指標であり、自動車ファンの間で神話的存在になっていく。

生沢徹は3年後の1967年、富士スピードウェイに舞台を移していた第4回日本グランプリで、ポルシェ906を駆り優勝。これを切符にヨーロッパのレースに打って出、日本人海外挑戦のパイオニアとなり、日本最高のスタードライバーの座に着く。

式場壮吉は、63年の第1回日本グランプリではツーリングカー・レース（1300cc～1600cc）で優勝を果たしており、いつしか日本4輪レース黎明期の伝説のドライバーとして、ファンの間で語り継がれるようになる。

戦後日本復興の象徴とされる東京オリンピックが行われた64年の5月、鈴鹿で開かれた「日本グランプリ」は、そんないくつかの伝説を生んだレースだった。

日本初の本格的サーキット

戦後の日本において本格的レーシング・サーキットが建設されたのは1962年。オートバイメーカーの雄であったホンダが母体となって三重県鈴鹿市に「鈴鹿サーキット」が誕生した。全長は6㎞で、世界でも珍しい立体交差を使った8の字レイアウトのコースを持つ。遊園地や宿泊施設も併設され、国内モータースポーツのメッカとなったばかりでなく、モータリゼーションの娯楽施設として多くの貢献をして今に至っている。

Mortor Sports

02

1968年日本グランプリ

TNT激突の大舞台、富士スピードウェイで「怪鳥」ニッサンR381が羽ばたいた

レーシングカーに羽がついた！　しかもそれは真ん中で分かれ、左右別々の動きをする。

年1回の大舞台「68年日本グランプリ」に日産が送り込んできた3台の新兵器、R381のリアデッキには世界初の左右分割可動ウイング、通称「エアロスタビライザー」が装備されており、ライバルチームとファンのド胆を抜いた。ボディはホワイト、ウイングは、赤、黄、青に塗られていた。

そのウイングゆえに「怪鳥」とあだ名されたR381のエアロスタビライザーの理屈はこうだ。たとえばマシンが右コーナーに入ったとすると、左のウイングはほぼ水平を保ったままだが、右のウイングが前傾して立つ。マシン左右の空気抵抗が異なることで、旋回性能が高まるという寸法。ブレーキングの時には左右同時に前傾して大きな空気抵抗を生み出すのだが、このウイングはリアサスペンションに油圧を介して繋がっており「Gフォース」の変化に連動する仕掛け。コーナリングのたびにグーッと動くエアロスタビライザーを、レースファンは驚異の目で見つめた。

空力デザイン領域の世界的潮流において、マシンに効率よくダウンフォースを与えるウイングはすでにフォーミュラカーやスポーツカーに装備され、目新しいものではなかった。しかし、それが可動式、しかも左右分割となると世界でも例がなく、エアロスタビライザーは、当時最も進んだ空力デバイスだった。

1966年から富士スピードウェイに舞台

R381のコーナリング

出走を待つトヨタ7

を移して戦われることになった「日本グランプリ」は、大メーカーの参戦や外国製有名マシンの登場もあってますますファンの注目を集め、1968年は「TNTの激突」が話題を呼び、12万人の観客が詰めかけた。

TNTの最初のTはトヨタ。Nはニッサン。最後のTはプライベートチームの滝進太郎が主宰するタキ・レーシング・オーガニゼーションを示す。68年はトヨタがトヨタ7を、ニッサンがR381を、そしてタキはイギリスからローラT70、西ドイツからポルシェ910を導入して覇を競った。

ニッサンR381は、日産自動車が計画していた自社製エンジンの開発遅れでシボレー製5・5ℓV8エンジンを富士用にチューンして搭載。予選ではニッサンのエース高橋国光（赤ウイング）がポールポジションを獲得。北野元（黄）が2位となった。

6㎞フルコースを80周して争われるグランプリは、序盤から高橋国光、北野元コンビが1～2位を疾走。その後方からベテラン田中健二郎が赤に白い矢印が入ったローラのライトをパッシングさせながら迫り、この3台が後続を引き離す。

かつてホンダの世界2輪グランプリ・ライダーとして転戦したこの3人は田中が先輩格。後輩二人をジリジリと追い詰める田中だったが、マシントラブル発生により最終コーナーでコースアウト。高橋の怪鳥はハブトラブルで脱落し、黄色い羽の怪鳥を操る北野元が堂々と優勝を遂げた。

ニッサンR381は翌69年、完成した自社製5ℓV12気筒DOHCエンジンに換装され、5月の富士スピードカップで優勝。8月のNETスピードカップ・レースにも出場したが、この時にはウイングは装着されていなかった。日本グランプリは68年を限りにレギュレーション変更でウイング禁止となり、R381はウイングレスのウエッジシェイプを基調としたR382に発展していく。

多くの観客が詰めかけた

富士スピードウェイ

鈴鹿サーキットに続く本格的サーキット、富士スピードウェイが富士山麓の静岡県駿東郡小山町に完成したのは1965年12月。翌年5月には日本GP開催。フルコース1周6㎞、ショートコース1周4・3㎞で構成されたコースは当初、1周2・5マイルのトライアングル形オーバルコースとして基本設計されていた。その後の方針変更でオーバルからロードコースに変わったが、原案にあったバンクは残され、30度バンクとしてドライバーを畏怖させることになる。

1976年 F1 in Japan

N・ラウダ対J・ハント、富士山麓で雨中の決戦

快晴だった前日の予選から一転、朝から富士スピードウェイに降りしきる雨は午後になってもいっこうにやむ気配がなく、レースがいつスタートするか、誰にもわからなかった。富士右回り4・3㎞のコース脇を埋めた7万2000人のファンはビショ濡れになりながらスタートを待つ。それは東洋で初めて開催されるF1レースであり、J・ハント対N・ラウダのチャンピオン争いがかかっており、長谷見昌弘、星野一義、高原敬武、3人の日本を代表するドライバーも出走するビッグイベントである。

76年シーズン最終戦にあたるこのレースの名称は「F1世界選手権 in JAPAN」。すでにF2による日本GPが登録されていたためグランプリ名称は付けられなかったが、れっきとしたF1選手権の一戦である。

この歴史的一戦の2年前、富士でF1のデモ・ランが行われ、5台のマシンによる「模擬レース」が、ファンの興奮を誘った。フォーミュラは曲がりくねった鈴鹿、広い富士はスポーツカーが似合うというのが通り相場だったが、3リッターF1の圧倒的パフォーマンスは、広い富士を狭く見せるほどだった。

それから2年、1976年シーズンはフェラーリのラウダ対マクラーレンのハントの激しいタイトル争いが焦点となっていた。シーズンをリードしながらニュルブルクリンクのアクシデントで瀕死の火傷を負ったラウダがレースを休んでいる間に、ハントが着々と加点。ついに最終戦で雌雄を決することとなった。チャンピオンシップで3点リードのラウ

アジア・オセアニアのF1

アジア・オセアニア地域で最も早くF1グランプリが開かれたのは日本で、1976年。ただし富士は翌77年までの2年で終了。再開は1987年の鈴鹿。日本に続いたのがオーストラリアで1985年、場所はアデレード。96年からは舞台をメルボルンに移した。そこから10年以上の時間を経た1999年、マレーシア（クアラルンプール）が3番目の開催国に。さらに2005年に中国（上海）でも開かれるに至った。2007年、日本グランプリは30年ぶりに富士スピードウェイに帰ってくる。

ダが操るマシンは12気筒エンジンのフェラーリ312T、ハントが駆るのはフォードV8のマクラーレンM23。いずれ劣らぬ70年代を代表する名車である。

ポールポジションを奪ったのはロータスのM・アンドレッティ。ハントが2位、ラウダ3位。雨のグリッドに25台のマシンが並んだ。スタートは予定より1時間30分遅れの午後3時。激しい水しぶきが上がる。

路面コンディションは最悪で、序盤9周までに4台のマシンが悪コンディションを理由にリタイア。その中にラウダの姿もあった。あまりに馬鹿げたレースだ、というのだ。

その頃、ハントは首位を快走。その後方では、予選21位だった星野一義がブリヂストン製レインタイヤの利を生かして、なんと3位にまでジャンプアップ、観客を沸かせる。

しかし、レース中盤いつしか雨がやみ、夕空まで顔をのぞかせた。路面が乾き、レインタイヤのままでは走れない。快走していた星野はホイールに組まれたドライタイヤがなく、リタイア。レインタイヤで激走していたハントも残り5周でピットイン、タイヤ交換。この時点で5位にドロップ。4位でなければ王座はラウダのものになってしまう。

コースに戻ったハントは激しくアタックすること数ラップ。チェッカーを受けた直後は王座を逸したと思い込んで、マネージャーを怒鳴りつけた。が、これはハントの思い違いで、結果は3位。世紀の逆転はなった。

優勝はレインタイヤからドライに交換せず走り切ったアンドレッティ。日本人最上位は高原の9位。あわやポールポジションか？と思わせた長谷見は予選で大クラッシュを演じ、たった一晩で「新造」したマシンに手こずりながらも11位でフィニッシュした。

わずか1点差でチャンピオンを失ったラウダは、この一戦でエンツォ・フェラーリの不興を買い、二人の間には深い溝が刻まれることとなった。

雨中をを走るJ・ハント（撮影・河原英二）

Mortor Sports

04

１９８４年 富士ＧＣシリーズ

星野一義vs中嶋悟 日本一速い男と日本で最も世界に近い男

日本のモータースポーツは１９７０年が大きなターニングポイントだった。

レースに力を入れて自社イメージアップに努めてきた「技術の日産」が、公害・安全問題解決の研究開発に力を入れるためにはグランプリ用ビッグマシン開発にうつつを抜かしている場合ではないと、秋に予定されていた日本ＧＰに不出場を表明。公害・安全問題という錦の御旗を掲げられたトヨタはしぶしぶこれに追随したため、グランプリそのものが中止。日本のカーメーカーはもっぱら市販車をベースにしたツーリングカー・レースに力を傾注して行く。

2座席ビッグマシン競演による日本グランプリという大看板を失った富士スピードウェイは、集客力の高いイベントを独自に企画する必要があった。そこで組まれたのが１９７１年発足の富士グランドチャンピオン・シリーズである。

当初は日本ＧＰに出場していたプライベーターのローラやマクラーレンなどが主要マシンだったが、人気の沸騰とともに１９７３年からは2リッター純レーシングスポーツ主体のレギュレーションとなって、常時40台近いエントリーを集めるに至った。観客も毎戦５～６万人と日本最大のシリーズに発展。しかし、同年11月には第一次石油ショックが起こり、また74年第2戦では二人の死者を出す惨事が発生するなど富士ＧＣも曲がり角を迎えた。富士名物の30度バンクも使用されなくなってしまった。

その富士ＧＣが再び往年の活況を取り戻す

グラチャン6連勝

１９７１年に始まり89年まで19年間続いた富士ＧＣは日本を代表する名物シリーズであり、数々の伝説や記録を作った。なかでも特筆すべきは高原敬武の連勝記録。ＧＣ発足初年度の71年第1戦から挑戦し始めた高原は、22歳の若さで73年王座獲得。その勢いで翌74年第5戦から75年4戦にかけて実に6連勝を記録（75年第5戦は2位）。これはＧＣでは空前絶後の大記録となった。高原は76年第1～2戦も連覇しており、3年をまたいで9戦連続で表彰台に立ったことになる。76年に3回目のＧＣタイトルを獲った高原敬武。この時はまさに「高原時代」の頂点だった。

のは、70年代も終わりになってから。とりわけ１９７９年にアメリカのＣＡＮ-ＡＭに倣った「単座席」ＧＣマシンの参加が許され、Ｆ２マシンをコンバートしたＧＣマシンの競演が行われるようになると、観客はまた富士山麓に戻ってきた。

しかも、発足10年を超える同シリーズは看板ドライバーが入れ替わり、１９８０年代は長く続いた高原敬武時代から「日本一速い男」の異名をとる、星野一義の時代になっていた。

そしてその星野のライバルとして、かつて同じヒーローズ・レーシングの後輩だった新進気鋭の中嶋悟が名乗りを上げる。

１９８４年、星野と中嶋は同じマシンのＭＳＣ、同じエンジンのＢＭＷ、同じタイヤのブリヂストンと、まったくのイーブン条件で富士ＧＣシリーズ全4戦を戦ったが、なんと星野一義が全戦ポールポジション、優勝のパーフェクトを達成する。対して中嶋悟は全戦2位。ゴールドコレクターとシルバーコレクターがこれほど鮮やかに対比されたシリーズは過去に例がなかった。

スタートが切られるや、1コーナー進入ではいつも星野が中嶋を抑え込み、絶対に前に出そうとはしなかった。

ポール・ツー・フィニッシュ、その星野パターンで１９８４年の富士ＧＣは終了。星野の黄金期である。

一方、この年の全日本Ｆ２シリーズはホンダ V6エンジン車を駆る中嶋悟が8戦4勝でチャンピオンとなっている。星野一義はどうか？　日産契約ドライバーである彼はホンダ・エンジンが使えずＢＭＷ直4エンジンで奮闘。しかしそれもむなしく8戦1勝。冷静に考えればエンジンの差なのだが、それでは星野の矜持が許さない。

条件が同じならオレのほうが速い！　それを証明する舞台が84年の富士ＧＣだった。

意地だけで、ミラクルのグランドスラムを日本一速い男は達成したのだった。

中嶋を抑えて走る星野

表彰台の中央に立つ星野と2位の中嶋（左）

Mortor Sports

05

1989年 日本GP

セナvsプロスト、二枚のエースの対決

ストレートで引き離すプロスト。コーナーで差を詰めるセナ。１９８９年のＦ１グランプリは終盤に入って、チャンピオンをかけた争いの大団円を迎えようとしていた。

ポイント（有効得点）はプロストがセナを16点リード。前年初タイトルを奪ったセナが2年連続のチャンピオンとなる可能性はきわめて少なかったが、ここ鈴鹿と続く最終戦オーストラリアを勝てば、プロストのポジション次第では逆転も不可能とはいえない。勝つしかないセナは、予選でシーズン12回目のポールポジションを獲得。一方プロストはシーズン8回目の予選2位だが、セナに１・７秒もの大差をつけられていた。

この年のマクラーレン・ホンダの速さ・強さは圧倒的で、日本グランプリ前の第14戦スペインまで予選最前列独占9回、ワンツー・フィニッシュ4回を含む10勝を計上。ただプロストとセナの内容は対照的で、セナが12回のポールを奪い6勝。プロストは2回のポールで4勝なのに得点をリードしているのは、リタイア数がセナの5回に対してたった1回しかなかったからだ。

そのプロストは翌年からフェラーリに移籍することが決まっており、チャンピオンナンバーを手土産にマクラーレンを去りたいが、そこに立ちはだかったのがセナであり、シーズン途中からこの二人のＡ（エース）は、ことあるごとに反目しあった。

スタートはセナを出し抜いてプロストが先頭で1コーナーにターンイン。これが勝負の伏線だった。セナのマシンはハイダウンフォ

鈴鹿のセナvsプロ対決

セナvsプロ直接対決「鈴鹿篇」の第一幕88年はセナ勝利で初王座に。第二幕89年はプロスト王座。第三幕90年はスタートの1コーナーでセナがプロストに追突して両者リタイアとなり、セナ王者。第四幕93年は雨に歌ったセナ勝利。この年限りでプロストが引退したため、両雄の対決はついに見られなくなった。

ース・セッティングであり、これは単独でタイムを出しにいく時は速いが、プロストのような曲者が前にいるとなかなか抜けない。しかもプロストはセナのそれよりダウンフォース・レベルを下げ、ストレートで速い。セナはプロストに追いつきはするが、並ぶところまではいかないのだ。前半、中盤とプロストの尻を舐めさせられ続けたセナだが、むろん、これで終ろうとは思っていなかった。

勝負どころはひとつ、高速１３０Ｒコーナーを抜けた先にあるシケイン入り口だ。

ダウンフォースが少ない分、プロストのブレーキング・ポイントは早い。片やセナは１３０Ｒを全開で抜けてプロストのスリップストリームにつき、シケイン手前でそれを脱して勝負をかける目論見があった。

その時が来たのは53周レースの47周目。セナはプロストのインを衝いた。一瞬、プロストがインを空けたようにも見えたのだ。だが、その瞬間プロストは「ドアを閉めた」からたまらない。2台は接触し、もつれあったまま止まった。プロストはこれで勝負あった、とばかりにマシンを降りる。

だがセナはあきらめない。コースマーシャルに押してもらいコースに戻り、接触で傷ついたフロント・ウイングを飛ばしながら1周し、ピットイン。ノーズセクションを交換するや飛ばしに飛ばし、51周目のシケインで先行するＡ・ナニーニ（ベネトン）を強引に抜き去ってトップ・チェッカー！

だが、表彰台にセナの姿はなかった。押し掛けとコースのショートカットがペナルティの対象となり、失格となってしまったのだ。

こうしてセナvsプロスト対決第2幕は、後味の悪さを残してフィナーレとなった。

勝者はナニーニで、これが初優勝。セナvsプロ対決で漁夫の利を得た恰好のナニーニだが、この後ヘリコプター事故で重症を負い、Ｆ１をリタイア。最初で最後の優勝がこの鈴鹿であった。

シケインで接触したセナ（手前）とプロスト

1991年ルマン24時間

サルテにこだましたロータリーの快音

世界一過酷なレース、ルマン24時間レースもあと2時間弱を残すのみとなった1991年6月23日午後1時過ぎ、サルテ・サーキットにどよめきが起こった。トップを走るカーナンバー1のザウバー・メルセデスがイレギュラーなピットイン。メカニックたちがあわただしくマシンに取り付いたのだ。

リアカウルが外されたところから推測するに、エンジンまわりのトラブル。やがて忙しかったメカニックたちの動きが、何かをあきらめたかように緩慢になっていく。エンジンのオーバーヒート。すぐに治るトラブルではない。場内アナウンスが、異変を告げる。

この瞬間、20万人余の観客の目は、甲高い独特の高周波音を撒き散らして走る一台のマシンに釘付けになる。カーナンバー55のレナウン・チャージ・マツダ787B。

世界のカーメーカーの中で唯一ロータリーエンジンを量産する日本のカーメーカーが送り込んだそのマシンは、アパレル・ブランドの緑と赤の派手なカラーリングに彩られていたが、22時間余りを走り抜いてきたその時は、タイヤかすやホコリで薄黒く煤けていた。

トップを行くザウバーに3周差をつけられていたマツダだったが、異変発生から20分もしないうちにトップに立ってしまった!

この時ステアリングを握っていたのは、ドイツ人のフォルカー・バイドラー。

最後のパートは、イギリス人のジョニー・ハーバートに託される。3人が交代で24時間を走るルマンの残り2時間といえば、ドライバーが疲労の極に達している頃。それを考え

レナウン・チャージ・マツダ787B

ルマンを制した日本人

日本車としてルマンを制したのは唯一マツダだけだが、ル・マンで総合優勝を果たした日本人ドライバーは二人いる。1995年の関谷正徳と、2004年の荒聖治の二人である。マシンは関谷がスーパーカー・ベースのマクラーレンF1・GTR（Y・ダルマス／JJ・レート組）、荒が元

れば残り2時間は二人のドライバーで分け合ったほうがいい。だが、マシンの走りのリズムを変えることなく、確実にゴールに運ぶには同じドライバーが走るのがベスト。バイドラーからステアリングを託されたハーバートは、最後の2時間を一人で走り切ることになった。

　マツダが初めてルマン24時間に参戦したのは１９７０年。これはマツダがというより、ロータリーエンジンがといったほうが正確。ワークス参戦ではなく、フランスのディーラーチーム（ルネ・ボネ）からの参戦だったからだ。マシンはシェブロン。その後は日本からのセミ・ワークス参戦もあり、やがてマツダ・ワークスも本腰を入れてルマンに取り組むようになる。

　参戦当初は完走さえもおぼつかなかったが、１９８０年代前半から結果が出始め、１９８３年にCジュニアクラス優勝（決勝12位）。１９８７、89年は総合7位（87年から4年連続でＩＭＳＡ・ＧＴＰクラス優勝）と、成績は上向いていた。

　だが、世の趨勢はユニークなロータリーをもてあました。レシプロエンジンとまったく異なる機構を持つロータリーはルマンから締め出されることとなり、１９９１年が最後の出走となった。本来、この年もロータリーは出走できないはずだったのだが、ルマンの主催者の特別な計らいで厳しい燃費制限を課せられながらも出走を許された。

　そのラストチャンスを、マツダは最高の形でつかんだ。ハーバートはフラフラになりながらもミスなく残り2時間を走り切って、栄光のチェッカー！　ハーバートはチェッカー後、脱水症状のためマシンから降りてひっくり返り、同僚のＷ・バイドラー／Ｂ・ガショーと一緒の表彰台には立てなかった。

　日本のマツダ・ロータリーがルマン24時間を制す！　のニュースは世界を驚かせた。そして今に至るまで、日本のメーカーでルマンを制したのはマツダ以外にない。

J・ハーバートは疲労で表彰式に出られなかった

ワークスカーのアウディR8（R・カペッロ／T・クリステンセン組）。アウディは日本のチーム郷（和道）からのエントリー。日本人ドライバーと日本車の組み合わせがルマンを制するのはいつか。

1991年 全日本F3000選手権

新人シューマッハ、見参！

その若いドライバーが日本でレースをするのは、これが2回目のことだった。

初来日は1990年11月末。マカオF3グランプリと連戦で行われた富士スピードウェイでの「インターF3リーグ」（12月2日決勝）で、彼はマカオに続いて文句なしの優勝を遂げた。

富士スピードウェイでのレースは世界F3王座決定戦と位置づけられるもので、マカオ、富士とまったくキャラクターの異なるサーキットを制したことで、この若者はいちやくレースの「世界基準」に名を連ねることになる。

両レースの本命は同年のイギリスF3チャンピオンのフィンランド人、ミカ・ハッキネンだったが、ドイツ人の彼――ミハエル・シューマッハはいずれのレースでも見事にハッキネンを打ち破ったのだった。

それからおよそ半年、シューマッハは宮城県仙台市郊外のスポーツランド菅生に現れる。急遽、全日本F3000第6戦にラルトRT23・無限でスポット参戦することになったのだ。シューマッハがF3000をドライブするのはこれが初めてのこと。パワーはF3をはるかにしのぎ、旋回性能はスポーツカーを上回るF3000を、シューマッハは確実に乗りこなした。

そればかりではない。シューマッハが駆るラルトというマシンが問題だった。日本のF3000マシンは、レイナードとローラが2大主流。ラルトは日本のレースシーンにあっては少数派であり、いわば傍流マシン。同じラルトに乗るF1ドライバーのジョニー・ハ

九州をも制したシューマッハ

F1の日本グランプリ以外にシューマッハは3回日本でレースしている。富士のF3、菅生F3000、そして1991年、大分県のオートポリスで開かれた「世界スポーツカー選手権」にメルセデス・ベンツ「ジュニア・チーム」の一員として参戦。K・ベンドリンガーと組んでメルセデス・ベンツC291をドライブし、見事優勝を飾っている。同レースはメルセデスのグループCプロジェクト最後のレースであり、V型180度（とベンツは表記）3・5ℓ車最初で最後の優勝でもあった。

ーバートがさんざん乗り回したが速さが出ず、いわば捨て去られたマシンといえた。その廃物をシューマッハは予選4位につけた。

同じチームで同じマシンに乗るハーバートが21位だったことからみても、シューマッハの即応性の高さがわかろうというものだ。

とはいえパッと乗ってパッと速かったわけではない。そこに至るまで周到な準備があった。特にたった1周だけ最大のグリップを発揮する「ワンラップ・スペシャル」と呼ばれる予選専用タイヤの扱い方に関しては、ブリヂストン・タイヤのエンジニアにしつこく食い下がった。それが済んだ後はマシンのチェックである。マシンからはずされ、壁に立てかけられたアンダーカウルをなでさすっていたシューマッハは、ハーバートのそれと較べて波打っているという理由でメカニックに新品への交換を要求する。換えてもさほど大きな差はないというメカニックを説得して、ついに新品をゲットした。


明けて決勝。3位からスタートを切ったシューマッハは、2位のマシンをターゲットに定める。ブレーキが苦しいそのマシンのドライバーはシューマッハを警戒し、勝負どころの1コーナーでは早めのブレーキングでインを締める。

追撃数周、シューマッハは思い切ってアウトからオーバーテイク。レイトブレーキングで真横に並ばれた2位のドライバーは金縛りにあったように動きがとれず、次のコーナーでシューマッハに先行させるしかなかった。抜かれたドライバーは片山右京。

2位表彰台に立ったシューマッハはレース後しきりに首を動かしていた。スリックタイヤが発生する強烈なGが、これまで経験したことのないストレスを首に与えたのだ。

シューマッハがＦ１にデビューし、いきなり予選7位を得てセンセーションを巻き起こしたのは菅生からちょうど4週間後、スパ・フランコルシャンでのことだった。

若きミハエル・シューマッハ

1997年 パリ~ダカール・ラリー

シノケン、サハラを制す！

16日間でアフリカの大砂漠を8500キロ走り抜くパリ~ダカール・ラリー。一名「アドベンチャー・ラリークロス」と呼ばれるように、冒険的モータースポーツの最高峰に位置する。このパリ・ダカを、日本人として初めて制したのが三菱の社員ラリースト「シノケン」こと、篠塚健次郎である。

1997年「第19回ダカール~アガデス~ダカール・ラリー」に三菱パジェロを駆って通算12回目の挑戦を果たした篠塚は、開始早々から好位置につけ、多くの区間でトップタイムを記録、危なげなく逃げ切った。

この年、2、3、4位も三菱パジェロで、4位はやがて篠塚に続いて日本人二人目の総合優勝を遂げることになる増岡浩だった。

1948年生まれの篠塚は、東海大学生だった1970年から三菱ワークス・ラリーストに抜擢された、国内ラリー界きってのサラブレッド。

1975年からはオーストラリアのサザンクロス、ヒマラヤ、インドネシアなど海外ラリーにも遠征し、1991年「アイボリーコースト」で日本人初のWRC制覇。翌年も同ラリーを連覇したが、一方でパリ・ダカにも挑戦を開始していた。

初参戦は1986年。ただしこの年は俳優・夏木陽介のサポート役で、ほとんど市販車そのままのパジェロでマラソン・クラスにエントリー。結果は総合46位で、最初から戦績は度外視していた。だが、この時から篠塚はすっかりパリ・ダカの虜になってしまう。

本格的挑戦は翌1987年からで、三菱パ

変わるパリ・ダカ

かつてパリ・スタートだった同イベントもいまはリスボンから出発し、その名称も「ダカール・ラリー」と変わった。冒険色が濃いこのイベントも、今や自動車の環境問題と無縁ではない。2007年には、バイオ（生物）ディーゼル燃料仕様のエンジンや、バイオ・プラスチック・ボディ採用の競技車両も参戦。オーバーオールカー・クラスにトヨタ・ランクルで参戦した元F1ドライバー片山右京車の燃料は、なんと天プラ油の再生油。サハラ砂漠に天プラのこうばしい香りが流れた。

ジェロを駆っていきなり総合3位。翌88年は2位。しかし、次は優勝しかないと言われたここからの道のりが長かった。

1992年には3位。95年にも3回目の3位。マシンのトラブルや「チームオーダー」発令などがあったりしてこのままではブロンズコレクターで終わってしまうところだが、ワークスによるプロトマシンが禁止された1997年に転機が訪れた。

三菱はこの年、性能制限がきびしいT2クラスに、バランスに優れた新パジェロを投入。わずか6か月間という短い開発期間にもかかわらず、それまでプロトマシンで培ったノウハウを注入した結果、きわめて乗りやすいマシンが誕生した。そのT2パジェロを駆る篠塚はスタート3日目からトップに立ち、初挑戦から12年目にしてついに優勝を遂げた。

冒険とロマンを感じさせるパリ・ダカは日本ではWRCをしのぐ認知度で、シノケンの名前は一躍全国区となり、パリからの帰国便の中で篠塚は機長からシャンパンのボトルをプレゼントされ、自宅はお祝いの花で足の踏み場もなかったという。

その後篠塚は三菱を退社し、2003年から日産車で参戦。大転倒して重症を負ったこともあるが、パリ・ダカに掛ける情熱はいささかも衰えていない。

砂漠を行く篠塚のパジェロ

Mortor Sports

09

1998年 CARTもてぎ500

日本唯一の本格的オーバルコースに インディカーの爆音が響きわたった

日本で唯一の本格的アメリカン・オーバルコース「ツインリンクもてぎ」にチャンプカー（インディカー）がやってきたのは、１９９８年3月28日の「ＣＡＲＴもてぎ５００」が初めてのことだった。

Ｆ１などのヨーロピアン・フォーミュラを見慣れている日本人には、コンビーフのカンヅメみたいな形のバンク付きコースがもの珍しく、表示がマイル（１・６０９３４km）であることにも面食らったし、多雨気候をおもんぱかってか決勝は土曜日。日曜日は「予備日」として控えているのだった。

栃木県茂木町にサーキット建設構想が持ち上がったのはバブル全盛の１９８８年。オーバルとロードコースが併設されているところから「ツインリンク」と名付けられた。オーバルコースは1周が１・５マイル、予選トップの平均が時速２１７マイル。約２・４kmのコースを25秒で走り、キロで表せば３４７km／hとなる。これは最高速ではなく、あくまで1周平均。Ｆ１よりはるかに速い！

勝ったのはフォード・エンジンを駆るメキシコ人のアドリアン・フェルナンデス。ホンダの「迎賓館」たるコースなのにこの年以降もホンダはもてぎになると不思議に勝てず、ようやく初勝利を飾るのはなんと６年後の２００４年（Ｄ・ウェルドン）。レース界七不思議のひとつである。

ツインリンクもてぎのオーバルコース

インディカーとチャンプカー

インディカーと呼ばれるレースはいま、ＣＡＲＴ＝チャンプカーとＩＲＬ＝インディカーに分かれており、エンジンはＣＡＲＴがフォードの、ＩＲＬはホンダの、タイヤは両シリーズともブリヂストンの一社供給。人気上位のＩＲＬ（１９９６年設立）はほとんどがオーバルコースのレースで、その最高峰が毎年5月のメモリアルデイ（戦没者記念日）に行われる「インディ５００」。１９６６年に富士スピードウェイ（左回り）で開催された「日本インディ」は単発の非シリーズ戦だった。

Mortor Sports

10

2004年 WRCラリー・ジャパン

北海道に「世界」がやって来た！

Ｆ1が来た、世界スポーツカー選手権が来た、インディカーも来た。しかし、自動車先進国・日本にはラリーの世界選手権だけが来ていなかった。スポーツとしての自動車文化が根付かない象徴とまで言われていたが、2004年9月、壁は北海道で崩された。世界ラリー選手権全16戦の11戦目として9月3〜5日の3日間「ラリー・ジャパン」が帯広・十勝地域を舞台に行われたのだ。

勝者はスバル・インプレッサのペター・ソルベルグ。しかし、このイベントの持つ意義は勝敗より、運営がスムーズにいくのか、まともなラリーになるのか、といった「成否」にあった。関係者は15年も前から環境への影響や観客動員と安全確保など山積する問題と取り組み、まずはアジア・パシフィック選手権として「ラリー北海道」を2001年から3年開催。一部メディアは「ナキウサギを轢き殺すな！」といった自然保護の立場で糾弾したが、WRCはついに日本にやってきた。

行政・警察が協力したことも手伝って日本初のイベントは整然と、しかし熱く行われた。スタート地点となった帯広駅前通りには5万2000人の観客が集結。3日間の延べ観客動員数は21万人。ちなみに帯広市の人口は17万人であり、WRC開催による十勝エリアの経済効果は100億円と言われ、「世界」は北海道に地域振興をもたらしたのだった。

勝利を飾ったソルベルグ（右）

WRCの歴史

世界ラリー選手権の発足は1973年で、初代チャンピオンはルノー・アルピーヌ。73年に行われたイベントは全13戦で、映画「栄光への5000キロ」で日本人に知られていたサファリ・ラリー（ケニア）でダットサン240Zが優勝。これがWRCにおける日本車の初優勝である。日本メーカーによる初ドライバーズ・タイトルは92年トヨタのC・サインツ。初マニファクチャラーズ・タイトルもトヨタで、1993年のことだった。

第7章 ヒストリー 世界編

監修＝高島鎮雄

世界の自動車史を作った15人

自動車が生まれて、百二十年余が経過しました。はじめはあらゆる意味で馬車にかなわなかった自動車ですが、今では目覚ましい進歩を遂げて、すっかり万能の乗り物になっています。多くの偉大な自動車人が、その発展を支えてきました。15人の足跡をたどり、自動車の歴史を見ていきましょう。

01
ゴットリープ・ダイムラー
Gottlieb Daimler(1834-1900)

02
カール・ベンツ
Carl Benz(1844-1929)

03
エミール・ルヴァソール
Emile Levassor(1844-1897)

04
ルイ・ルノー
Louis Renault(1877-1944)

05
ランサム・イーライ・オールズ
Ransom Eli Olds(1864-1950)

06
ヘンリー・フォード
Henry Ford(1863-1947)

07
ヘンリー・マーティン・リーランド
Henry Martyn Leland(1843-1932)

08
チャールズ・F・ケッタリング
Carles Franklin Kettering(1876-1958)

09
サー・フレデリック・ヘンリー・ロイス
Sir Frederick Henry Royce(1863-1933)

10
ウィリアム・クレイポ・デュラント
William Crapo Durant(1860-1947)

11
ヴィットリオ・ヤーノ
Vittorio Jano(1891-1965)

12
フェルディナント・ポルシェ
Ferdinand Porsche(1875-1951)

13
バッティスタ・〝ピニン〟ファリーナ
Battista "Pinin" Farina(1893-1966)

14
アレック・イシゴニス
Alec Issigonis(1906-1988)

15
エンツォ・フェラーリ
Enzo Ferrari(1898-1988)

特別エッセイ

クルマの歴史は人間の物語である

高島鎮雄

今あなたが乗っている自動車は、ある日突然卵の殻が割れて生まれ出たものではない。先人たちが時には貧乏と闘いながら生み出し、実に多くの人々が一歩また一歩と発達させてきたのである。

自動車のヒストリーは人間のストーリーである。ともすれば成功者ばかりが語られがちだが、その陰には何倍も、何十倍もの失敗者がいるはずだ。喜劇もあれば悲劇もあり、生があれば死もある。

また自動車はそれ自体では存在し得ないものであり、常に社会とかかわり、社会を形成する要素として存在してきた。したがって戦争や経済の好不況に大きく影響されてきたし、先進国では基幹産業の一つとしてその国の経済の牽引役を務めてきた。だから自動車を知ることは、その時点での社会を知ることでもある。私が自動車の歴史に興味を抱き、深くのめり込んだのはそれが理由だ。

人類がコロから車輪を発明したのは、今から６０００年以上も前のこととされる。英国の科学者、哲学者のロジャー・ベーコンは、１２５０年の昔に「いつの日か牛馬などによらず自らの力で走るクルマが可能になろう」と予想している。それは18世紀中頃から19世紀にかけて蒸気自動車として実現される。ここでは個人的な移動機械という見地から蒸気自動車は割愛して、一足飛びに内燃機関を原動力とするガソリン自動車に話を進めよう。

内燃機関の歴史は古い。オランダの科学者ホイヘンスは内外の気圧差による原動機の可能性を示唆した最初の人物であった。その原理による最初の蒸気機関は、高温高圧の蒸気をシリンダー内に送り込んで大気圧に抗してピストンを押し上げておき、そこへ水を注ぐと水蒸気が急速に収縮し、大気圧に押されてピストンが降りてくるその力を利用するものであった。ホイヘンスは１６６０年にシリンダー内で火薬を燃焼させる大気圧エンジンを提唱している。

　下って１８５８年イタリアのフェリーチェ・マッテウッチとエウジェニオ・バルサンティは、石炭ガスを燃料とする大気圧エンジンを作っている。２年後フランスのエティエンヌ・ルノワールは原始的な点火装置を持つガス・エンジンを作り、さらに１８６３年にはガソリンから蒸発するガスを燃料とするエンジンを馬車に積んで試走に成功したとされる。イタリアのエンリコ・ベルナルディも１８６４年にガスエンジン、翌65年にガソリン・エンジンを作っている（イタリア・パドヴァのミアリ・エ・ジュスティ社は、１８９６年にベルナルディ設計の水平単気筒６２４ccホットチューブ・イグニッションのエンジンを搭載する前２輪、後1輪の3輪車を製造、販売する）。

　オーストリアのジークフリート・マルクスは１８６４年と75年に木製のガソリン自動車を作ったとされる。１８７５年の２号車は今もウィーンの科学博物館に展示されており、１９７５年にはレストア後に８㎞／ｈで走ってみせた。しかしマルクスのクルマは製作年に疑問が呈されている。

　フランスでは１８８４年にドラマール・ドブットヴィルとレオン・マランダンの二人がかなり現実的な4輪のガソリン自動車を製作、走行実験に成功した。フランスはその歴史上の事実を口実に１９８４年、国を挙げて盛大な１００年祭を催した。古い図面をもとにそのクルマのレプリカを作り、走ってみせるという力の入れ方だった。当時の西ドイツが１９８５年にガソリン自動車１００年祭を催すのに1年先駆けて、その出ばなをくじこうとする魂胆であったことは明らかだ。

　しかし、私はこれは大いなる誤りであったと思う。というのも、ドブットヴィルとマランダンはそのクルマが走ったことに満足するとほかに興味を移し、それ以上の改良も普及のための努力もしなかったからである。それに対しカール・ベンツとゴットリープ・ダイムラーは実用的なガソリン自動車に到達すると、それに満足することなくたゆまず改良し、製造し、販売にまでこぎつけたのである。だから私は、１２０年余の自動車の歴史の大河は、ダイムラーとベンツから流れ出したと確信するのである。

History / World

01

ゴットリープ・ダイムラー

Gottlieb Daimler(1834-1900)

4ストローク・ガソリンエンジンを完成させた自動車の父

裕福なパン屋の次男坊

今日一般に「自動車の父」と考えられているのは、ドイツのゴットリープ・ダイムラーである。ダイムラー・ベンツ社自身実用的なガソリンエンジンの祖は1886年のベンツの3輪車「パテント・モートルヴァーゲン」としているが、ダイムラーはそれよりかなり前から4ストロークエンジンの開発に深く関与していたし、その初期の自動車用エンジンは国外でもライセンス生産された。

特にフランスではパナール・エ・ルヴァソールが国産化し、パナール自身やプジョーをはじめとする多くのクルマに搭載され、世界に先駆けてフランスに自動車産業が生まれるきっかけとなった。そしてなによりも、その後大発展を遂げるメルセデスの礎を築いたのである。

ゴットリープ・ダイムラーは1834年、現在のドイツ南西部シュヴァーベン地方の小さな街に4兄弟の次男として生まれた。父はパン屋を経営していて家は比較的裕福であったが、当時の慣行で初等教育を受けると鉄砲鍛冶の工場に徒弟に出される。そこではヤスリ掛けや銃身の中ぐりなどの技術を身につけることはできたが、彼はもっと創造的な仕事を欲した。

ある人物のすすめでストラスブールに近いグラーフェンシュタットの蒸気機関を作る工場に転職した彼は、ゼロからスチームエンジンを勉強する。一時休職してシュトゥットガルト工科大学に入学した彼は、幾何や力学、

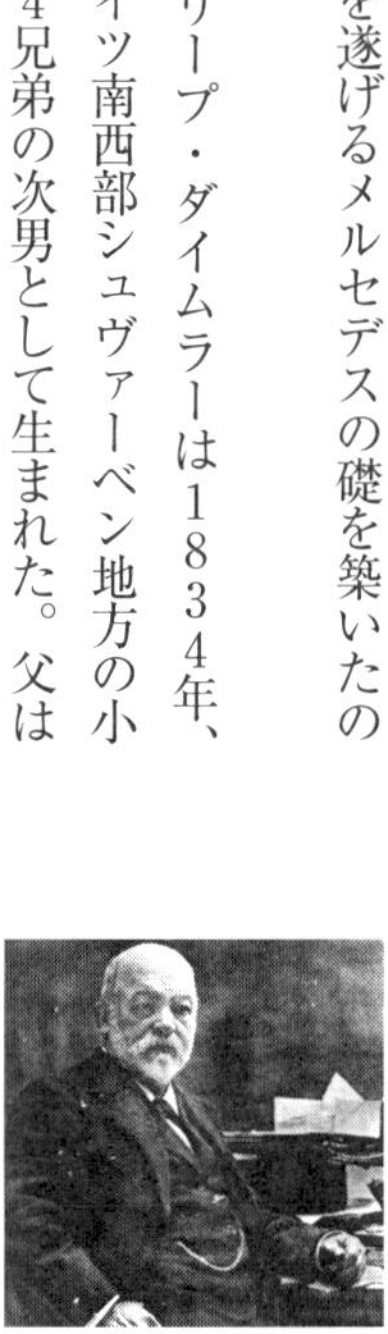

ゴットリープ・ダイムラー

ニコラウス・アウグスト・オットー

ドイツの内燃機関研究家。1832年、ドイツ中部ホルツハウゼンの生まれ。初め実業家を目指したが、次第に機械の魅力にとりつかれ、フランスのエティエンヌ・ルノワールを追って内燃機関を研究する。1867年に直立単気筒で電気式点火装置を持つ大気圧式のガス・エンジンを完成、同年のパリ万国博に出品した。そのエンジンは未熟ながらも4ストロークの原理に

英語などの基礎をはじめ、フリーハンドのスケッチなどの実技を学ぶ。蒸気機関工場に復職するが、高等教育を受けた彼には蒸気機関の低効率は我慢がならなかった。

　フランスでは内燃機関（ガス・エンジン）が実用化の段階に近づきつつあることを知った彼は、パリへでかけていって4ストロークの基礎を築いたルノワールのガス・エンジンを見聞し、会社に内燃機関の開発を進言する。しかし、蒸気機関で繁栄していた会社は彼の提案を受け入れようとはしなかった。

オットーのもとでエンジンを設計

その後ダイムラーはいくつかの工場で働き、途中2年間はいち早く産業革命を成し遂げた英国に留学を果たしている。１８７２年、ダイムラーはようやく彼の夢を実現できそうな会社に工場長として迎えられる。それが、ニコラウス・アウグスト・オットーとオイゲン・ランゲンが共同経営するガスモトーレン・ファブリーク・ドイツ（Deutz）で、内燃機関とは名ばかりの旧式な大気圧エンジンを作っていた。

　それはシリンダー内に満たした石炭ガスを無圧縮で燃焼させると収縮し、大気圧に押されてピストンが動くのを動力源として使うもので、恐ろしく低速なので巨大な装置でも１００rpmで３psが精一杯であった。

　ダイムラーはシリンダー内でガスを圧縮し、点火して急速に燃焼膨張させ、その力を動力源とするほうがより強い力が得られると考えた。そこで彼は14歳年下ながら素晴らしい才能を持つ技術者で、以前から知り合いだったヴィルヘルム・マイバッハを主任設計者に据えて、新エンジンの設計、試作、実験を繰り返した。その結果到達したのが、吸気、圧縮、燃焼・膨張、排気の4つの行程で出力を生む4ストロークエンジンである。

　その結果オットーとの関係が微妙になったダイムラーは、ドイツを辞して生まれ故郷の

よるもので、オットーがその特許を取ったので後にオットーサイクルと呼ばれることになる。彼はそのエンジンの製造販売のために企業家のランゲンと共同出資で１８７２年1月、ガスモトーレン・ファブリーク・ドイツを設立する。そのドイツ社に同年8月に工場長として入社したのがゴットリープ・ダイムラーで彼はともなってきたヴィルヘルム・マイバッハをアシスタントにオットー・エンジンを改良し、4ストローク・エンジンを完成させる。

　なおガスモトーレン・ファブリーク・ドイツは１９０７年から10年にかけてエットーレ・ブガッティの設計で少数の乗用車を作った。その後農業用トラクターに転じたが、トラック、バスメーカーのマギルスと合併してマギルス・ドイツとなり、１９７５年にフィアットに吸収されて国際的な商用車連合のイヴェコの一部となった。

カンシュタットに自身の実験工房を設ける。マイバッハも、ドイツでの厚遇を捨てて彼に従った。そこで大小何度もの爆発事故に見舞われながら、彼らはついに１８８３年夏、改良型の４ストロークエンジンを完成させる。その最大の眼目は、シリンダー壁を突き抜いてプラチナの栓をねじ込んでおき、その外側をブンゼン・バーナーで白熱するまで焼き、内部のガスに着火する、いわゆるホットチューブ・イグニッションであった。それにはドイツ帝国特許（ＤＲＰ）２８０２２が与えられた。

初のポータブルなエンジン

このエンジンは回転が４００—９００rpmにも達し、１psを得るのに必要な装置の重量は３５０kgまで軽減されていた。ドイツの４ストロークエンジンが１８０rpmで、しかも５００kg／psであったのに比べれば大いなる進歩であった。二人はその後も熱心に改良を続け、１８８５年4月3日には直立エンジンでＤＲＰ３４９２６を獲得する。

このエンジンはクランクやフライホイールが完全に密閉された防塵ケースの中でオイルバスになっている点で画期的であった。70×１２０㎜の４６２ccで出力は１・１ps／６５０rpmに達し、しかも重量／出力比80kg／psにまで軽減されていた。その軽さとタンク内でのガソリンの蒸発によるいわゆるサーフェス・キャブレターによって、初めてポータブルなエンジンが完成したのである。

その可搬性を生かして、ダイムラーはこのエンジンをボートや鉄道車両、飛行船などにも応用しようとしたが、その第1号はＤＲＰ３６４２３のモーターサイクルであった。マ

1885年ニーデルラート

ダイムラー最初の4輪車

イバッハが木製の2輪車にエンジンを搭載したもので、１８８５年の11月、ゴットリープの長男パウル・ダイムラーの操縦でカンシュタット周辺でテスト走行に成功している。この時は、３㎞ほどを走り、最高速は12㎞／hに達したという。すなわちベンツの３輪車より８か月早く試走に成功したことになる。

馬車にエンジンを取り付ける

さらにダイムラーは１８８５年の秋に「妻へのプレゼント」としてシュトゥットガルトのヴィンプフ父子会社に4輪4座の馬車を注文する。届けられた馬車からは轅と軛が取り外され、後席の床に穴を穿って単気筒１・５psのエンジンを据え付けた。これが１８８６年の最初の4輪車で、操向はセンター・ピボット、デフはなくベルトのスリップで逃げるという原始的なものであった。

その後もエンジンの改良は続けられ、１８８９年には初の狭角V型2気筒エンジンが完成する。60×１００㎜の５６５㏄で、出力は１・５-２ps／６５０-９００rpmに上がり、重量／出力比も大幅に向上した。フランスでパナール・エ・ルヴァソールがライセンス生産したのはこのエンジンである。

シュトゥルラートヴァーゲン

ダイムラー自身も１８８９年このVツインを搭載したシュトゥルラートヴァーゲン（スティール・ホイールド・カー）という小型の二人乗りの4輪車を出す。自転車のような鋼管フレームに座席をくくり付けただけのようなクルマで、前輪は自転車そのままのフォークを二つ離して置き、ティラー（梶棒）で操向した。この「鉄輪車」はダイムラーとして初めて販売された記念すべきモデルである。

その後、試行錯誤の結果のように実に多く

のクルマが作られ、レースにも参加するようになる。しかし何といってもその後のクルマの設計を決定的に方向づけたのは、20世紀の到来を告げる1900年から1901年にかけて製作されたメルセデス35psであった。このクルマの開発が始まった頃、すでにダイムラーは重い病に冒されており、1900年3月6日に66歳という今から見れば短い生涯を閉じるので、メルセデスは主としてマイバッハによって設計、製作された。

近代的自動車の原型「メルセデス」

　メルセデスの誕生には、次のようなストーリーがある。まさにベル・エポックのその頃、オーストリア・ハンガリー帝国のニース駐在領事にエミール・イェリネックという人物がいた。フレンチ・リヴィエラの社交界で幅をきかせる一方、一種の政商でもあった。彼はクルマ好きで、自らダイムラー・フェニックス23psのステアリングを握って1899年のトゥール・ド・ニースに優勝している。ところが1900年のニース・ラ・テュルビー・ヒルクライムではファクトリー・ドライバーのヴィルヘルム・バウアーの乗るフェニックス23psが転覆、バウアーは亡くなった。この事故をうけて、ダイムラー社はその後レースを行わないことを決定する。

　これに不満なイェリネックはカンシュタットを訪れ、事故の原因は重心の高さにあると指摘、より低くよりホイールベースが長く、しかもより強力なクルマを作るべきだと主張する。そしてダイムラーという名称は固すぎるから、もし自分の長女メルセデス（当時11歳）の名をつけてよければドイツ以外での販売を一手に引き受けるとして、その場で35台を注文した。ちなみに当時のヨーロッパの上流社会ではスペイン系の女性名が流行しており、メルセデスもビゼーの歌劇カルメンの登場人物である。同じようにイェリネックはオーストリアのダイムラーにも次女マーヤ（ス

ヴィヘルム・マイバッハ

ヴィルヘルム・マイバッハ

　ゴットリープ・ダイムラーの終生の友であり協力者であった不世出の技術者。1846年、ネッカー河畔のハイルブロンに大工の次男として生まれる。父の死でルーテル派の神父グスタフ・ヴェルナーがロイトリンゲンで運営する孤児院ブルダーハウスに入る。厳しい戒律の中で、昼は付属の機械工場で働き、夜は学校で学んだ。禁欲的なマイバッハはよく働き、よく学んで好成績をあげた。1867年頃、ゴットリープ・ダイムラーがブルダーハウス機械工場の工場長になると、14歳下のマイバッハの輝くばかりの才能を見出し、以来マイバッハはダ

ペインではマハ）の名を付けさせている。

　こうして生まれたメルセデス35psは、直線的なチャンネルのはしご型フレームの前方に直列4気筒エンジンを搭載、クラッチ、ギアボックスと直線上に並べたいわゆるシステム・パナールを取り入れており、4段ギアボックスもトップが直結のルノー式であった（ただし最終駆動はチェーン）。

　エンジンは2ブロックの直列4気筒で、吸気バルブも機械的に開閉するTヘッド（SV）で、マイバッハが発明したフロート・チェンバーを持つジェット式のキャブレターを備えていた。点火はもはやホットチューブではなく、ロバート・ボッシュが開発したばかりのマグネトーによる低圧の電気式である。116×140㎜の5・9ℓで、出力は35ps／1000rpmと6ps／ℓにも達し、重量／出力比も6・6kg／psへと軽減された。エンジンの前方にはハニカム状のラジエターが付き、サスペンションは平行半楕円リーフ、ステアリングはやや後傾したホイールであった。

　このように最初のメルセデス35psはすべての点において今日に至る近代的自動車の原型といってよいものであった。それまでのダイムラー・フェニックスに比べて重心が15パーセント以上も低く、ホイールベースも長いメルセデスはコーナーでのスタビリティにも優れ、しかも強力で、72㎞／hが可能であった。当然1901年3月のニース・ウィークのレースでは大成功を収め、その後のすべてのクルマの設計に絶大な影響を与えずにはおかなかった。

　メルセデスの名称は、1902年ダイムラー社により商標として登録された。

ダイムラー35ps「メルセデス」

イムラーに従うことになる。

　1908年マイバッハはダイムラー・モトーレン社を辞し、飛行船で有名なツェッペリン伯爵のすすめでボーデン湖畔のフリードリヒスハーフェンに工場を持ち、飛行船用エンジンの開発、製造を行う。第1次大戦後は子息カールが自動車の製造を開始、メルセデス・ベンツの最高級モデルに対峙する良質で高価なクルマを少量生産した。その代表格はメルセデス・ベンツでさえ試作に終わったV型12気筒7ℓ155psないしは8ℓ200psのマイバッハ・ツェッペリンであった。

　第2次大戦後は乗用車は復活しなかったが、鉄道車両や船舶用のディーゼル・エンジンで成功、今もフリードリヒスハーフェンの大工場で生産を続けている。ダイムラー・ベンツ社が2002年にメルセデス・ベンツ以上の最高級車を出す際、尊敬の念を込めてマイバッハと名付けたことは記憶に新しい。

History / World
02

カール・ベンツ

Carl Benz(1844-1929)

史上初の実用的なガソリン自動車を作り、販売した先駆者

100年祭の根拠となったクルマ

１９８５年、当時のドイツ連邦共和国（西ドイツ）は、国を挙げてガソリン自動車の１００年祭を催した。もちろんその主体は当時のダイムラー・ベンツ社で、１００年の根拠とされたのは１８８６年のベンツの３輪車「パテント・モートルヴァーゲン」であった。ゴットリープ・ダイムラーとカール・ベンツは、互いに見知らぬまま直線距離で50㎞ほどしか離れていないカンシュタットとマンハイムで、１８８５年から86年にかけて初の実用的なガソリン自動車を完成させている。しかしダイムラーの2輪車も4輪車もまだ実験的な1台限りのものであったのに対し、ベンツの3輪車はたとえわずかな台数でも販売したから、今日に至るガソリン自動車の源流に位置づけられているのである。

ダイムラー・ベンツ社は新人工員の教育の一環として、この3輪車の実際に走るレプリカを製作させ、世界の主要自動車博物館に寄贈している。わが国でも、愛知県長久手町のトヨタ博物館で見ることができる。１００年祭に際しては、1台がヤナセのショールーム内で大きな音をたてて走ってみせた。1台は東京・千代田区万世橋の旧交通博物館に寄贈されたが、今はどうなっているのだろう。

2ストロークから4ストロークへ

カール・ベンツはゴットリープ・ダイムラーより10年後に、ドイツ南西部、フランス国境に近い工業地帯のカールスルーエに貧しい

カール・ベンツ

アッカーマンの定理

4輪自動車の操向の基本的な原理。舵を切った左右前輪の車軸の延長線を、後2輪の車軸の延長線上の1点で交わるようにすれば、無理なくスムーズに曲がれるというもの。1818年、英国のアッカーマンにより発見された。

蒸気機関車の運転手の子として生まれる。教育熱心なヴュルテンブルク王国の奨学金を受けて初等教育を終えた彼は、16歳でカールスルーエ工科大学に進む。そこの教授の一人が内燃機関の権威であったことから、彼の生涯の方向が決定づけられる。卒業後さまざまな工場で職工として働いた彼は、26歳の１８７２年、友人と機械の設計、製作を行う小さな会社を立ち上げる。

１８７７年、彼は念願の内燃機関の研究に着手、苦心の末１８８０年末に2ストロークエンジンを完成させる。4ストロークは一般にオットー・サイクルと呼ばれるようにニコラウス・アウグスト・オットーにより特許を取られていたので、2ストロークを選択せざるを得なかったのである。紆余曲折の末そのエンジンを生産するためのベンツ社ラインガスモーター製造がマンハイムに設立される。資金繰りの苦労から解放されたベンツは、エンジンのさらなる改良に没頭、電気式の点火装置などを完成させる。

１８８４年、オットーの特許の無効を求める訴訟が起こされたのを機に、ベンツも４ストロークに転じる。彼のエンジンは小型軽量の上、ガソリンの表面から蒸発するガスを燃料とするので石炭ガスを引く配管が不要で、したがって持ち運びが可能であった。その特性から当然の帰結として、彼はこのエンジンの車両への搭載を模索する。かくして１８８５年末に完成、１８８６年1月29日、ドイツ帝国特許第３７４３５を取得したのが冒頭に述べた3輪車である。

妻と息子の冒険旅行

当時すでにアッカーマンの定理が確立されていたにもかかわらず、ベンツが前1輪後2輪の3輪車としたのは、4輪にした場合の操向装置の煩雑化を避けるとともに、軽量化するためであった。ベンツの3輪車は重量２６３kgで、うち96kgがエンジンであった。エン

ジャイロ効果

回転するコマが倒れないのは、ジャイロ効果による。コマのつばの部分が回転することによって遠心力が生じ、引力と釣り合って水平を保つ。走行中の自転車やモーターサイクルが倒れないのは、車輪の回転により縦方向のジャイロ効果が生じるからで、高速で走るバイクでは大きく体重移動をしないと傾けて曲がることができない。ベンツがフライホイールを水平にしたのは、縦にするとフライホイールのジャイロ効果で操向しにくいと考えたからである。

ジンは水平単気筒で、大きなフライホイールは水平に回る。これはベンツが縦に回すとジャイロ効果が操向に悪影響を及ぼすと考えたからであった。

　吸気は今風にいえばSVだが、井戸ポンプのような自動式で、カムと長いプッシュロッドで作動させるのは排気バルブのみであった。トレンブラー・コイルとスパーキング・プラグによる点火方式は、ダイムラーのホットチューブよりはるかに進んでいた。冷却は蒸発による水冷式で、シリンダーの上に大きな水タンクがそびえる。91・4×150㎜984cc で、240-300rpm で0・75ps とされた。これは当時としてはかなりの高速型であったが、後年シュトゥットガルト工科大学で測定した結果では0・88ps／400rpm を記録した。

　1886年7月3日にはマンハイム近郊で公開試運転が行われ、15㎞／hで走った。驚くべきなのはベンツの妻ベルタと二人の息子オイゲンとリヒアルトが果敢にも初の長距離ドライブを行ったことである。1888年8月のある晴れた日の早朝5時、まだベンツが眠っているうちに3人は3輪車をこっそりと連れ出し、長男リヒアルトの操縦で100㎞余り離れた祖母の住むプフォルツハイムに向けて出発する。途中何度も冷却水を補充、薬局で燃料のベンジンを買い、悪路と坂道に悩まされながらも日が落ちてからどうにか目的地に到着した。はじめは大いに怒ったベンツも、次第に家族を誇りに思うようになった。そして坂に弱いという3人の批判を受け入れて、ローギアを新設したのであった。

ヨーロッパを席巻したヴェロ

　ベンツの3輪車はサスペンションを装備するなどの改良の上で、少数ながら実際に販売された。ベンツは1893年2月にステアリング・ナックルの特許を取ると、3輪車をそっくり4輪にしたヴィクトリアを発売する。

ヴィザヴィ

　フランス語のヴィザヴィ（vis-á-vis）は差し向かいに、という意味。4人の乗員が二人ずつ向かい合って座る型式で、初期の自動車によく見られた。この場合、運転は前を向いて後席に座った人が行う。スピードの遅い時代、人々が談笑しながら走る様が想像される。これに対しドザド（dos-á-dos）は背中合わせに座る型式をいう。

単気筒エンジンは2・9ℓの3psに拡大強化され、後には4ps型や5ps型も作られる。ボディも向かい合わせ4座のヴィザヴィやフェートン、8座のブレークやランドーなどバリエーションを増していった。ヴィクトリアに成功したベンツはいっそうの普及を目指して1894年4月、そっくり一回り小型化したヴェロを発表する。1・5ps、後に2・75ps／450—500rpmの軽量車で、19・3km／hが出せた。

2000ライヒス・マルクの低価格で発売されたヴェロは、大いなる好評をもって迎えられた。1895年にベンツは134台のクルマを生産したが、そのうちヴィクトリアの36台、ヴィザヴィの20台に対してヴェロは67台に達した。1899年までに1000台が作られたヴェロは、ヨーロッパにおける初の量産車であり、ベストセラーであった。しかしそのうちドイツ国内にとどまったのは3分の1で、残りは輸出された。最大の仕向地はフランスであった。その結果、19世紀末にヨーロッパで作られたクルマのほとんどがベンツ・ヴェロの亜流といっていい状況が現出した。

しかしヴェロを最後にベンツが技術的なイニシアティブをとるケースは少なくなっていき、メルセデスに追従するようになる。それでもベンツは生産車とレーシングカーの両面でメルセデスのよきライバルとして発展していく。しかし、第一次大戦後の大不況の中で生き残りのため1926年6月28日両社は合併してダイムラー・ベンツ社となり、製品はメルセデス・ベンツとなった。現在に至るスリーポインテッド・スターのエンブレムで周囲を取り囲む月桂冠はもとはベンツのもので、ベンツ時代にはその中にBENZの4文字が収められていたのであった。

ヴィクトリア

ヴェロ

ヴェロとはフランスの俗語で自転車のこと。早いという意味のヴェロス（イタリア語のヴェローチェ）から出たものであろう。フランス語にはヴェロカール（ペダルカー）もある。ベンツのヴェロは、自転車のように軽便だというところから名付けられたのであろう。

ヴェロ

History / World

03

エミール・ルヴァソール

Emile Levassor(1844-1897)

フロントエンジン・レイアウトを確立した恋するエンジニア

自動車史を変えたロマンス

ベンツの１８９３年のヴィクトリアや、それを小さくした１８９４年のヴェロが成功したため、19世紀末にかけて世界中のクルマがその設計に倣うことになる。その基本的な型式は、座席の下にエンジンを置いて後輪を駆動する「ミド・アンダーフロア・エンジン」であった。もしエンジンをごくコンパクトにでき、車高を十分に低くできれば、重量配分の面からは今日でも理想的な型式である。

しかし、当時の低効率のエンジンはぶざまに大きく、人はその上にある座席によじ上らなければならず、重心が極めて高いために乗り心地が悪く、速度を出しすぎると転覆する危険があった。

これを改善しクルマの技術的進歩に大きく貢献したのが、１８９１年のフランスのパナール・エ・ルヴァソールの「システム・パナール」であった。ルネ・パナールとエミール・ルヴァソールは、木工機械の製造のために１９８７年にパートナーシップを組んだ。

その頃エデュアール・サラザンがダイムラー・エンジンのフランスでの製造権を獲得したが、サラザンは工場を持たないためにパナール・エ・ルヴァソールに製造を依嘱した。

ところがサラザンが急死、未亡人はダイムラーに手紙を書いて直談判し、製造権の継承者と認めさせる。ここで初期自動車史に有名なロマンスが生まれる。なんと、ルヴァソールとサラザン未亡人ルイーズが恋に落ち、１８９０年に結婚するのだ。

エミール・ルヴァソール

パリ-ボルドー-パリを走る
ルヴァソールのパナール

棚ぼた式にパナール・エ・ルヴァソールはダイムラー・エンジンのライセンシーとなり、ルヴァソールはその頃蒸気自動車に行き詰まっていたアルマン・プジョーに売り込み、1890年にプジョーのガソリン自動車が生まれるのである。

「馬」を復活させたシステム

話を元に戻すと、ルネ・パナールは主に経営を掌握、技術はエミール・ルヴァソールの担当であった。したがってシステム・パナールは本来ならシステム・ルヴァソールと呼ぶべきだろう。その骨子は、V型2気筒エンジンをクランクシャフトが進行方向に向くように車体先端に置き、クラッチ・ギアボックス（実はまだケースはなく剥き出しであった）、後輪への伝達だけはまだ左右の革ベルトであったが、ドライバーもパセンジャーも初めてエンジンの後ろに座ったのである。

言い換えれば、エンジンと乗員の上下の積み重ねを前後に水平に展開したわけで、座席位置が下がり重心が低くなって安定性が増した。馬車から床下エンジンのクルマに乗り換えた当時の人々は、前に馬がいないことに一種の喪失感を抱いており、ハリボテの馬の頭を付ける人さえいた。システム・パナールで人々は前に「馬力」を発生するエンジンを取り戻し、充足感に満たされたのである。

ルヴァソールは自ら生み出したシステムの優位性を立証すべく、自身ステアリング・ティラーを握って積極的にイベントに参加した。1894年には史上初のモータースポーツ・イベントの「パリ-ルーアン・トライアル」が催される。レースではなく、ガソリン、電気、蒸気などさまざまな動力源の中で何がいちばん優れているかを探ろうとするこのトライアルで、ルヴァソールのパナール・エ・ルヴァソールは見事プジョーと一等賞金を分かち合った。一着は蒸気車だったが、釜焚きが必要なので二位に落とされたのだ。

パリ-ボルドー-パリ

1894年のパリ-ルーアンに味をしめた参加者たちは、翌95年にはより本格的なレースを行いたいと「プティ・ジュルナル」のピエール・ジファールに打診する。しかし「もし事故が起きれば大きな打撃を受ける」という同紙社主の危惧で、ジファールは弱腰になる。やむなくド・ディオン伯爵やズィレン・ド・ニヴェル男爵などが中心となって自主的にパリボルドー往復レースを開催することになった。この主催グループがオトモビル・クルブ・ド・フランス（ACF）になるのである。往復の全行程は、一挙に1178kmになった。47台の参加申し込みのうち、実際には22台が参加、すでにガソリン車が15台と大半を占め、蒸気車が6台、電気車が1台であった。結果は平均24・12km／hでパナール・ルヴァソールが1着になった。

History / World
04

ルイ・ルノー
Louis Renault(1877-1944)

巨大メーカーを築いた落第生

別荘の小屋でクルマを大改造

　巨大自動車会社を起こしたのが成績優秀な天才的人物ばかりかというと、必ずしもそうではない。その一例が、後のフランス最大の自動車会社を築くルイ・ルノーである。彼は学童時代、スペリングのテストで何度も落第した有名な劣等生であった。しかし、機械には異常な関心を示し、しょっちゅうセルポレの蒸気自動車工場の壁にぶら下がって中を覗いていたし、またしばしばパリ-ルーアン間の鉄道の蒸気機関車の炭水車で石炭の陰に隠れているのを見つかっている。

　しかし、「好きこそものの上手なれ」である。彼は1898年、パリでボタン製造業を営む一家がパリ郊外のセーヌ川の中州ビアンクールに持つ別荘の小屋で、ド・ディオン・ブートンのガソリン3輪自動車を大改造して1台の4輪車を作り上げた。そのクルマは3段変速のトップが直結のギアボックスと、チェーンに代わるプロペラシャフトとベベルギアによる駆動方式を持っていた。これがいわゆるダイレクト・シャフト・ドライブで、効率に優れるのでその後の自動車設計の基本となっていくのである。

初めてのルノー

レースでの栄光と挫折

　このルノー第一号車はとてもよく走ったの

第一回ACFグランプリでスタートを待つ

アトリエで作業中の
ルイ・ルノー

で、彼のもとには友人から同じクルマを作ってくれという注文がいくつもあった。そこで、彼は二人の兄弟の資金的援助と友人たちの励ましを得て、ビアンクールに工場を建設、自動車生産に乗り出すのである。後の工場は全島に及び、「ビアンクールの不沈船」と呼ばれるようになるのである。

初期のルノーはレースにも関心を示し、ヴォワチュレット（小型車）クラスで無数の勝利を挙げた。しかし事故の多発した1903年のパリ-マドリッドで弟のマルセルを失い、同時にフランス政府は公道を走る都市間レースを禁じてしまう。

しかし人々のレースへの情熱はもだし難く、閉鎖したサーキットでのレースが再開される。1906年にはルマン・サーキットで自動車レースに初めてグランプリの称号を与えた第1回のACF（フランス自動車クラブ）グランプリが開かれる。

このレースでレース用車両としては小さい13ℓのルノーは並みいるモンスターを破って優勝するのである。

ルイ・ルノーは頑固な保守派で、シトロエンが少数車種の大量生産に成功してからも、特権階級のための超大型高級車を含む多車種生産にこだわった。これが災いして生産規模ではシトロエンやプジョーの後塵を拝し、コスト高に悩むことにもなる。

ルイ・ルノーは第二次大戦中は親ナチのヴィシー政府に加担したが、欧州戦線が終結する直前に67歳で他界した。その後のルノーは国有化され、民間の経営陣と労組代表との合議で運営されることとなる。そして1947年9月26日に発表した4CV（課税4馬力車）で、ルノーは真の意味での大衆車の量産メーカーに脱皮するのである。

ルノー4CV

第1回ACFグランプリ

今日一般にフランス・グランプリと呼ばれているのは、正式にはオトモビル・クルブ・ド・フランス主催のACFグランプリである。ACFは1895年11月にパリ-マルセイユ-パリ・レースを開催するにあたって同月12日に正式に設立された。

自動車レースにグランプリ（大賞）が懸けられた最初のイベントは1906年の第1回ACFグランプリで、ルマンの公道を閉鎖した三角形のサーキットで行われた。1周103・18kmを6ラップするレースを2日間に2回行う計1238kmで展開された。唯一の規則は、車重1007kg以上ということであった。

ランサム・イーライ・オールズ

Ransom Eli Olds(1864-1950)

世界初の量産車を生み出した アメリカ自動車産業の校長先生

簡潔な構造だがスタミナ豊富

　クルマはヨーロッパでははじめ上流階級の玩具として普及したが、大西洋を渡ったアメリカでは、はじめから広く大衆化すべき運命を持って生まれた。アメリカには貴族階級が存在しなかったのと、馬車で西へと開拓された広い国土が、馬車に代わって自由に走り回れる乗り物を必要としていたからである。

　ヨーロッパではまず高級車があってあとから大衆化したが、アメリカでははじめからかなり大衆的なクルマが量産された。大衆車の量産といえばT型フォードがあまりにも有名だが、それ以前にもそうしたクルマはあった。初期のその代表格が、ミシガン州ランシングのランサム・イーライ・オールズが１９０１年に生み出したオールズモビル・カーブドダッシュである。

　カーブドダッシュのダッシュとは、馬のはねた土砂や水などが乗員にかかるのを防ぐ前方のダッシュボードのことで、それが優雅にカーブしているのでこの名がある。初期のクルマではそこに計器類を取り付けたので、今でも計器板のことをダッシュボードというのである。

　構造は簡潔で、たとえばサスペンションは大きな2つのリーフ・スプリングを左右に進行方向に置き、前はリーディン

オールズモビル・カーブドダッシュ

ダッジ兄弟社

　アメリカの自動車会社。ジョンとホーレスのダッジ兄弟は、いくつかの機械工場で働いた後ボールベアリング付きの自転車を開発、その生産を企業化する。その会社がカナダの企業に買収されるとデトロイトに進出して機械工場を持ち、1901年から02年にかけてオールズモビルのために変速機を生産する。1903年にはヘンリー・フォードの勧誘で新たに設立されるフォード・モーター・カンパニーの株を兄弟で50株ずつ取得、その役員になる（彼らが2万ドルで買った株は、1919年に売った時には1250倍の2500万ドルになっていた!）。兄弟はフォードをやめると1914年にダッジ・ブ

グ・アーム、後ろはトレーリング・アームを兼ねさせて車軸を吊る要領の良い設計だ。エンジンははじめダッジ兄弟社に、後にはヘンリー・マーティン・リーランドのリーランド・アンド・フォークナー社にも作らせた空冷の水平単気筒であった。わずか5馬力と非力で、変速機もプラネタリー・ギアで2段しかなく、最高速度も30㎞／hほどしか出なかった。

　しかし軽く、しかもローギアリングだったので、登坂力に優れ、ワシントンの国会議事堂の石段を登ってみせたこともある。また１９０５年には2台がニューヨークからオレゴン州ポートランドまでの大陸横断レースを44日で完走、見かけによらぬスタミナを示した。

歌になったほどポピュラー

　安価なカーブドダッシュは１９０１年に４２５台を生産、翌年は7馬力や9馬力も加えて２０００台を送り出し、世界初の量産車となった。「イン・マイ・メリー・オールズモビル」という歌が大ヒットしたといえば、いかにポピュラーであったかが知れよう。

　しかし、役員会の紛糾からオールズは１９０４年に自身の名を冠した会社を去り、結局同社は１９０８年にゼネラル・モータースに加盟する。一方オールズは、１９０４年に自身の姓名のイニシャルを綴ったレオ（ＲＥＯ）社を設立、１９３６年にかけて大衆車や商用車を生産した。１９７０年代に活躍したロックバンド、「ＲＥＯスピードワゴン」はその商用車の一名称をとったものである。

　また自身企業家であると同時に技術をよくしたオールズは、会社経営のかたわら内燃機関のさまざまな分野への応用の研究にも時間を割いていた。その成果の一例として、彼の発明となるガソリンエンジン付きの草刈り機がある。その配下から多くの企業家や技術者を輩出したオールズは、しばしば「アメリカ自動車産業の校長先生」と呼ばれている。

ラザースを設立、中級車ダッジを生む。１９２８年ダッジはクライスラーに買収され、今日に至る。

レオ（ＲＥＯ）社

　オールズモビルは１９０１年の火災でデトロイトの工場を失い、デトロイトから西北西に約80㎞のランシングに工場を移す。再建成りカーブドダッシュで成功したオールズは、１９０４年に株式を譲渡すると、新たにＲＥＯ社を立ち上げる。ＲＥＯはRansome Eli Oldsのイニシャルを綴ったもので、１９７０年代のアメリカのロック・バンドは「アール・イー・オー・スピードワゴン」と称していたから、レオではなく「アール・イー・オー」だったのかもしれない。実際に「スピードワゴン」という軽快な小型商用車が存在した。レオの乗用車はロワーミドルクラスの堅実なクルマで、１９３６年まで存続した。

History / World

06

ヘンリー・フォード

Henry Ford(1863-1947)

自動車を大量生産、大量消費の耐久消費財にした量産王

若くして時計修理のエキスパート

自動車は大衆の足となるべき資質と運命を持って生まれた交通機関である。したがってヘンリー・フォードがいなくても必ずや大量生産され大衆化したであろうが、もし彼がいなかったらその普及は10年、否20年は遅れていたに違いない。その証拠に、フォードのいなかったヨーロッパでクルマが真に大衆化したのは、第二次大戦後のことである。ヘンリー・フォードは頑固で質実剛健なアイルランドからの移民農家の出身で、彼の生涯を貫いたものは徹底したプラグマティズム（実用主義）であった。彼はヘンリー・ロイス同様、プロフェッショナルな技術者ではなく、自然に身につけた経験的な機械工だった。

15歳で蒸気エンジンを作り上げたフォードは、20歳になる前に時計修理のエキスパートになっていた。彼が妻の手助けを借りて自宅の一室で初のガソリンのクォードリシクル（4輪自動自転車）を完成させたのは、エジソン電灯会社在職中の１８９６年のことであった。１８９９年には同社を辞し、彼を担ぎ上げて設立されたデトロイト・オートモビル・カンパニー（後にヘンリー・フォード・カンパニーと改称する）の主任技師に就任する。しかし技術の習得が先だと主張してレーシングカーの製作に没頭したため会社は左前になり、彼は１９０２年自身の名を冠した会社をヘンリー・マーティン・リーランドに残して去る（リーランドは同社を改組してキャディラックをスタートさせる）。

ヘンリー・フォード

クォードリシクル

「クォードリ」は4の意味を示すラテン系の接頭語、「シクル」はサイクルで自転車のこと。したがって、4輪自転車のこと。ビシクル、トリシクルと同様で、初期の自動車には3輪あるいは4輪の自転車にエンジンを取り付けたようなものが多かったので、こうした呼び方がされた。

「大衆のためにクルマを作る」

それから6か月後の1903年、彼は今日に至るフォード・モーター・カンパニーを組織、社長兼主任技師の席に就く。その年ヘンリー・フォード・カンパニー時代に助手のリーランドと共同開発したクルマによく似たA型を発売する。その後のフォードは収益性の高い大型高級車を作れと迫る出資者たちと闘いながら、「私は大衆のためにクルマを作る」と主張して経済車を模索していく。そしてジェイム・クーゼンスを主任設計者として完成、1908年10月1日に発表したのがT型である。

T型は4気筒SV、2884cc、22・4psエンジンを持つ当時のアメリカでは軽量級に属するクルマで、構造簡潔な自動車の原点のような設計であった。2段プラネタリーギアボックスは、ペダルの踏み替えだけで操作でき、女性や老人にも容易に運転できた。サスペンションは前後とも横置きリーフで固定軸を吊った独特の設計で、フォードの目の黒いうちはこの型式に固執した（1948年型まで）。T型は1年目に1万台を生産するヒットとなり、4年後には年産7万5000台を記録した。はじめは赤など各色があったが、途中から生産性を上げるために黒一色とし、「黒ならどんな色にでも塗ります」と宣伝した。

フォードは鉄や石炭の鉱山と五大湖で鉱石を運ぶ輸送船、本格的な鉄道から製鉄所まで所有し、良質のバナジウム鋼を用いたから、信頼性は高まり、ますます評判が上がった。「フォードはどこへで

T型フォード

1899年のフォード第一号試作車

A型

機械メーカーが操業して最初の製品を出すとき、1型あるいはA型と呼ぶことが多い。フォードにはA型が二つある。一つは1903年の文字通りの初号機で、もうひとつは1928年発売のA型である。後者は19年にわたり同じ基本設計で作り続けられてきたT型からの再出発という意味でA型と呼んだのであろう。あるいはヘンリー・フォードの子息エドセルの統治下で設計された最初のクルマという意味があったのかもしれない。

も行ける、上流社会以外なら」といわれたのはその信頼性と、それとは裏腹の庶民のための安物のイメージを指したものである。実際街の修理工場には「クルマの修理、フォードも」という看板が掲げられ、T型は並みのクルマ以下の扱いであった。しかし一般大衆は、よく走って安価なT型に殺到した。

コンベアラインが可能にした量産

１９１０年に操業を始めていたハイランドパーク工場は次第に自動化されていき、１９１３年には史上初のコンベアラインによる流れ作業が完成し、１日の生産量は１０００台を超えた。よく「ヘンリー・フォードはシカゴの缶詰工場の見学中にコンベアラインを思いついた」といわれるが、これは後の伝記作家の創作である。生産性を上げるために、フォードでは早くから車輪のついたシャシーを引き回して組み立てていく方式がとられていたのだ。

１９１４年にはT型を買った人に1台あたり40~60ドルのリベートを払うと発表した。業界は疑問視したが、それによってフォードの販売は１９１４年からの1年間に30万台を超えた。同じ年、フォードは労働時間を8時間に短縮し、22歳以上のノンサラリーの工員の日給を5ドルに引き上げた。日給5ドルは当時の平均的な工員の倍近かったから、アメリカの実業界では「そんなことをしたらフォードはつぶれる」といわれた。しかしその後もT型の生産は増え続け、１９１９年には年産75万台に達し、業界の3分の1を独り占めする。

ディーラーの支援で経済恐慌を乗り切った１９２１年は年産75万台で業界全体の実に55・45パーセントに達した。１９２２年にはT型の全モデルの価格を一律に50ドル引き下げ、最も安価な2座ロードスターは２６５ドルになった。発売時のT型が８５０ドルで、一時は９５０ドルに上がったからなんと3分

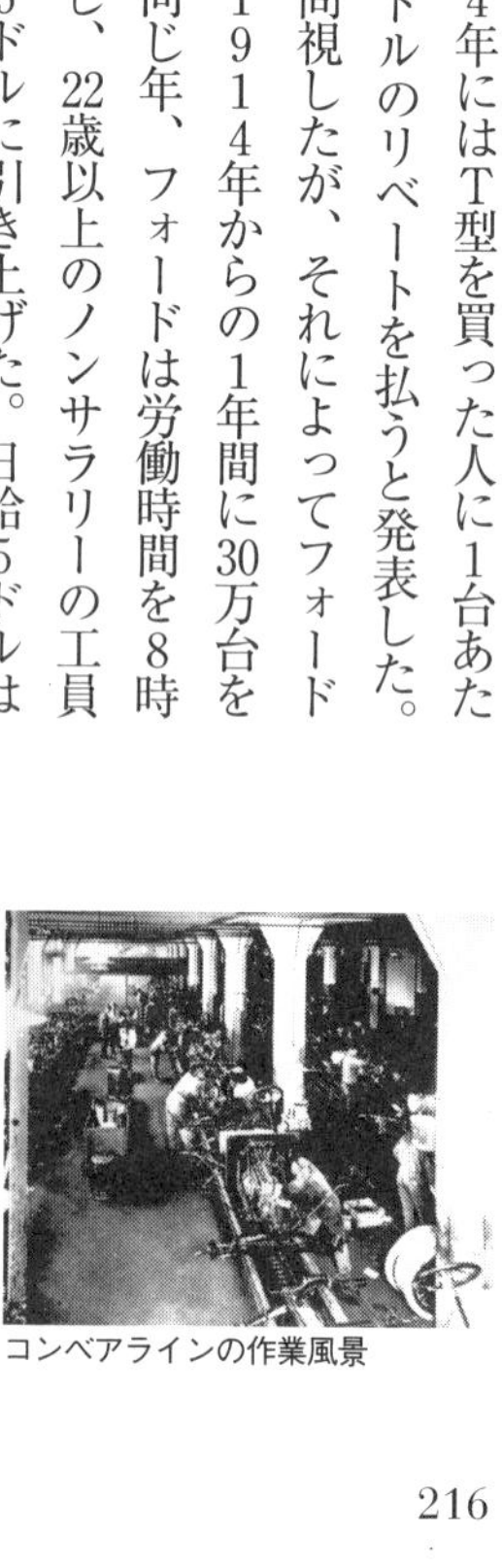

コンベアラインの作業風景

40-60ドルのリベート

チャールズ・チャップリンは映画『モダンタイムス』の中で流れ作業による大量生産を痛烈に皮肉った。しかしフォードはスケールメリットを生かして従業員と顧客に利益を分配した。一例が1914年に発表した「向こう一年間にT型フォードの新車を買った人に40ドルから60ドル支払う」というリベートプランであった。これによりフォードはその1年間の売り上げを30万台に増した。アメリカではこのリベート制度が今も生きており、それがメーカーの収支を大いに悪化させている。

の１以下に下がったことになる（物価の上昇を無視しても）。

１９２３年には街の販売店に週最低５ドルずつ積み立てていき、定価の額に達するとクルマが引き渡されるウィークリー・パーチェス・プランを実施、実際30万人がその方法でT型を手に入れた。フォードの累計生産は１９２４年に１０００万台を超え、翌１９２５年には日産９０００台に達した。労働条件はさらに改善され、１９２６年には早くも週５日制を採用した。

地球上の3分の1がT型に

しかし実はその頃、十年一日のごとくに変わらない黒くて旧式なT型フォードの背後に、カラーとスタイリングを取り入れたGMの大衆車シボレーがひたひたと迫っていた。ついにフォードは１９２７年５月31日にT型の生産を終了、６か月の工場更改の後、新しいA型の生産を開始するのである。それまでの英国、ドイツ、日本などでの現地生産や組み立てを含むT型の総生産は空前の１５００万７０３３台に達した。最盛期には地球上を走るクルマの３分の１がT型だったから、抜いても抜いても前に同じT型がいるので、「あなたはフォードを追い抜くことはできない」とさえいわれた。T型の生産記録は１９７２年にVWビートルに破られたが、T型が第一次大戦中を含む19年で達成したのに対し、VWは24年を要したのだった。

ヘンリー・フォードは１９１９年に全株式を掌握すると子息エドセルを社長に据える。まるで貴族のように育てられ、高い教養と趣味を持つエドセルは、１９２２年にリーランドからリンカーンを買収、A型にそのデザインを取り入れて成功させる。しかし、病弱なエドセルが１９４３年に早逝したため、ヘンリー・フォードが社長に返り咲き、１９４７年に84歳で他界するまでその席にあった。跡を継いだのは、孫のヘンリー二世だった。

労働時間を8時間に短縮

チャップリンの『モダンタイムス』による告発と裏腹に、フォードは従業員の待遇を着実に改善していった。１９１４年には1日の労働時間を８時間に短縮するとともに、22歳以上のノンサラリー労働者の日給を5ドルに引き上げた。日給5ドルは平均的な労働者の倍に近かった。１９２６年には1週間の勤務を5日に短縮した。さらに１９２９年には日給を7ドルに上げて、全米の労働者をうらやましがらせた。

History / World

07

ヘンリー・マーティン・リーランド

Henry Martyn Leland(1843-1932)

部品の標準化を成し遂げた精密加工の権威

「スタンダード・オブ・ザ・ワールド」

　１９０８年2月29日、ロンドンの販売店をＲＡＣ（英国王室自動車クラブ）の役員が訪れ、アメリカから着いたばかりの８台のキャデラックの新車から無作為に3台を選ぶ。３台は完成したばかりのブルックランズ・レース・コースまで37㎞を自走し、その後慣らし運転を兼ねて80㎞を周回、３台とも35㎞／ｈの最高速度を記録する。その後3台はピストンとコンロッド、ピストンピンに至るまで１台あたり７２１の部品にバラバラに分解される。そのうちの89部品はＲＡＣにより倉庫にしまわれ、ロンドンから同じ部品が運ばれた。

　3月5日、トランプを切るようにごちゃごちゃに混ぜられた部品から再び3台のキャデラックが組み立てられ、ブルックランズを全速で８０５㎞走破、３台とも55㎞／ｈを記録した。この「スタンダーダイゼイション・テスト」にはじめてパスしたキャデラックは、１９０９年自動車技術の発達に寄与したとしてＲＡＣからディウォー・トロフィーを授与された。その後キャデラックが「スタンダード・オブ・ザ・ワールド」と称したのは、世界の標準という自負とともに、はじめて部品の標準化を達成したことを誇るものでもあった。

　それまでのクルマは1台ずつ部品を調整して組み立てられていたので、壊れればその個体に合わせて部品を作らなければならなかった。しかしキャデラックは世界中どこで故障しても部品を取り寄せれば即修理できた。と

ヘンリー・M・リーランド

限界ゲージ法

　仕上がった部品の寸法精度を試す方法。鋼板にその部品の形を二つ切り抜いておく。一つは大きいほうの許容限界、もうひとつは小さいほうの許容限界で、その両方を通過すれば合格となる。したがって一つ一つマイクロメーターやノギスで測らなくてもよいので、誰にでも簡単に短時間でできる。米語では「Go-Not Go」ゲージという。文字通り「合格、不合格」ゲージという意味だ。

同時に、部品の標準化によって初めてクルマの大量生産が可能になった。そしてこの標準化を成し遂げたのが、１９０２年にキャデラックを生んだヘンリー・マーティン・リーランドであった。

アメリカの二大高級車を生む

彼は若き日、東海岸の銃器工場（その中にはピストルのコルトの工場もあった）で精密な機械加工と限界ゲージによる規格化を学んでいた。銃器では口径と弾の規格が完全に一致していなければ、弾が飛ばないか、あるいは銃身が爆発する事故につながった。その厳格な限界ゲージ法を応用することによって、クルマの部品の標準化を達成したのである。

はじめバリカンなどの発明にあたっていたリーランドは、その後リーランド&フォークナー社でオールズモビルのためにカーブドダッシュ用のエンジンを生産する。そして１９０２年、ヘンリー・フォードが去ったあとのヘンリー・フォード・カンパニーを改組して、キャデラック・モーター・カンパニーと級した。その後のキャデラックはヘンリー／マーティンのイニシャルＨＭ（ヒズ・マジェスティ＝陛下）と呼ばれたリーランドの指導下、電気式セルフスターター（１９１２年）、点火の自動進角、高速Ｖ８エンジン（１９１４年）などに先鞭をつけ、高級車としての地位を固めていくのである。

キャデラックは、１９０９年にデュラントのゼネラル・モーターズ・カンパニーに加わる。リーランドは１９１７年に退社、２年後もうひとつのＶ８の高級車を生み、敬愛する第16代米国大統領の名を冠する。そのリンカーンは１９２２年、大衆車の拡販のために高級車を必要としていたフォードに買収される。すなわち、リーランドは互いにライバル関係になるアメリカの二大高級車を生んだのであった。

リンカーン

ディウォー・トロフィー

英国の国会議員で裕福なサー・トーマス・ディウォーが1904年に設けた報賞制度。毎年自動車技術の進歩に貢献した1社に贈られる。黒檀の台に載った銀製の大杯で高さは70cmもある。大杯と蓋には見事な彫刻がある。当時自動車界ではノーベル賞にたとえられた。キャデラックは1908年の部品の標準化と、1913年のセルフスターターで2度受賞した。

ディウォー・トロフィー。入っているのはリーランドの息子。

History / World

08

チャールズ・F・ケッタリング

Carles Franklin Kettering(1876-1958)

自動車の技術的発達を陰で支えた大発明家

危険だったエンジンスタート

今やクルマに乗り込みイグニッションキーを差し込んでひとひねりすれば、エンジンがかかる。しかし、昔はそう簡単ではなく、イグニッションをオンにしたら前に回り、大きなクランクを力一杯に回さなければならなかった。それは女性や老人には困難な作業で、またクランクが逆転して腕を折ったり顎の骨を砕いたりする危険もあった。オートバイやオート3輪でキックした際、大の男が数メートル先まで飛ばされることもあった。

１９１０年冬のある日、デトロイト河の橋の上で一人の女性がキャデラックのエンジンをストールさせて困っていた。そこへ別のキャデラックで通りかかった男性が、クランクしてやろうとしたが、女性がイグニッション・タイミングを遅らせるのを忘れたために、バックファイアを起こし、男性は大けがを負い数週間後に亡くなった。

男性はキャデラックのヘンリー・リーランドの協力者の工業家だったので、彼は大いに責任を感じ、ある人物に安全なセルフスターターの開発を依頼する。その結果、１９１２年のキャデラックに採用されたのが電気モーターのセルフスターターで、キャデラックはそれにより2度目のＲＡＣディウォー・トロフィーを受ける。

その発明者が、チャールズ・Ｆ・ケッタリングであった。彼は万能の発明家で、はじめナショナル・キャッシュ・レジスター社で電動式金銭登録機の改良に取り組んだ後に独

セルフスターターのスイッチ

クランク

昔のクルマではラジエターの下、バンパーの上にソケットの穴があり、そこに大きな鉄のクランクを差し込んでエンジンのクランクシャフトの先端と接続し、手で右に回してエンジンをかけた。セルフスターターの実用化後も、電気系統の弱いクルマでは緊急用としてクランクとクランク穴を備えていた。日本製乗用車の中には、１９６０年過ぎまで残していたものがある。

立、オハイオ州デイトンにＤＥＬＣＯ（デイトン・エンジニアリング・ラボラトリーズ・カンパニー）を設立する。そこで最初に手がけたのは当時の不確実きわまりないエンジンの点火装置の改良で、彼は洗練された発振器をイグニッション・リレーに使った方式を創出する。

発明家であり、セールスマンでもある

この信頼性の高いイグニッション・システムは、１９１０年のキャデラック30型に採用され、デルコは８０００台分を生産した。ケッタリングは素晴らしい技術者、科学者、発明家であると同時に、自らの発明を売り込む才能にも長けていたのである。

１９１６年、ケッタリングはデルコをユナイテッド・モータース・コーポレーションに譲渡すると、ゼネラル・モーターズ・リサーチ・ラボラトリーズに加わる。そこで着々と地歩を固めた彼は、１９２０年ゼネラル・モータース・リサーチ・コーポレーションという独立組織を設立、自らそのボスに就任する。そこでの最初の仕事は圧縮比を上げてもノッキングを起こさない、いわゆるハイオクタンガソリンの開発であった。ガソリンにおよそ考え得るあらゆる添加剤を片っ端から混入して試した結果到達したのが四塩化鉛であった。そのガソリンの製造販売のためにエチル・コーポレーションが設立され、１９２３年にまずオハイオ州デイトンで試験販売が開始された。後に鉛公害の元凶とされる四塩化鉛入りのガソリンは、ケッタリングの指揮下で開発されたのである。

ケッタリングは１９４７年に引退したが、その後もＧＭの役員兼Ｒ＆Ｄの顧問として活躍した。たとえばオールズモビルとキャデラックは１９４９年にハイオクタンガソリンを利して高圧縮比の小型軽量で高出力のＶ８エンジンを実用化するが、それは「ボス・ケット」の示唆によって実現されたものだった。

四塩化鉛

テトラ・エチル・リード、四エチル塩ともいうアンチノック剤。ガソリンエンジンでは爆発圧力を大きくして出力を向上させるために圧縮比を高めると、ピストンが上死点に達しプラグで点火する以前に圧縮熱で自然着火してしまうことがある。これがノッキングという現象で、カリカリという騒音を発し、出力は低下し、エンジンの寿命を縮める。四塩化鉛には、この不正な自然着火を防ぐ効果があるので、ガソリンに点火して用いた。オレンジ色の炎を出して燃える無色の液体だが、毒性が強いので赤く着色されていた。吸入または皮膚からの吸収で鉛中毒を起こすので、現在はガソリンの質の向上やエンジンの改良によって、使われないようになった。

History / World

09

サー・フレデリック・ヘンリー・ロイス

Sir Frederick Henry Royce(1863-1933)

自動車が信頼に足る乗り物であることを江湖に知らしめた良心の人

「質」で上流社会の信頼を得る

発明されたばかりの自動車に飛びついたのは、若く好奇心と冒険心に溢れ、暇とお金のある貴族や大富豪の子弟たちであった。王侯貴族や大実業家などは元来保守的な上に、出先でいつ故障するかわからないクルマに乗ることをかたくなに拒否した。それに最初期のクルマはエンジンが極めて非力だったため重いキャビンを運べないので、裸のシャシー同然であった。

しかし技術が進歩し、そうした欠点が取り除かれるに及んで、上流階級にもぽつぽつとクルマに乗り換える人が現れ始めた。いわゆる高級車が生まれてきたのだ。それら高級車の中でも、絶対的ともいえる信頼性により上流社会で厚い信頼を得たのが英国のロールス・ロイスであった。

ロールス・ロイスの技術的な生みの親ヘンリー・ロイスは、「正しく行われしもの、すべて尊し」を生涯のモットーとした、良心の権化のような人であった。独力で技術を学んだ彼は、1900年マンチェスターに会社を設立、電気モーターやダイナモ、クレーンやホイストの生産で知られるようになる。ふとしたきっかけで1903年に1台の中古のフランス車ドコーヴィユに出会った彼は、それに満足できずさっそく改良に着手する。こうして1904年ドコーヴィユをベースとする最初のロイス車のプロトタイプ3台が完成する。

ヘンリー・ロイス

ドコーヴィユ

1898年から1911年まで作られた。もともとは蒸気機関車メーカーで、明治時代に超狭軌のタンク機関車がドコビルの名でわが国にも輸入された。最初のクルマは空冷の直立2気筒の3・5psエンジンを後部に積んでいた。最大の特徴は前輪が横置きリーフスプリングとスライディングピラーの独立だったことで、ガソリン自動車としては初の独立懸架とされている。

感銘を与えた静かさ

ここでもう一人の人物が登場する。名門出身のチャールズ・スチュワート・ロールス（1877－1910）だ。彼は英国のパイオニア・モータリストの1人で、1903年には3・5馬力のプジョーを輸入、大陸のレースで活躍した。その年のサウザンドマイルストライアルでは、金メダルを獲得した。彼は友人とディーラーを設立、輸入されたパナール・エ・ルヴァソールやミネルヴァの販売にあたった。1904年のある日、ロイス車の評判を聞きつけた友人のすすめで渋々マンチェスターに出向く。ロールスが小型車は好きではなかったが、試乗したロイス車の静かさとスムーズさに深い感銘を受け、ロイスの作るすべてのクルマの販売を引き受けようと申し出る。かくしてハイフンで結ばれたロールス・ロイス（R－R）が生まれるのである。

R－Rの名を不動のものにしたのは、1906年に完成、1925年まで作られた6気筒サイドバルブ、7428㏄の40／50馬力シルバー・ゴーストである。十分な耐久性のマージンを持った設計と、吟味しつくされた素材、顕微鏡的な精密さで作られた同車は正しく維持管理すれば永遠に走り続けるのではないかと思われるほどのスタミナを持っていた。同車の13号車は欧米では忌み嫌われるナンバーのためR－R社に留め置かれたが、銀色に塗られたそのクルマがロンドンの深い霧の仲を音もなく走る様からシルバーゴーストの名が生まれた。13号車は1907年2000マイルのRACスコティッシュ・トライアルで金賞を獲得、その足でグラスゴー－ロンドン間を昼夜を分かたず1万5000マイルにわたって走り続け、その絶対的な信頼性と耐久性を立証した。このオリジナル・シルバーゴーストは今も同社にあり、すでに80万km以上を走破しているが、なおかくしゃくとして走れる状態にある。

ロールス・ロイス・シルバーゴースト

シルバーゴースト

銀色に塗られた13号車がロンドンの深い霧の中から音もなく走り出てくる姿が銀色の幽霊のようだったことから、誰いうとなくシルバーゴーストという名が生まれた。その後すべての40／50馬力車がシルバーゴーストと呼ばれるようになり、以後ロールス・ロイスはファンタム、レイス、シルバーレイスなど幽霊をシリーズ名とするようになる。私の知る限り、オリジナルの「ザ・シルバーゴースト」は2度来日したことがある。

History / World

10

ウィリアム・クレイポ・デュラント

William Crapo Durant(1860-1947)

ＧＭを築き、２度社長を務めた風雲児

「スケールメリット」の産業

自動車生産は一部の高級車やスポーツカーを除いては、スケールメリットが大きくものをいう産業である。その例を英国に見ることができる。英国はかつて米国に次ぐ世界第２位の自動車生産国であったが、今や日中独韓仏西ブラジルに抜かれて9位に甘んじている。その理由のひとつは、多くの個性的な中小メーカーが群雄割拠していたことにある。

歴史上ナッフィールド、ルーツ、ＢＭＣ、レイランド、ＢＬＭＣなどグループ化の動きはあったが、いずれも古くからの因習にとらわれてスケールメリットを得ることができなかったのである。アメリカも例外ではなく、有史以来およそ１５００のメーカーが３０００以上のブランドのクルマを作ってきた。しかし、早い時期からゼネラル・モーターズ、フォード、クライスラーのいわゆるビッグスリーが形成され、結局その3社だけが今日に残っており、自動車産業におけるスケールメリットの重要性を物語っている。今全世界の自動車生産に占めるアメリカのシェアは16パーセント、さらにアメリカでのＧＭのシェアは24パーセントだから、世界の中での米ＧＭのシェアは３・６パーセントにすぎない。

ところが１９５０年代には世界の自動車生産の半分をアメリカが独占、さらにその半分をＧＭが独り占めしていたのだ。現実にアメリカではＧＭのシェアが50パーセントを超えるたびに、独禁法違反として議会にＧＭ分割案が提出されていた。しかしＧＭがアメリカ

ナッフィールド

かつて英国にあった自動車メーカーの一大グループ。オースチンと並ぶ大メーカー、モーリスを築いたウィリアム・モーリスが、１９２４年にＭＧ（モーリス・ガレージ）を派生させ、１９２７年にウーズレー、１９３８年にライレーを併合してナッフィールド・モータースとしたもの。１９５２年にはオースチン社と合併、ブリティッシュ・モーター・コーポレーション（ＢＭＣ）を結成する。さらに１９６８年にはレイランド・グループと合併して、ブリティッシュ・レイランド・モーター・コーポレーション（ＢＬＭＣ、後のローバーグループ）となる。

の国防に深く関わっているので、分割案はいつも破棄されてきた。

生産台数でも売り上げでも、トヨタの後塵を持することになってしまうが、GMは依然として世界のトップを争うメーカーである。そしてこの巨大企業GMは、アメリカ自動車界の一人の風雲児の野心によって築かれたのである。それがウィリアム・クレイポ・デュラントであった。

巨大メーカーへの野心と蹉跌

彼は25歳の時にダラス・ドートと組んでデュラント・ドート馬車会社を興し、二輪馬車の製造を始める。一方1902年にはデイヴィッド・ダンバー・ビュイックがOHVエンジンを開発、ブリスコー兄弟の援助でビュイック・モーター・カンパニーを設立するが、不成功に終わる。デュラントは1904年にビュイックを買収、軌道に乗せる。

早くから巨大メーカー建設に野心を抱いていたデュラントは、ビュイックにマックスウエル・ブリスコー、フォード、レオなどを合併させようとするが失敗する。しかし彼は1908年9月1日にゼネラル・モーターズ・カンパニーを立ち上げ、その後の2年間でキャデラック、オールズモビル、オークランド、カーター、エルモア、エウィン、ウェルチほかの会社を次々と買収する。だが経営難からデュラントは1910年にGMを去る。

しかしインディアナポリス500マイルレースでクルマを活躍させていたルイ・シボレーを擁立してシボレー車を大成功させたデュラントは、それを引っさげて再びGMの社長に復帰する。だが経済恐慌でGMの株価が400ドルから一挙に12ドルに下落、デュラントは再びGMを去る。その後彼はデュラント、ドート、スター、フリント、メイン（トラック）などを次々と立ち上げるが、1929年の大恐慌ですべては無に帰した。デュラントは赤貧のうちに没したという。

ルーツ

かつて英国にあった自動車メーカーのグループ。古くからの乗用車ハンバーが、1926年に商用車のカマーと合併、さらに1928年には有名なヒルマンとも合併する。それまでハンバー社の販売や輸出を行っていたウィリアムとレジナルドのルーツ兄弟が1932年にそのグループ全体を掌握する。さらに1934年に商用車のキャリア、1935年にスポーティなサンビームとタルボットを買収、第2次大戦後も1956年にシンガーを併合した。しかし1973年にはアメリカのクライスラーの支配下に入り、さらに1985年にフランスのプジョーに売り渡された。

History / World
11

ヴィットリオ・ヤーノ

Vittorio Jano (1891-1965)

無敵のアルファロメオを生んだ男

メルセデス・ブガッティを凌駕する勝利数

　パリ-ボルドー-パリの行われた１８９５年を始まりとすれば、モーターレースは１世紀を優に超える歴史を持つことになる。その中で、どのクルマが最も強く、誰が最も優れた設計者であったかは興味深い設問である。技術もレースを取り巻く環境も大きく変わっているから、一概にどのクルマ、誰それということはできないし、またそうすることに意味はないかもしれない。

　しかし誤解を恐れずあえて言うならば、その１台は間違いなくアルファロメオであり、その１人はアルファロメオを無敵のマシーンに育て上げ、その黄金期を築いたヴィットリオ・ヤーノであっただろう。

　英国の斯界の権威ローレンス・ポメロイは、１９０６年から１９５３年までの間に最も多くのロードレースに優勝したクルマはアルファロメオで、58回と数えている。１９３０年代後半にあれほど猛威を振るったメルセデス・ベンツでさえ、メルセデス時代を含めても34回、ブガッティが33回だから、いかに強かったかがわかろう。そしてその膨大な勝利をもたらしたのがヤーノであり、ジョアッキーノ・コロンボらの弟子たちであった。

　１９２３年にグランプリ・フォーミュラが２ℓ以下で６００kg以上に強化されると、アルファロメオは初代主任技術者ジュゼッペ・メロージの設計でＧＰＲ（グラン・プレミオ・ロメオ、いわゆるＰ１）を製作する。しかし最大の目標であったその年のモンザのヨ

ヴィットリオ・ヤーノ

ブガッティ

　イタリア、ミラノの芸術家の家系に生まれたエットーレ・ブガッティが、フランス・アルザスのモールスハイムに工場を持って１９５６年まで少数を生産した高性能車。エットーレにとって最大の関心事は形の美しさであり、それは時には機械的な効率にさえ優先した。ライバルのアルファロメオP3が最大の効率を求めてDOHCの半球形燃焼室としていた時、ブガッテ

ーロッパＧＰのテスト中、１台のＰ１が事故を起こし、有力なドライバーのウーゴ・シヴォッチが死亡した。明らかにクルマの欠陥で、Ｐ１は引っ込められた。その頃無敵のフィアットチームに輝くばかりの才能を持つ若い技術者のいることを知ったエンツォ・フェラーリは、トリノのアパートにその人、ヴィットリオ・ヤーノを訪ねる。

トリノからミラノへ

イタリアは１８６１年に統一のなった新しい国で、それまではアルファロメオの本拠地ミラノを首都とするロンバルディと、フィアットのあるトリノを首都とするピエモンテは別々の国であった。トリノを離れたがらないピエモンテーゼのヤーノを、エンツォは強引に口説き落としてミラノに連れてくることに成功する。若く無名だが有能なスタッフ数名を連れてアルファロメオに移籍したヤーノは、量産車から完全に独立した設計部門に軍隊的な規律をしき、わずか数か月のうちにグランプリカーＰ２を完成させる。

Ｐ２は緒戦の１９２４年クレモナ・サーキットで優勝し、以後ヤーノの名前ヴィットリオそのままに勝利を重ねていく。その全貌を限られた紙幅に尽くすことはできないが、ヤーノのチームはその後ティーポＢ（Ｐ３）、８Ｃ１９３５、12Ｃ１９３６、１２Ｃ１９３７などのグランプリマシーン、６Ｃ１５００／１７５０、８Ｃ２３００、６Ｃ２３００、８Ｃ２９００などのスポーツカー、ツーリングカーを次々と生み出し、アルファロメオの黄金時代を現出させる。グランプリは言うに及ばず、ミッレミリアやルマンなどのスポーツカーレースにおける勝利は枚挙に暇がない。

しかし１９３０年代の後半はナチスの国家的な援助を受けたドイツ勢の前に徒手空拳の状態に陥り、ヤーノは１９３７年９月にコロンボらに後を託してアルファロメオを去る。

ィのタイプ35エンジンは外観の立方体の美しさに固執して効率の劣るＳＯＨＣエンジンだった。しかし獣の体躯のように美しく有機的なシャシーは重量配分と操縦性に優れ、ストレートで抜いていったライバルにコーナーで追いつき、時に追い抜いたのであった。

アルファロメオP2

History / World

12

フェルディナント・ポルシェ

Ferdinannd Porsche(1875-1951)

ＶＷを生んだ万能の天才

「ハイブリッド車の始祖」を設計

自動車史上最高の技術者はいったい誰だろう？　これは素朴だが難しい設問で、人によって見解の分かれるところであろう。だが手がけた作品の多さとその後の自動車技術に与えた影響の大きさで、フェルディナント・ポルシェの名を挙げるのに異論のある人はいないだろう。

ポルシェと言えば、何を措いてもフォルクスワーゲン（ＶＷビートル）だが、そのほかにも大小のツーリングカー、スポーツカー、今日のＦ１に相当するレーシングカー、果ては航空エンジンや戦車まで手がけた万能の技術者だった。

当時オーストリア／ハンガリー帝国のボヘミア（後のチェコスロバキア）生まれのポルシェは、幼い頃から電気に強い関心を示した。25歳の１９００年にウィーンの帝室馬車工房ローナー社で彼が設計したクルマは電気自動車で、前輪ハブ内にモーターを持つ前輪駆動車だった。機械式伝達の煩雑さとパワーロスを避けた最初期のＦＷＤの試みである。さらに2年後にはガソリン／エンジンで発電、前輪のハブモーターで走る効率の高い「ミクステ」方式の乗用車を完成させる。それは、蓄電装置こそ持たないが、現代のハイブリッド車の始祖とも呼べるものである。

１９０６年には、ゴットリープの長男パウル・ダイムラーの後任としてオーストロ・ダイムラーの技術部長に迎えられ、多くのガソリン車や航空エンジンを設計する。１９１０

フェルディナント・ポルシェ

タルガ・フローリオ

イタリア・シチリア島の峻険な山岳道路で1905年から1973年まで行われたスポーツカーの過酷なロードレース。シチリアの豪商の末子でアマチュアとしてレースにも活躍したヴィンチェンツォ・フローリオが創始したもので、タルガとは盾のこと。伝統的にアルファロメオ、ポルシェ、フェラーリ、メルセデス・ベンツなどが強く、多くのストーリーを残した。

年には市販車としては初のＳＯＨＣを持つ４気筒５・７ℓの95馬力車を完成させ、自らステアリングを握って同年のプリンツ・ハインリッヒ（英国ではヘンリー）トライアルに優勝、２、３位と上位を独占した。さらに１９２２年には初の小型車、４気筒ＳＯＨＣ１・１ℓのサーシャでタルガ・フローリオのクラス優勝（総合７位）も獲得している。

高性能車と大衆車と

　１９２３年にはドイツの本家ダイムラー・ベンツの技術部長に迎えられ、ここでもツーリングカー、スポーツカー、レーシングカー、航空エンジンの開発に八面六臂の活躍をする。中でも最高の傑作は究極的にＳＳＫＬにまで発展する６気筒ＳＯＨＣ、７・１ℓのスポーツカー、「Ｓ」シリーズであったろう。しかし小型大衆車を作るべきだと主張して首脳陣と衝突、１９２８年に同社を辞し、一時オーストリアのシュタイアに籍を置いたが、55歳の１９３０年シュトゥットガルトに自身の独立した設計事務所を設立する。

　最初の仕事はヴァンダラー社向けの６気筒ＯＨＶの１・８ℓ車の設計であったがその縁で１９３２年にヴァンダラーを含めて組織されたアウトウニオン（自動車連合）のグランプリカーを設計することになる。それが１９３４年に発効した７５０kgフォーミュラのためのＶ16ＳＯＨＣ４・36ℓミドエンジンの「Ｐヴァーゲン」で、第２次大戦前のグランプリをメルセデス・ベンツと分かち合うことになる。

　ポルシェは高性能車を追求する一方で、早くから大衆のための小型経済車に意欲を示し、数次にわたり各社に提案したが受け入れられなかった。それに眼を付けたのがアウトバーンと大衆車で人心を掌握しようとしたヒトラーであった。彼の後援で１９３８年にＫｄＦ（歓喜力行団号）の最終生産型が確定、そのお披露目とウォルフスブルク工場の起工

ポルシェが設計した電気自動車

シュタイア

オーストリアの自動車メーカー。同国リンツ近郊のシュタイアの兵器会社が、第1次大戦後に平和産業への転換を図って1920年に作り始めた。1929年にオーストロ・ダイムラーと協力関係に入り、1935年にモーターサイクルのプフを加えてシュタイア・ダイムラー・プフとなった。今も大型トラックなどを作っており、メルセデス・ベンツの4WD車の受託生産も行っている。

式が盛大に行われた。しかし戦中はもっぱらジープ型のキューベルヴァーゲンとして使われ、フォルクスワーゲン（国民車）の名で生産をスタートしたのは戦後のことである。VWビートルは1972年2月7日T型フォードの1車種の生産記録1500万7033台を超え、最終的には2000万台に達した。

純粋な技術屋ゆえに戦犯に

ポルシェはイデオロギーにはまったく無関心な純粋な技術屋で、自分の考えを具体化できる機会を与えられればどんな仕事でも引き受けた。そのため第2次大戦中はドイツ軍の有名なタイガー（ティーグル）戦車の砲塔を設計し、また水深10メートルでも活動できる180トンの巨大戦車マウスも設計した（戦局の悪化のため2台しか作られなかったが）。

そうした活動が咎められ、戦後彼は連合国により戦犯に問われ、フランスに収監された。70歳に近づいたポルシェには過酷な生活で、次第に健康が失われていった。戦時中オーストリアの山村グミュントに疎開していたポルシェ事務所の人々や、多くの自動車人の嘆願によって、彼は1947年に釈放される。

そのときポルシェ事務所は100万フランという莫大な保釈金を払わなければならなかった。ポルシェ事務所はその保釈金を、イタリアで実業家ピエール・デュジオが主催するチシタリアの求めに応じて新しいグランプリカーを設計することで確保した。過給1・5ℓ／無過給4・5ℓという当時のフォーミュラに対応するもので、若き日のフェリー・ポルシェ（フェルディナント2世）を中心にカール・ラーベ、エベラン・フォン・エーベルホルストなどかつてのポルシェの弟子たちが協力した。ポルシェ360という設計番号を与えられたそのクルマは、1946年に設計を開始、1949年に完成した。それは1934年以降のアウトウニオンPヴァーゲンを小型化し、いっそう洗練させたもので、保釈

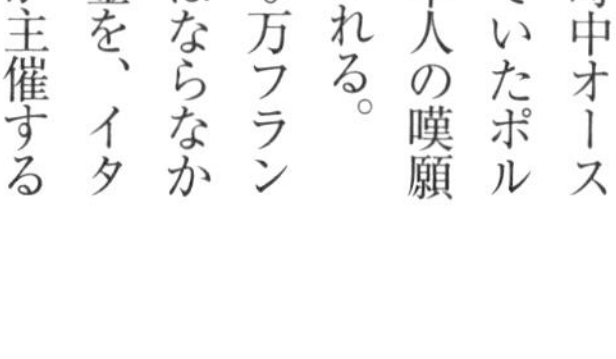
メルセデス・ベンツSSK

チシタリア
イタリアの少壮の実業家ピエール・デュジオが1946年に創業、1965年まで続いたフィアット・ベースの小型スポーツカー・メーカー。はじめはフィアットの技術者ダンテ・ジアコーザがフィアット1100エンジンを用いて設計したモノポスト・レーサーによるワンメイク・レースで成功した。後のフォーミュラ・ジュニアの原型といえる。売り物としては、フィアット1100ベースの「202」がカロッツェリアによる

直後に図面を見せられたポルシェは「私がやっても同じになったろう」と語った。ポルシェ３６０チシタリアＣＰは、トリノのチシタリア工場で製作されたが、その時にグミュントから派遣されたのが後にアバルトを生むカルロ・アバルトと、後にアルファスッドを生むルドルフ・フルシュカである。

天才の華麗なる血脈

一方フェリー・ポルシェやカール・ラーベは１９４８年多くのＶＷのパーツを活用した2座小型スポーツカーのポルシェ３５６を生み出す。それが今日に至るポルシェ・ブランドの発祥である。

１９５０年のある日、最初のポルシェ３５６のオーナーがクルマとともどもグミュントを訪れた。老ポルシェはオーナーの一人一人とうれしそうに握手を交わしていた。ポルシェがこの世を去ったのは、それから間もなくであった。ポルシェには一男一女があったが、長男はいうまでもないスポーツカーのポルシェを生んだフェリーで、その長男はポルシェ９１１や９１４をデザインしたフェルディナント・アレクサンダー（Ｆ・Ａ）ポルシェである。

Ｆ・Ａ・ポルシェは後に独立してグミュントにデザイン工房を持ち、世界の著名な商品のデザインを担当した。１９７５年に発売されたわが国のヤシカ・コンタックスＲＴＳもその一例である。今はスイスの時計メーカー、エテルナのオーナーとしてポルシェ・ウォッチを送り出している。

一方ポルシェの長女はオーストリアの銀行家ピエヒと結婚した。その長男があまり目立たなかったアウディを高性能車に仕立て直し、クワトロを成功させ、後にＶＷを支配し今なお絶大な力を持つフェルディナント・ピエヒである。ポルシェ一族では長男は代々ファースト・ネームにフェルディナントを名のることになっているのだ。

美しいクーペやカブリオレで成功した。デュジオは1947年にはアルゼンチンにアウトアルを設立、ジープのシャシーをベースにした乗用車を生産した。

フォルクスワーゲンの試作車

History / World

13

バッティスタ・〝ピニン〟ファリーナ

Battista "Pinin" Farina(1893-1966)

流線型化を先導し、イタリアン・デザインを世界に広めた男

性能向上により空気抵抗が問題に

１８９９年に初めて時速１００㎞を超えて１０５・83㎞／hを記録したカミーユ・ジェナッツィ（ベルギー）の「ジャメ・コンタンテ」（決して満足しない号）は、まるで砲弾に4つの車輪を付けたような流線型の電気自動車であった。だが、その頃の一般的なクルマはシャシーに座席をくくり付けたような代物で、流線型とはほど遠いものであった。

１９１０年代末からは、ルンプラー、ヤーライ、カムらの主としてドイツ語圏の航空機や流体力学の専門家たちによって、幾多の流線型自動車が試みられる。しかしそれらはあまりにも先進的かつ理論的なものだったために自動車として美しくなかったので、一般の共感を得ることができず、普及には至らなかった。

それでも１９３０年代に入ると、社会全体の近代化に背を押されて、クルマの流線型化は急速に進む。

１９３０年代におけるクルマの流線型化を主導したのは、アメリカのデトロイトのメーカーの造形部門と、イタリアのトリノとミラノのカロッツェリアであった。両者は互いに触発し合いつつ、世界のクルマを近代的なスタイリングへと導いていったのである。

世界中に認められたカロッツェリア

イタリアのカロッツェリアの中でも、この時代に大いに創造的な作品を生んだのは、トリノのピニン・ファリーナやギア、ベルトー

カロッツェリア

イタリアのクルマのボディを専門に作る工房。イタリア語でカロッツァは馬車（コーチ）のことで、それを作る工房がカロッツェリア。はじめは馬車から転じたものが多かった。１９３０年代には若い世代が流線型に代表される近代化に積極的に取り組み、構造的にいち早く木骨から全金属製への切り替えに成功、またフィアットの小型大衆車に美しいボディを着せるなどして隆盛を極めた。同様の工房は英・仏・独・米などにも多くあったが、すべては構造改革できずに敗退、カロッツェリアだけが今日まで存続している。

ネ、ミラノのトゥーリングやザガートであった。中でも主導的な役割を果たしたのが、ピニン・ファリーナである。初め兄のスタビリメンティ・ファリーナで修業を積んだピニンは次々と先進的なスタイリングを打ち出していく。

　彼は若き日には自らステアリングを握って山岳レースで活躍したこともあり、また第1次大戦初期には飛行も体験している。こうした体験から身をもって空気抵抗の大きさを知っていた彼の作品は、次第に流線型への傾斜を強めていく。

　このピニン・ファリーナの存在を一躍世界的にしたのは、1937年春のミラノ・ショー（当時はトリノでも秋でもなかった）に出品したランチア・アプリリア・シャシーによるクーペ・アエロディナミーコである。このボディではすでにフェンダーやグリル、ヘッドライトなどは独立したマスとしては存在せず、すべては一つの有機体のような流線型の中に同化されていた。

「風のデザイン」と呼ばれたこの造形は、その後のクルマに少なからざる影響を与えることになる。さらに1947年のチシタリア・ベルリネッタ・アエロディナミーコは世界のクルマの戦後型スタイリングへの指針となり、1952年にニューヨーク近代美術館が選定、展示した「デザインの近代化に貢献した8台」にも選ばれた。

　その力量を認めたアメリカのナッシュは、1952年型のデザインを全面的にピニン・ファリーナに委ねる。イタリアン・デザインの国外進出の嚆矢であり、カロッツェリアによる量産車デザインの第1号でもあった。

　続いてプジョー、BMC、日産などもピニン・ファリーナを起用、ほかのカロッツェリアにも世界中から注文が殺到することになる。もうひとつ特筆すべきは、フェラーリが1950年代中頃からボディのデザインをピニン・ファリーナに一任したことである。

「ピニン」とは

　ピニン・ファリーナのフルネームは、ジョヴァンニ・バッティスタ・ファリーナだが、実は長兄も同じジョヴァンニだった。そこで、家庭内ではジョヴァンニの愛称であるピニンと呼ばれていた。1961年6月6日、ピニン・ファリーナはイタリアのグロンキ大統領から「イタリアの産業とデザインを世界に知らしめたのはピニン・ファリーナの名においてであったから」と、姓を正式にピニンファリーナとするようにとの命令を受ける。したがって、私たちはその日以前はピニン・ファリーナ、以降はピニンファリーナと表記することにしている。ピニンの子息セルジオの長男は、ピニン・アンドレア・ファリーナと名付けられていたが、その日からピニンがセカンドネームからサーネームに移された！

History / World

14

アレック・イシゴニス

Alec Issigonis(1906-1988)

ミニで小型車の設計に革命をもたらした奇才

小型実用車の理想型

統計がないので具体的なパーセンテージを示すことはできないが、今世界中で生産されている２０００cc以下の小型車の過半が前輪駆動（ＦＷＤ）であることは疑う余地がない。横風や滑りやすい路面での安定性に優れる一方、室内空間を狭める重いプロペラシャフトがないなど、ＦＷＤ方式は特に小型実用車においては一つの理想型である。しかし少なくとも１９５０年代までは、優れた等速ジョイントが得られない、どうしても高価になりがちだ、などの理由で、ＦＷＤはごく一部の特殊なクルマに限られていた。

その限界を打ち破って小型大衆車にＦＷＤが普及する道を開いたのが１９５９年のロンドン・ショーで発表されたＢＭＣのミニである。そしてその設計を主導したのが不世出の技術家アレック・イシゴニス（後にサーの称号を与えられる）であった。

その名が示すように、イシゴニスはギリシャ人で造船技術者であった父と、英国人の母との間にトルコのイズミルで生まれた。第１次大戦で父の工場が没収されると彼は母の母国英国へ渡り、バターシー工科大学で学ぶ。卒業後自動クラッチを開発中のロンドンのエドワード・ジレット社の主任製図工になった彼は、英国の自動車工業に多くの知己を得る。

その縁でハンバーに移ったイシゴニスは、さらにナッフィールド・グループのモーリスでサスペンションを担当するようになる。その頃の彼の趣味はレーシングカー作りで、１

アレック・イシゴニス

ＢＭＣ
ブリティッシュ・モーター・コーポレーションの略。1952年にオースチンとナッフィールド・グループが世紀の大合併を果たして誕生した民族資本の大メーカー。1966年にデイムラー・ジャ

９３３年から39年にかけてオースチン・セブン〝アルスター〟エンジン付きの「ライトウエイト・スペシャル」を作る。細い単座ボディはベニヤ板とアルミ板の外皮応力構造のモノコックで、車重は２６６kgしかなかった。このクルマは１９３９年のプレスコット・ヒルクライムで同エンジンのオースチンを破り、イシゴニスは軽量構造に確信を抱く。

ビートルズ、マリー・クワント、ミニ

第二次大戦中、来るべき平和時のための小型大衆車像を描き続けていたイシゴニスは、１９４８年モーリス・マイナーを完成させる。エンジンこそ古いＳＶの９１８ccであったが、ボディは軽いモノコックで、トーションバーの前輪懸架とラック・ピニオンのステアリングで乗り心地と操縦性を高い水準で両立させていた。後にＯＨＶの新エンジンに積み替えたマイナーは、１９７２年までに１６０万台近くを生産するロングセラーとなる。

１９５２年にＢＭＣが結成されると、イシゴニスはアルヴィスに移籍するが、１９５６年に復帰する。その年の７月、エジプトのナセル大統領がスエズ運河を国有化し、欧州は深刻な石油不足に見舞われ、小型経済車の必要性が叫ばれる。

それに応えてイシゴニスが描き上げたのが、ＢＭＣ・ＡＤＯ15ことモーリスとオースチンの「ミニ」であった。ボディ先端に４気筒ＯＨＶ、８４８ccエンジンを横向きに搭載してＦＷＤとし、10インチホイールを四隅に追いやることによって軽自動車よりわずかに大きいだけのボディに大の英国人を４人乗せることに成功していた。

このほかラバーコーンのスプリングを油圧で結んだ関連懸架装置など、多くの優れた特徴を持つミニは大ヒットとなり、マリー・クワントのミニスカートやビートルズなどとともに60年代の英国を代表する社会風俗となり、世界中に大きな影響を与えたのであった。

ガー連合と合併してブリティッシュ・モーター・ホールディングス（ＢＭＨ）となり、さらに１９６８年にレイランド・グループと合併してブリティッシュ・レイランド・モーター・コーポレーション（ＢＬＭＣ）となった。

関連懸架装置

イシゴニスの盟友アレックス・モールトンが考案した革命的なサスペンション・システム。スプリング自体はラバー・コーン（円錐状のゴム）を圧縮に使うが、コーンの内部の空洞にオイルを満たし、左右の前後輪を細いパイプで連結してある。前後輪の一方が物に乗り上げるとオイルがもう一方に流れ、バネレートを下げてソフトに吸収する。またボディを水平に保つ効果もある。初期にはラバー・コーンの内部にダンパー効果があるとされたが、後には通常のダンパー（ショック・アブソーバー）が備えられた。

History / World

15

エンツォ・フェラーリ

Enzo Ferrari (1898-1988)

名車を生んだ強烈な個性

技術者というよりアジテーター

今日のように会議の合議でクルマが設計されるようになる以前には、ひとりの強烈な個性がすべてを支配する時代があった。有史以来の世界の自動車界は多くの強固な個性に彩られてきたが、中でも最右翼に位置するひとりがエンツォ・フェラーリであった。口さがない批評家の中には「エゴイズムのスチームローラー」と表現する人もあるほどだし、またエンツォに匹敵する個性はエットーレ・ブガッティだけだとする人もいる。面白いことに2人ともイタリア人だ。彼は技術者ではなく、いわばアドミニストレーターであり、それ以上にアジテーターであった。

エンツォの第二次大戦までの前半生は、アルファロメオ抜きには語れない。彼は1920年に同社にテストドライバーとして入社するが、同社がレース活動を始めるとそのチームドライバーに抜擢される。しかしジュゼッペ・カンパーリ、ウーゴ・シヴォッチ、アントニオ・アスカーリなどを擁する同チームでは大レースでの優勝の機会は乏しく、1920年のタルガフローリオと1921年のムジエッロ・サーキットでの2位が特筆される程度であった。

1923年のラヴェンナのサヴォイ・サーキットでは優勝したとき、第一次大戦中に34機の敵機を撃墜したイタリア空軍のエースで、大戦末期に戦死したフランチェスコ・バラッカの両親が、感激して息子の愛機のカヴァリーノ・ランパンテ（プランシング・ホー

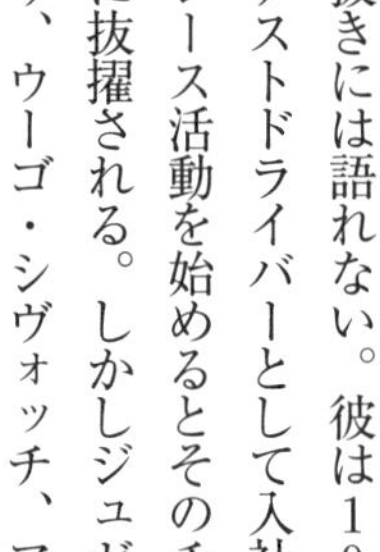

エンツォ・フェラーリ

ジョアッキーノ・コロンボ

ヤーノ学校の優等生ともいうべき、優れたレーシングカー設計家。1903年レニャーノ生まれ。地元の工場で基礎を学んだ後、1924年1月7日アルファロメオに入社。P2を開発中のヤーノの特別設計部門の製図工となる。ヤ

ス）のマーキングをエンツォに贈ったという。それをモンザ市の色である黄色の盾に描いたのが今日に至るフェラーリの跳ね馬のエンブレムである。

これはエンツォが自伝の中で語っていることだが、実は跳ね馬はバラッカ伯の個人の紋章ではなく彼の属した飛行隊のもので、同じ隊には同じく大戦末期に戦死したエンツォの兄、アルフレードも属していたというのが真相のようだ。

アルファと訣別し、継承する

エンツォは次第に操縦より管理に興味を抱くようになり、１９２３年にフィアットからヴィットリオ・ヤーノを引き抜くことに成功、チーム内での発言力を強める。ついに１９２９年12月１日、彼は故郷のモデナ近郊マラネッロにスクデリア・フェラーリを設立、経営不振のアルファロメオに代わってそのレース活動を指揮することになる。

その後のアルファのレース活動はミラノのヤーノの技術と、モデナのフェラーリの管理を両輪として進められていく。１９３８年になるとアルファは再び自身でレースを行うことになり、ミラノにアルファ・コルセが設立され、エンツォはそのマネジャーに迎えられる。しかし本社の上層部と衝突した彼は、その年のうちにアルファと訣別することになる。

第２次大戦終結後２年目の１９４７年、エンツォは満を持して自身の名を冠したフェラーリをデビューさせる。ジョアッキーノ・コロンボ設計のＶ12ＳＯＨＣ１・５ℓのティーポ１２５がそれで、過給器付きでグランプリカーにもなれば、２座にしてスポーツカーレースでも走れるクルマであった。

その後のフェラーリはレースに勝つことを第一義とし、その経験をフィードバックした高性能スポーツカーで生計を成り立たせるという、戦前のアルファロメオの経営方針を忠実に受け継いで成功していくのである。

ーノの考えをいち早く的確に把握できた彼は、やがてヤーノの右腕となる。ヤーノの去った後コロンボはモデナのスクデリア・フェラーリに派遣され、ディーポ１５８「アルフェッタ」や、３０８、３１２、３１６などのグランプリ・カーを設計する。第２次大戦後はフェラーリに会って１９４７年のＶ12ＳＯＨＣ１・５ℓの最初のティーポ１２５を生む。過給器付きでグランプリ・レースに活躍する一方、スポーツカーにもなった。なぜＶ12を選んだかといえば、戦前エンツォがパッカードのＶ12に強い感銘を受けていたからだとされる。フェラーリは途中アウレリオ・ランプレディ設計の大排気量Ｖ12も積んだが、結局コロンボの設計がその後のフェラーリＶ12の基礎となった。コロンボは戦後もアルファロメオのためにディスコ・ヴォランテなどを生み、１９５６年にはブガッティのタイプ２５１ＧＰも設計した。

自動車の歩みが見えてくる
CAR年表

	世界	日本	世の中の動き
1765	●ワットが蒸気機関を発明		
1769	●キュニョーが3輪蒸気自動車を試作		●ナポレオンが帝政を敷く
1860	●ルノワールがガスエンジンを試作		●桜田門外の変
1884	●ドブットヴィル、マランダンがガソリン自動車走行実験		
1885	●ダイムラーがモーターサイクルで試走		●伊藤博文が内閣総理大臣に
1886	●ベンツがパテント・モートルヴァーゲンを完成		
1894	●ベンツがヴェロを発売		
	●モータースポーツイベント		

	「パリ-ルーアントライアル」開催		
1898	●第1回パリサロン開催	●日本に自動車が初渡来	●キュリー夫人がラジウムを発見
1901	●オールズモビル・カーブドダッシュ発売		●与謝野晶子『みだれ髪』
1903	●フォード・モーター・カンパニー設立		
1904		●初の国産車	●日露戦争開戦
1906	●第1回フランスグランプリ開催	「山羽式蒸気自動車」製作	●夏目漱石『坊ちゃん』
	●ロールス・ロイスが		
	シルバーゴーストを発表		
1908	●フォードがT型を発表		●愛新覚羅溥儀が
	●ゼネラルモーターズ設立		清の皇帝に即位
1911	●第1回インディアナポリス		
	500マイルレース開催		
1912	●キャデラックが		●明治天皇崩御
	セルフスターターを採用		●プルースト
1913	●フォード社がコンベアラインを導入		『失われた時を求めて』
1917		●三菱A型生産開始	●ロシア革命
1919	●リンカーン発売		●ベルサイユ条約締結
1925	●クライスラー社設立	●日本でT型フォードの組み立て開始	●チャップリン『黄金狂時代』

	世界	日本	世の中の動き
1926	●ダイムラー社とベンツ社が合併	●豊田自動織機製作所設立	●川端康成『伊豆の踊子』
1927	●フォードT型生産終了		●ハイゼンベルクが量子力学を提唱
1932	●アウトバーンが初開通	●ダットサン商会設立	●満州国建国宣言
1933	●アルファロメオ社が国営化		
1936		●豊田AA型発売	●2・26事件、阿倍定事件
1938	●ミシュランがラジアルタイヤを開発	●小型乗用車生産中止命令	●国家総動員法施行
1945		●GHQにより自動車製造禁止およびトラック製造許可	●太平洋戦争終結
1947	●ポルシェ社設立	●自動車生産が制限付きで解除	●国連でパレスチナ分割案を可決
	●ルノーが4CVを発表		
	●フェラーリが125で自動車製造に参入		●帝銀事件
1948		●本田技研工業設立	●朝鮮戦争勃発
1950	●初のF1グランプリがシルバーストーン・サーキットで開催される		●金閣寺放火事件
	●ポルシェ356		
	●アルファロメオ1900発売、量産メーカーに転身		

1952	●ナッフィールドとオースチンが合併してBMCに		
1954		●第1回日本自動車ショー	●第五福竜丸が水爆実験で被爆
1955	●シトロエンDS発表	●国民車構想発表	●自民党・社会党の55年体制始まる
	●ルマンで大事故	●トヨペット・クラウン発売	
1957	●フィアット500発売		●ソ連がスプートニク1号の打ち上げ成功
1958		●スバル360発売	●東京タワー完成
		●ダットサン・ブルーバード発売	●伊勢湾台風
1959	●オースチン・ミニ発売		
1960		●三菱500発売	●所得倍増計画発表
		●小型車枠が1500ccから2000ccに	●坂本九『上を向いて歩こう』
1961		●自動車生産台数が100万台を突破	●ビートルズがレコードデビュー
1962		●鈴鹿サーキット完成	●ケネディ暗殺
1963	●ポルシェ911発売	●第1回日本グランプリ	●力道山刺される
		●ホンダS500発表	●東京オリンピック
1964	●フォード・マスタング発売	●ホンダがF1に参戦	●ベ平連結成

	世界	日本	世の中の動き
1965	●シトロエンがパナールを吸収	●名神高速道路全線開通 ●ホンダがF1初勝利	●ビートルズ来日
1966	●ランボルギーニ・ミウラ、ディノ、206GT、マセラティ・ギブリ、ロータスヨーロッパ発売	●日産とプリンスが合併 ●トヨタ・カローラ、ダットサン・サニー発売	●加山雄三『君といつまでも』 ●大江健三郎『万延元年のフットボール』
1967		●マツダ・コスモスポーツ、ホンダN360、トヨタ2000GT発売 ●日本の自動車生産台数が世界第2位に	●公害基本法公布 ●3億円事件
1968		●運転席のシートベルト設置義務化	●アポロ11号が月面着陸
1969	●フェラーリがフィアット傘下に	●日産スカイラインGT-R（GC10）発売	●日本のGNPが世界第2位に ●日本万国博覧会開催
1970	●マスキー法策定	●交通事故死が史上最高を記録 ●ブルーバード510がサファリラリーで優勝	●三島由紀夫割腹自殺 ●札幌オリンピック開催
1971		●自動車産業の資本自由化	●日中国交正常化
1972	●VWビートルが1車種の販売台数でT型を越える	●初心者マーク導入	●ウォーターゲート事件 ●金大中事件

1973	●WRCがスタート	●オイルショックでガソリンスタンドの日曜営業停止	●ブルース・リー『燃えよドラゴン』
		●ホンダ・シビックCVCC発売	
1974	●フォルクスワーゲン・ゴルフ発売		●沢田研二『時の過ぎゆくままに』
1975	●BMW3シリーズ発売		●ベトナム戦争終結
1978	●VWビートルが西ドイツで生産中止	●自動車輸入関税がゼロに	●ジョン・レノン死去
1980	●フィアット・パンダ発売	●自動車生産台数が世界一に	●チャールズ皇太子がダイアナ妃と結婚
1981	●デロリアンDMC-12発売	●対米乗用車輸出自主規制開始	●田中康夫『なんとなく、クリスタル』
		●トヨタ・ソアラ、ホンダ・シティ発売	●『笑っていいとも!』放送開始
1982	●メルセデス・ベンツ190発売	●トヨタ自工とトヨタ自販が合併	●ソ連ブレジネフ書記長死去
		●ホンダ・プレリュード（二代目）発売	●任天堂ファミリーコンピュータ発売
1983		●ホンダ第2期F1参戦	●東京ディズニーランド開園
			●エリマキトカゲ流行
1984		●運転免許保有者が5000万人突破	●チェルノブイリ原発事故
1986	●アルファロメオがフィアット傘下に	●ホンダがアキュラブランドを開業	●ドラゴンクエスト発売
	●WRCで大事故が発生、グループBが廃止		●おニャン子クラブ解散
1987	●フェラーリF40、ポルシェ959発売	●日産Be-1発売	●ソ連がアフガニスタンから撤退
		●中嶋悟がF1ドライバーに	

	世界	日本	世の中の動き
1988		●日産シーマ発売 ●F1でマクラーレン・ホンダが16戦15勝	●六本木のディスコ・トゥーリアで照明装置が落下
1989	●フェラーリ348発売 ●シトロエンXM発売	●ユーノス・ロードスター発売 ●トヨタ・セルシオ発売 ●日産スカイラインGT-R（R32）発売 ●トヨタがレクサス、日産がインフィニティを開業	●昭和天皇崩御 ●天安門事件 ●ベルリンの壁崩壊
1990	●サターン発売	●ホンダNSX発売 ●軽自動車規格改定で排気量660ccに	●『ちびまる子ちゃん』放映開始
1991	●マクラーレンF1発表	●F1日本GPで鈴木亜久里が3位入賞 ●ホンダ・ビート発売	●湾岸戦争 ●ソ連崩壊
1992		●ルマンでマツダが総合優勝	●ドラマ『ずっとあなたが好きだった』で冬彦さん現象
1993		●トヨタ・エスティマ発売 ●スズキ・ワゴンR発売	●細川護熙連立政権発足
1994	●F1サンマリノGPでアイルトン・セナが事故死	●ホンダ・オデッセイ発売 ●豊田章一郎が日本経団連会長に就任	●プレイステーション発売 ●『マディソン郡の橋』ベストセラー
1995		●関谷正徳が日本人ドライバー初の	●阪神大震災

		ルマン総合優勝	●オウム地下鉄サリン事件
1996		●フォードがマツダの筆頭株主に	●クローン羊ドリー誕生
1997	●スマート発売	●トヨタ・プリウス発売	●京都議定書採択
1998	●ダイムラー・クライスラーが誕生	●軽自動車規格改定で幅1・48mに	●北朝鮮がテポドン発射
	●フォードがボルボの乗用車部門を買収		●モーニング娘。デビュー
	●BMWがロールス・ロイスを買収		
1999		●日産がルノーと資本提携	●日本銀行がゼロ金利政策を実施
2000	●ヒュンダイが日本に輸出を開始	●ホンダ第3期F1参戦	●三宅島噴火
		●ホンダがアシモを発表	
2001	●BMWがミニを発売	●トヨタとホンダが燃料電池車の市販を開始	●アメリカ同時多発テロ
2002	●ポルシェがカイエンを発売	●トヨタがF1参戦	●ユーロ紙幣、硬貨導入
	●ダイムラー・クライスラーがマイバッハを発売		
2005		●レクサスが日本開業	
2007	●ダイムラーがクライスラー部門を売却		

【FCEV】
Fuel Cell Electric Vehicle
燃料電池自動車

【FIA】
Federation Internationale de l'Automobile
世界自動車連盟

【FOCA】
Formula One Constructors Association
F1製造者協会

【FWD】
Front Wheel Drive
前輪駆動

【HEV】
Hybrid Electric Vehicle
ハイブリッドカー

【HID】
High Intensity Discharge
高輝度放電

【LED】
Light Emitting Diode
発光ダイオード

【LLC】
Long Life Coolant
不凍液

【LSD】
Limited Slip Differential
差動制限装置

【PCD】
Pitch Circle Diameter
ボルト穴ピッチ円直径

【RPM】
Revolutions Per Minute
分あたりのエンジン回転数。

【SOHC】
Single Overhead Cam
シングル・オーバーヘッド・カム

【SRS】
Supplemental Restraint System
乗員保護補助装置

【SV】
Side Valve
サイドバルブ

【TCL】
Traction Control System
トラクション・コントロール

【TCS】
Traction Control System
トラクション・コントロール

【TRC】
Traction Control System
トラクション・コントロール

【VDC】
Vehicle Dynamics Control
横滑り防止装置

【VICS】
Vehicle Information and Communication System
道路交通情報通信システム

【WRC】
World Rally Championship
世界ラリー選手権

り

【リーフスプリング 】
コイルスプリングではなく、薄い板状のバネを重ねて使うスプリング。またこれを利用した非独立のサスペンション形式。

【リトラクタブルヘッドランプ 】
普段は車体に格納され、使用する時に蓋が開いて出てくるヘッドランプ。

ろ

【ロール】
旋回中に車体が外側に傾くこと。

略語集

【4WD】
Four-wheel Drive
四輪駆動

【4WS】
Four-wheel Steering
四輪操舵

【ABS】
Antilock Brake System
アンチロック・ブレーキ

【CDI】
Capacitor Discharge Ignition
容量放電式点火装置

【CVT 】
Continuously Variable Transmission
無段変速機、あるいは連続可変変速機

【DNF】
Did Not Finish
完走せず

【DNQ】
Did Not Qualified
予選不通過

【DOHC】
Double Over Head Cam
ツインカム

【DSG】
Direct-Shift Gearbox
ボルグワーナー社が開発したデュアルクラッチ式のセミオートマティック・トランスミッション。フォルクスワーゲンではこの名称だが、アウディではSトロニックと呼ぶ。

【EBD】
Electronic Brake f orce Distribution
電子制御制動力配分システム

【ECU】
Engine Control Unit
エンジン制御装置

【ESC】
Electronic Stability Control
横滑り防止装置

【ESP】
Electronic Stability Program
横滑り防止装置

【EV】
Electric Vehicle
電気自動車

【F1】
Formula One
フォーミュラ・ワン

【パワートレイン】

動力伝達装置のことで、エンジンからトランスミッションを経て、ディファレンシャル、ドライブシャフトを通ってホイールに至る部分を指す。


【パワーバンド】

エンジンの出力が有効に使える回転域。


【バルクヘッド】

エンジンルームと客室を隔てる隔壁。


【バンパー】

車体前後に取り付けられ、ボディを保護する装置。

ひ

【ピストン】

シリンダー内で往復運動をし、コンロッドでクランクシャフトと結びつけられて駆動力を生み出す部品。

ふ

【フェード】

ブレーキパッドが酷使によって熱を持ち、摩擦係数が下がって制動力を失ってしまう現象。


【フェンダー】

ボディの、タイヤを覆う部分。


【ブースト】

ターボチャージャーやスーパーチャージャーで強制吸入する空気にかかる圧力。


【ブッシュ】

緩衝材のことで、サスペンションアームなどの連結部に用いられる。


【フライホイール】

エンジンの回転ムラを低減するために取り付けられる円盤状のおもり。

ほ

【ホイールアライメント】

車体に対してのタイヤの取り付け角度のこと。走行安定性や操縦性を決める要素となる。


【ボディ剛性】

前後への引っぱりや左右のねじれに対しての強さ。走行性能や乗り心地に影響を与える。

ま

【マスターシリンダー】

ブレーキの部品で、ペダルからの入力を油圧に変換する。各ホイールにあるホイールシリンダーに油圧を伝えて、制動力を生み出す。


【マフラー】

排気管に取り付けられ、排気の圧力変動を抑えて騒音を抑制する装置。

よ

【ヨーイング】

車体に垂直な軸を中心とした左右の旋回運動のこと。

ら

【ランバーサポート】

シートで腰の部分をしっかりと保持して運転姿勢を安定させる機構。

自動車用語

ち

【チェッカーフラッグ】

黒と白のチェック模様の旗で、レースの終了を示す。


【チョーク】

キャブレターが装着されたクルマで、始動性をよくするために空気の吸入量を抑え、混合気を濃くする装置。


【直噴】

シリンダー内に燃料を直接噴射すること。


【チルト】

ステアリングホイールの角度調整。

つ

【ツインカム】

カムシャフトが２本あるということで、DOHCと同義。

て

【テレスコピック】

ステアリングホイールの前後位置の調整。


【点火時期】

シリンダー内の圧縮された混合気に点火するタイミングのことで、通常は圧縮行程が終わってピストンが上死点に達する前に点火する。

と

【トー】

アライメントの要素の一つで、真上から見た時に車輪の進行方向に向かっての角度を指す。内側を向いていればトーイン、逆ならばトーアウトという。


【ドライブシャフト】

ディファレンシャルとホイールをつなぎ、駆動力を伝える軸。


【トルクステア】

前輪駆動車か四輪駆動車で、駆動力をかけた時にハンドルがとられる現象。


【トレッド】

左右のタイヤの中心の間の距離。またタイヤが路面に設置する部分のこと。

ね

【燃焼室 】
エンジンで混合気を燃焼させる空間。ピストンが最も上昇した時に圧縮された空気がとどまり、混合気に着火する。

の

【ノッキング】

点火プラグの火花によらず、燃焼室の壁の熱などで異常発火すること。

は

【ハーシュネス 】
荒れた路面などで、タイヤから伝わるショックのこと。ノイズ、バイブレーションとあわせて、NVHと呼び、クルマの快適性の指標とする。

【バックファイアー 】
エンジン内で未燃焼のガスが吸気側に戻って燃えること。点火時期やバルブタイミングの狂いによって起こる。

【パワー・ウェイト・レシオ】

出力に対する車重の意味で、「kg/ps」で表す。基本的には、値が小さいほど高性能車であることになる。

し

【ショックアブソーバー】

サスペンションの部品で、バネの伸縮の繰り返しを収束させる働きを持つ。ダンパーともいう。


【シリンダー】

ピストンが収められる筒で、この数と配置方法によってエンジンの性質が決まる。


【シリンダーヘッド】

エンジンのシリンダーブロックの上にある部分で、燃焼室やプラグ、バルブなどがある。


【シンクロメッシュ】

ギアチェンジを行う際に、回転軸とギアをスムーズに噛み合わせるために回転数を同調させる機構。

す

【スタッドレスタイヤ】

冬期に雪道や氷結路を走るためのタイヤ。以前は金属のピンなどを埋め込んだスパイクタイヤが使われていたが、粉塵公害の原因になるため、現在は使われていない。


【スタビライザー】

左右のサスペンションをつなぐバネで、ロールを抑えて走行を安定させる。


【スワール】

エンジンの燃焼室内で空気と燃料の混合を促進するために、意図的に作り出される渦のこと。

せ

【制動距離】

ブレーキを踏んでから、完全に停止するまでの距離。ドライバーが異変に気づいてから行動に移るまでに走った距離は含まれない。


【セタン価】

ディーゼル燃料の性能表示指数。ガソリンでいえばオクタン価にあたり、着火のしやすさを表す。


【センターコンソール】

運転席と助手席の間の、インパネからフロアまでのスペース。

そ

【ソーラーカー】

太陽電池で発電してモーターで走行する自動車。

た

【タイミングベルト】

カムシャフトの駆動力を得るためにクランクシャフトと結ぶベルト。


【ダウンフォース】

車体を路面に押し付ける力のこと。リアウイングなどで空気抵抗を利用して車体を路面に押しつける力を生み出し、コーナリング時の速度を向上させる。


【ダブルクラッチ】

MT車でシフトダウン時にギアチェンジをスムーズにする目的で、一度クラッチを切ってニュートラルでつなぎ、もう一度クラッチを切ってギアを入れる方法。

自動車用語

き

【ギアボックス】

変速機、トランスミッションのこと。


【キックダウン】

AT車で加速するためにアクセルペダルを踏み込むと、適切な加速力を得るために自動的に低いギアが選択されること。


【キャリパー】

ディスクブレーキで、ローターにパッドを押し付ける機構。


【コントロールライン】

サーキットでレースをする場合の、スタート／フィニッシュのラインのこと。

く

【空気抵抗】

クルマが走行中に空気によって受ける抵抗のことで、高速度域では加速や燃費に大きな影響を及ぼす。Cd値（空気抵抗係数）を小さくするためにデザイン面でも工夫されている。


【クラッチ】

変速時にエンジンの動力を断続するための装置。


【クランクシャフト】

ピストンの往復運動を回転運動に変換するための軸。


【クリープ現象】

AT車でシフトがPかN以外の場合に、ブレーキを離すと少しずつ動いてしまう現象。


【クルーズコントロール】

アクセル操作をしなくても、速度を一定にして走行させる機構。


【グローブボックス】

助手席の前にある小物入れ。昔クランクでエンジン始動をした後に使った手袋を入れておいたことに由来する。

こ

【転がり抵抗】

タイヤが回転する際に変形することで生じるエネルギーロスで、燃費に大きく影響する。空気圧が低いと、転がり抵抗は増加する。

【コンロッド】
Connecting Rodの略で、ピストンとクランクシャフトをつなぐ部品。

さ

【最高出力】

エンジンが発生する最高の出力で、いわゆる馬力のこと。以前はpsで表記していたが、最近ではkWで表す。1psは0.733kW。


【最小回転半径】

ステアリングを最大に切った状態で走行し、前輪外側のタイヤの中心が描く円の半径のこと。小まわり性能の目安となる。


【最大トルク】

エンジンが発生する最大の回転力のこと。以前はkgmで表記していたが、最近ではNmで表す。1kgmは9.8Nm。


【サスペンション】

懸架装置のことで、衝撃を緩和し操縦の安定性を確保する役割を持つ。タイヤ・ホイールを含めて、足まわりともいう。


【三角表示板】

事故や故障で停車する際に、クルマの後ろに置いて注意を促す三角形の表示板。高速道路で停車する場合は、設置義務がある。

【エア抜き】

ブレーキフルードを交換した時や、ベーパーロック現象などでブレーキフルード内に気泡が発生した際などに、それを除去するために行う作業。


【エンジンオイル】

慴動部分の潤滑を行うため、エンジン内を循環させる油脂。石油から作られる鉱物油、化学合成油がある。潤滑だけでなく、冷却や気密性保持の作用もある。オイルは長期間使用すると劣化するので、一般に数千kmの走行で交換する。


【エンジンブレーキ】

スロットルを閉じてエンジンの回転抵抗を利用して減速すること。下りの山道などではフットブレーキに負担をかけないためにエンジンブレーキを併用することが多い。

お

【オイルゲージ】

エンジンブロックに設けられた穴に差し込まれた細い定規状の鉄板で、引き抜いてエンジンオイル量を計測する。


【オイルフィルター】

エンジンオイル内に混入したゴミなどを取り除くためのフィルター。オイル交換時にエレメントを交換して、効果を保つことが望ましい。

【オクタン価 】
ガソリンの、ノッキングの起こしにくさを示す値。これを高めるために四塩化鉛を配合した有鉛ガソリンが以前は使用されていたが、有毒性があるために現在では使われていない。日本工業規格では、オクタン価96以上のものをハイオクガソリンと定めている。

【オフロード】

砂浜や河原などの場所、あるいは未舗装の道路のこと。対して、整備された道をオンロードと呼ぶ。SUVは本来オフロードの走破性が高いことが特徴だったが、最近ではオンロードでの性能を重視する傾向が高まっている。


【オーバーハング】

突出部分の意味で、自動車では前輪の車軸から先端までと後輪の車軸から後端までの長さをいう。


【オーバーヒート】

エンジンが発生させる熱を冷却しきれなくなった状態。通常は水温が90℃程度に保たれているが、それ以上の高温が長く続くとエンジンパワーが落ち、最悪の場合には焼き付きを起こすこともある。


【オルタネーター】

交流発電機のこと。古くは直流発電機が使われていたが、現在では効率のいいオルタネーターが用いられる。

か

【過給】

エンジンに吸い込む空気を圧縮し、大量に供給しようとすること。ターボチャージャー、スーパーチャージャーがある。


【ガソリン税】

ガソリンを購入する際にかかる税で、正式には揮発油税および地方道路税をいう。1リッターあたり53.8円。


【カムシャフト】

吸排気バルブを開閉させるカムをつなぎ、吸排気のタイミングをコントロールする。クランクシャフトから駆動される。

試験によく出る

自動車用語

あ

【アイドリング】

エンジンが無負荷状態で動作している状態。それでも燃料は消費されて二酸化炭素が排出されている。信号待ちなどでエンジンを停止するアイドリングストップが環境面から奨励されている。自動的にそれを行う車種も販売されている。


【アクティブサスペンション】

オーソドックスなサスペンションは金属バネとショックアブソーバーで構成されるが、代わりに空気圧や油圧を用いてコントロールするもの。細かい電子制御が可能で、走りと乗り心地を両立させることができる。


【圧縮比】

エンジンのシリンダー内に導入された混合気が、どれだけ圧縮されるかを示す値。圧縮比が高いほど熱効率がよくなるが、ノッキングを起こしやすくなる。軽油を用いるディーゼルエンジンは、ガソリンエンジンより圧縮比が高い。


【アフターファイアー】

エンジン内で燃えきらなかった未燃焼ガスが、排気管の中で激しく燃焼する現象。爆発音が起こり、放っておくとマフラーを傷めることもある。

い

【イグニッションコイル】

エンジンの点火を行うため、スパークプラグに高電圧を供給するコイル。12ボルトのバッテリー電圧を、1000倍以上に増幅する。


【イナーシャ】

慣性力のこと。


【インジェクター】

燃料噴射ノズルのこと。燃料と空気を混合し、シリンダー内に噴射する。以前は機械式だったが現在は電子制御となっている。


【インストゥルメントパネル 】

計器盤のことで、略してインパネという。スピードメーターや回転計、水温計などが備わる。ダッシュボードも同じ意味で使われる。


【インタークーラー】

圧縮されて熱を持った空気を冷却するための装置。ターボチャージャーなどで使われより高出力が得られる。

う

【ウィンカー】

和製英語で、方向指示灯のこと。進路変更や車線変更の際に点灯させる。最近は、ドアミラーに組み込まれているものも多い。


【ウェッジシェイプ】

くさび形のことで、クルマの先端が低く、後ろにいくにつれて高くなっていく形状。空気抵抗低減とダウンフォースの発生、またスタイリングのために採用された。


【ウォーターポンプ】

水冷エンジンで、エンジン内に冷却水を循環させるためのポンプ。

え

【エアクリーナー】

エンジン内に空気を取り入れる際に、ゴミなどが入らないようにする装置。


【エアサスペンション】

金属バネの代わりに、空気バネを利用したサスペンション。エアサス。

CAR検《かーけん》　公式《こうしき》テキスト
初級編《しょきゅうへん》

初版印刷	2007年7月10日
初版発行	2007年8月3日
著者	自動車文化検定委員会
発行者	黒須雪子
発行所	株式会社二玄社
	〒101-8419
	東京都千代田区神田神保町2-2
営業部	〒113-0021
	東京都文京区本駒込6-2-1
	電話03-5395-0511
URL	http://www.nigensha.co.jp
装幀・本文デザイン	黒川デザイン事務所
印刷	株式会社　シナノ
製本	株式会社　積信堂

Printed in Japan
ISBN978-4-544-40019-9